Urs Altmannsberger

PROFITABLER EINKAUF AKTUELL

Urs Altmannsberger

PROFITABLER EINKAUF AKTUELL

Praxishandbuch Beschaffung & Supply Management

Wie bekannte Einkaufsprofis über dieses Buch denken

„Endlich ein Fachbuch, das das Thema Einkauf umfänglich und praxisgerecht aufbereitet; ein echter ‚Lebensbegleiter' für alle Einkäufer. Sowohl für Einkaufsprofis als auch für Einsteiger bestens geeignet; darüber hinaus noch erfrischend lebendig geschrieben, was den Wirkungsgrad der Inhalte nachhaltig steigert."
Andreas Heimann, CSO, DER Touristik

***

„Sie halten das Top-Handwerkszeug für Verhandler in Händen. Dass nun die Methoden von Urs Altmannsberger in (erweiterter neuer) Buchform erscheinen, freut mich sehr!

Urs Altmannsberger hat unser Verhandlerteam über mehrere Jahre begleitet und wurde dabei zum vertrauten und kompetenten Coach für jeden einzelnen Einkäufer. Als Person strahlt er die volle Kompetenz des ‚Verhandler-Gens' aus und wirkt in jeder Lage und Verhandlungssituation als souveränes Vorbild.

Ziel des Verhandlungstrainings mit Urs Altmannsberger als Coach war es, aus dem Einkäuferteam das beste Verhandlerteam des deutschen elektrotechnischen Großhandels zu machen. Die genutzten Trainingsmethoden wurden zielführend im Sinne der Einkaufsziele und anwendungsbezogen-praxisnah umgesetzt. Jeder einzelne Teilnehmer konnte, unabhängig von seinen Ist-Fähigkeiten, weitere Werkzeuge in den persönlichen ‚Verhandlungskasten' legen.

Kurzum: Wir haben das oben genannte Ziel nachweislich erreicht – das beste Einkäufer-Team wurde gebildet!"

Nicht nur im Buchformat, sondern auch als Podcast Produzent begeistert (mich) Urs Altmannsberger. Im Jahr 2023 hat er, auf Zuruf, einen genialen Podcast produziert, welcher meine Einkaufsmannschaft inhaltsstark und mit Klarheit aufgerüttelt hat. Thematisch ging es um Einkaufspreis-Verhandlungen auf Grund wieder fallender Preise nach Inflation.

Ein sehr gelungenes, breit anwendbares, und ruckzuck erstelltes Trainingsmodul. Hören Sie da mal rein. Danke, Urs!"

Peter Becker, in seiner Funktion als SVP Head of Strategic Purchasing and Global Value Chain Management bei LEONI

***

„Wir waren auf der Suche nach einem ausgewiesenen Experten für Einkaufs- und Verhandlungstrainings, da im Markt überwiegend Verkaufstrainer zu finden sind. Bereits nach der ersten Schulung war uns klar, dass wir mit Urs Altmannsberger genau die richtige Wahl getroffen hatten. Wir wollten einen ‚Werkzeugkasten', der unseren Mitarbeitern hilft, in unterschiedlichsten Verhandlungssituationen kontrolliert und konzentriert zu arbeiten und dem Gesprächspartner immer ein bis zwei Schritte voraus zu sein.

Dann haben wir das ‚System Altmannsberger' mit seinem ganzen Potenzial für uns entdeckt und gemeinsam mit ihm nacheinander unsere gesamte Einkaufsorganisation darauf geschult und entwickelt. Die Teams arbeiten jetzt mit gleicher Logik, Tools und Denkweise, wodurch teamübergreifendes Vorbereiten, Arbeiten und Umsetzen perfektioniert wurde. Das größte Kompliment, das man Urs Altmannsberger machen kann (neben den nachweislichen Verhandlungserfolgen), ist, dass Begrifflichkeiten und Formulierungen auch abseits von Verhandlungen in den Sprachgebrauch aufgenommen wurden und in der Kommunikation der Einkäufer fast wie eine Art ‚Geheimcode' genutzt werden – mit einem Lächeln im Gesicht."

Jürgen Lindner, z. Zt. der Testimonialgabe President, Amplifi Germany, Dentsu Aegis Network; jetzt Lindner unplugged

***

„Urs Altmannsberger ist Einkäufer mit Leib und Seele. In seinen Trainings spürt man die Energie und den Spaß, den er bei der Arbeit und in Verhandlungen hat. Es gelingt ihm sehr gut, diese Empathie, Hartnäckigkeit und Freude am Verhandeln in seinem Buch zu transportieren!

Neben Tipps zu einer erfolgreichen Vorbereitung und Eröffnung der Verhandlung mit einer entsprechenden Startrampe konstruiert Urs Altmannsberger ein Baukastensystem aus verschiedensten Elementen, vergleichbar mit den Schubladen einer Kommode, die je nach Verhandlungssituation einfach abgerufen werden können. Durch die Fragetechnik, die er nahezu perfektioniert hat, behalten wir in schwierigen Situationen stets die Führung und sammeln Informationen – kombiniert mit dem ‚Altmannsberger-Anker' führen wir den Verhandlungserfolg herbei.

Urs Altmannsberger stellt in seinem neuen Buch wieder das Handwerkszeug für erfolgreiche und planbare Verhandlungen zur Verfügung – öffnen Sie die Schubladen, werfen Sie den ‚Altmannsberger-Anker' und führen Sie Ihre Verhandlungen im wahrsten Sinne des Wortes!"

Peer Grabowski, Category Manager im Lead Buying LA EMEA bei LAPP

***

„Urs Altmannsberger lebt, was er lehrt – das wird in diesem unterhaltsamen und praxisnahen Lehrbuch und Nachschlagewerk spürbar. Einige der aufgezeigten Strategien und Tools sind sogar so genial einfach, dass sie sofort ein- und umsetzbar sind und zu idealen Verhandlungsergebnissen führen.

Kennen Sie das Gefühl der Unsicherheit, ob in der Verhandlung noch was (mehr) drin gewesen wäre? Wenn Sie die dargestellten Ansätze umsetzen, gehört dieser ungemütliche Gedanke der Vergangenheit an. Die zahlreichen Seminarteilnehmer unseres Unternehmens freuen sich darüber, dass Urs Altmannsberger seinen unbezahlbaren Erfahrungsschatz nun auch in Buchform verfügbar macht."

Stefan Stark, Teamlead New Business Models BMW Motorrad

***

„Mindestens ein Prozent geht immer!"– das ist der einprägsame Slogan und ‚Schlachtruf' des Urs Altmannsberger. Mit dieser Aussage berät er meine Teams seit mehreren Jahren. Ich habe mehrere Verhandlungstrainer in meiner vieljährigen Tätigkeit als Einkaufsleiter und Geschäftsführer kennengelernt. Viele haben versucht, seine Art der Verhandlung zu kopieren, allerdings arbeitet keiner derart strukturiert und zielorientiert am Erfolg wie Urs Altmannsberger. Die Verhandlungen in der Praxis beweisen, welch herausragende Ergebnisse seine Methoden zutage befördern.

Das von Urs Altmannsberger hier vorgelegte praxisorientierte Buch zeigt durch einprägsame Beispiele leicht verständlich auf, wie man auf der Beschaffungsseite durch einen strukturierten Aufbau der Verhandlung sehr viel leichter und schneller zum Ziel kommt. Das Buch dient dabei als Handbuch, Ratgeber und Vorbereitungstool für alle Einkäufer, die mehr aus dem Budget holen wollen."

Jens Dunkel, seit mehreren Jahren in geschäftsführenden Positionen des Food- und Nonfoodeinkaufes für Private Label und FMCG tätig, z. Zt. der Testimonialgabe CMO der coop eG

***

„Wellness für die Verhandlung! Künftig werden die Schweißtropfen auf der Stirn der Verkäufer stehen – und nicht auf Ihrer Stirn als Leser, als Einkäufer. Das ist das Versprechen, das Urs Altmannsberger in seinem vorliegenden Buch gibt – und hält! Diese Aussage kann nur einer glaubhaft treffen, der alle erdenklichen Verhandlungssituationen selbst erfahren hat und sich am Ende die Frage gestellt hat: Wie kann es mir gelingen, eine Verhandlung so zu führen, dass ich ohne Stress erfolgreich bin?

Urs Altmannsberger ist ein exzellenter Verhandlungsprofi, der glücklicherweise bereit ist, seinen Fundus an Erfahrungen weiterzugeben. Und das im Stil: Aus der Praxis für die Praxis. Er hat Verhandlungen aus den unterschiedlichsten Branchen und Unternehmen auf Besonderheiten und Gemeinsamkeiten untersucht. Heraus kam, dass die wesentlichen Einflussfaktoren in allen Verhandlungen gleich sind und sich daraus folgerichtig auch eine allgemeingültige Verhandlungsstrategie ableiten lässt.

Besonders ein Element seiner Verhandlungsstrategie ist mir einprägsam in Erinnerung geblieben: die Startrampe. Die Startrampe verdeutlicht kurz und bündig Ihre Position in einer Verhandlung. Hier entscheidet sich schon, ob die Verhandlung mit einem Fehlstart beginnt oder die richtige Flughöhe erreicht werden kann.

Dieses Buch ist die Startrampe für den dauerhaften Verhandlungserfolg! Aus der Fülle der Praxisbeispiele bietet es Formulierungen und Methoden, um sie direkt in Verhandlungen einbauen zu können. Die nächste Verhandlung wird so zu einer Inszenierung und nicht zum Lotteriespiel."

Roger Ganzert, Geschäftsführer TKD Kabel GmbH und Con-Cab GmbH; Vice President Operations Cable Connectivity Group

***

„Ich habe das Privileg, Urs Altmannsberger seit über zwei Jahrzehnten persönlich zu kennen. Sein neuestes Werk, ‚Profitabler Einkauf aktuell. Praxishandbuch Beschaffung & Supply Management', ist ein weiterer Meilenstein in seiner beeindruckenden Karriere.

Urs bringt seine umfangreiche Erfahrung und sein tiefes Verständnis für die Branche in dieses Buch ein, was es zu einem unverzichtbaren Leitfaden für jeden macht, der im Einkauf tätig ist.

Urs hat das Wissen aus seinem vorigen Bestseller ‚Profitabler Einkauf' auf den aktuellen Stand gebracht. Das siebte Kapitel ist besonders bemerkenswert: Es stellt den im vorigen Buch von Urs bereits eingeführten ‚Altmannsberger-Anker' ausführlich vor, eine innovative Verhandlungstechnik, die dem Leser ermöglicht, die Grenzen der Entscheidungslandkarte zu erkunden. Durch die Verwendung spezifischer Fragen wie ‚Unter welchen Umständen können sie das jetzige Angebot nochmals verbessern?' und ‚Was wäre dann Ihr Angebot im Idealfall?' bietet das Kapitel praktische Werkzeuge, um die Verhandlungsposition zu stärken.

Das Kapitel geht auch auf die Bedeutung des ‚Gegengewichts' ein, das heißt, es lehrt den Leser, wie man die Angebote und Forderungen des Anbieters bewertet, bevor man eine Entscheidung trifft. Diese Techniken sind nicht nur theoretisch fundiert, sondern auch praktisch erprobt, was sie zu einem wertvollen Bestandteil des Buches macht.

Mit dem zusätzlichen kurzen Kapitel, das sich mit der Verbindung von Digital Procurement und strategischem Einkauf beschäftigt, bildet das gesamte Buch einen umfassenden Leitfaden, der von Urs' Leidenschaft für das Thema durchdrungen ist. Seine Energie und sein Enthusiasmus sind in jedem Kapitel spürbar, was das Buch nicht nur zu einer informativen, sondern auch zu einer inspirierenden Lektüre macht.

Insgesamt ist ‚Profitabler Einkauf aktuell' mehr als nur ein Fachbuch; es ist ein praktisches Werkzeug und ein wertvoller Begleiter für jeden, der sich im Einkauf und in der Verhandlungsführung verbessern möchte.

Ich kann dieses Buch uneingeschränkt empfehlen, nicht nur wegen seiner fachlichen Tiefe, sondern auch wegen der Leidenschaft und dem Engagement, die Urs Altmannsberger in seine Arbeit einbringt."

Peter Tschötschel, PCC Professional Certified Coach

***

„Urs Altmannsberger als ein Mann der Praxis zeigt uns auf, was wirklich zählt. Nämlich neben den Konzepten vor allem ein Leitfaden für Einkaufsprofis – und die, die es noch werden wollen – zur Vorbereitung und Durchführung von wichtigen Verhandlungen.

Ich empfehle dieses bemerkenswerte Werk aus eigener Kenntnis zur Standardlektüre in jeder gut geführten Einkaufsgruppe!"

Frank Elsen, Gründungspartner und Geschäftsführer W. Spitzner Arzneimittelfabrik GmbH

***

„Sehr viele ältere Bücher über ‚Verhandlungsführung' schaffen es nicht, das Thema Verhandlungsführung im Einkauf in einem klar verständlichen Schema aufzubereiten. Nachdem ich Urs in Trainings und Coachings intensiv kennengelernt habe und erfuhr, dass er mit ‚Profitabler Einkauf' und nun mit dem Nachfolger ‚Profitabler Einkauf aktuell' ein echtes Praxishandbuch über Verhandlungsführung veröffentlicht, dachte ich mir: ‚Wenn einer, dann ER.'

Ich finde – nach seinem ersten Bestseller (bei Gabal) und seinen verschiedenen Praxis-Booklets – ist auch dieses Werk in seiner sofortigen Umsetzbarkeit, klaren Einfachheit und Verständlichkeit extrem gut gelungen. Mit einem einfach anwendbaren Leitfaden kann jeder Leser deutlich Zeit in der täglichen Vorbereitung von Verhandlungen einsparen und im gleichen Zug die Verhandlungsergebnisse deutlich spürbar verbessern. Weiter ist das Buch mit sehr guten alltäglichen Beispielen aus unterschiedlichsten Wirtschaftsbereichen und Situationen gespickt, in denen sich jeder Leser wiederfinden wird, sodass er einfach und wirkungsvoll die Ratschläge und Tipps in die Praxis umsetzen kann.

Mein Fazit: Absolut empfehlenswert."

Martin Lachner, z. Zt der Testimonialabgabe Head of Purchasing, PROFIL Verbindungstechnik GmbH & Co. KG, jetzt Director of Global Purchasing bei PennEngineering®

***

Die deutsche Bibliothek – CIP-Einheitsaufnahme
Die Deutsche Nationalbibliothek verzeichnet diese Publikation in der Deutschen Nationalbibliografie; detaillierte bibliografische Daten sind im Internet unter http://dnb.de abrufbar.

Altmannsberger, Urs:
Profitabler Einkauf aktuell. Praxishandbuch Beschaffung & Supply Management
Print: ISBN 978-3-9825546-2-4 (Hardcover)
ISBN 978-3-9825546-0-0 (Softcover)
E-Book: ISBN 978-3-9825546-1-7

Edition Sales & Purchasing

Urs P. Altmannsberger; Emminghausstr. 50, 61250 Usingen
www.altmannsberger-verhandlungstraining.de

1. Auflage 2024
Gesamtproduktion, Design, Layout und redaktionelle Unterstützung:
text-ur agentur Dr. Gierke, Köln; www.text-ur.com

Druck, Buchhandelsanfragen: BoD; www.bod.de

ISBN 978-3-9825546-2-4

Printed in Germany

Inhalt

Vorwort

„Habe ich wirklich das Optimum rausgeholt oder wäre nicht doch noch mehr gegangen?" Haben Sie sich diese Frage nach einer (gelaufenen) Verhandlung auch schon mal gestellt? Dann halten Sie gerade das ideale Preisverhandlungsbuch in Händen. Denn nie habe ich einen Einkaufsbehandler erlebt wie Urs Altmannsberger. Seine Methoden sind kreativer und deutlich wirkungsvoller als alles, was ich je zuvor erlebt habe.

Wer meint, in Preisverhandlungen schon alle Tricks und Strategien zu kennen, der lese dieses Buch!

Immer wieder höre ich im Umfeld von Supply-Managern Sätze wie „Vertriebler sind besser trainiert als Einkäufer" oder „Wenn der Lieferant schon mit der Fachabteilung gesprochen hat, kann ich im Procurement kaum noch was rausholen beim Preis." In „Profitabler Einkauf aktuell" räumt Urs Altmannsberger nicht nur mit vielen (solcher) falschen Annahmen auf. Er gibt zudem jedem, der im Einkauf regelmäßig Preise und Konditionen verhandelt, neue überragende Verhandlungstools an die Hand.

In der Preisverhandlung spricht eigentlich alles für den Einkäufer – und gegen den Vertriebler. Nur genau das sehen die meisten Einkäufer nicht.

Als über viele Jahre anerkannter Vertriebsexperte und Bestsellerautor kann ich Ihnen aus der Praxis sagen: Vertriebler denken „es ist ja so viel einfacher, eine Unterschrift zu geben, als eine zu bekommen". Und sie haben Angst, diese ersehnte Unterschrift könne am Preis scheitern. Vertriebler nehmen ihre eigene Verhandlungsmacht immer deutlich schwächer wahr als die der Einkaufsseite. Das Verblüffende: Dieselbe Fehleinschätzung passiert meist auch auf der anderen Seite des Tisches, beim Einkäufer.

Egal, ob Sie Einsteiger oder versierter Einkäufer sind: Mit den Methoden dieses Buches werden Sie garantiert noch bessere Konditionen in Preisverhandlungen herausholen!

Wenn Sie ein- und umsetzen, was Sie auf den nächsten Seiten finden, dann sind Sie immer besser gewappnet als Ihr Verhandlungspartner gegenüber. Ich bin fast geneigt zu sagen, dann ist Ihre „Gegenseite" chancenlos.

Gehen Sie achtsam mit dieser neuen Macht um und denken Sie immer daran: Ihnen sitzt ein Mensch gegenüber. Und Sympathie bringt Savings!

Viel Freude und Inspiration bei der Lektüre!

Tim Taxis
Autor von „Heiß auf Kaltakquise" und „Die perfekte Preisverhandlung"; www.tim-taxis-trainings.de; www.tim-taxis.de

Einleitung: Warum und wie Ihnen dieses Buch konkret nutzt

Dieses Buch führt fort, was „Profitabler Einkauf", mein bei Gabal erschienenes Bestseller-Buch, das Sie vielleicht kennen, erfolgreich begonnen hat. Dieses wurde über viele Jahre zum Bestseller, weil es bis dato kein Buch gab, in dem wirklich Schritt für Schritt, Wortbeispiel für Wortbeispiel erklärt wurde, WAS Profi-Einkäuferinnen und -Einkäufer in Unternehmen – heute meist „Procurement", „Supply Management" oder zackig „Beschaffung" genannt – erreichen müssen, und vor allem, WIE genau das geht.

Als ich „Profitabler Einkauf" schrieb, hatte ich mich gerade – als sehr effizienter und effektiver Einkaufsleiter und folgend Team-Ausbilder in einem Konzern – gegen eine lockende hoch dotierte Festanstellung als Konzern-Einkaufsmanager und für eine noch ungewisse, aber mich beseelende (und mittlerweile äußerst erfolgreiche) Selbstständigkeit als Verhandlungstrainer, Coach und „Verhandler 4 rent" entschieden. Denn in dieser Position kann ich mehr Aufmerksamkeit und Momentum schaffen für drei Dinge, die mir wesentlich und wichtig sind – und die auch meine Inhalte für Sie einzigartig und nutzbar machen:

1. Den Einkäuferinnen und Einkäufern wird in Unternehmen oft nicht der Respekt gezollt, der ihnen eigentlich zusteht. Es wird sehr oft übersehen, dass Einkäufer eine riesige Verantwortung tragen, da der Erfolg eines Unternehmens nicht nur in der Produktentwicklung und dem Verkauf, sondern auch im profitablen Einkauf liegt – bei den großen Volumina, die hier gedreht werden, zählt im Wortsinne jeder Cent, jedes Prozent. Da geht es um die hohe Kunst der Verhandlung, um Wissen, Psychologie, Strategie, Vision, Zielerreichung. Ein guter Einkäufer ist wie ein guter Schachspieler – denkt immer einige Züge im Voraus, hat ein klares Ziel vor Augen und hat ein großes

Wissens- und Erfahrenspotenzial, wie dies zu erreichen ist. Nur dass es sich nicht um ein Spiel handelt, sondern um eine wichtige Funktion für jedes Unternehmen. Der Einkauf steht am Beginn jeder Produktion, das darf nie vergessen werden. In meiner Arbeit und meinen Büchern geht es auch um diesen Respekt, denn Profi-Verhandler (wie Sie, liebe Leserin, lieber Leser) leisten Außergewöhnliches.

2. Der Mensch zählt! Ich will jede und jeden unter meinen Seminarteilnehmern, Leserinnen und Lesern persönlich ansprechen, in verständlichen Worten und voll in der Praxis stehend. Wir Einkäuferinnen und Einkäufer werden oft als „Procurement" oder „Beschaffung" oder „Chain Supply Management" quasi summarisch genannt – aber jeder Einzelne ist ein Profi im Unternehmen. Und ein Mensch. Mit Kompetenzen und Können, mit Herausforderungen und Besorgnissen, mit Chancen und Erwartungsdruck, mit täglichen Frustrationen und großen Zielen, mit wechselnden Machtverhältnissen zu den Lieferanten und ständig neuen Vorgaben aus der Linie und von Vorgesetzten.
   Daher schreibe ich auch für jede Profi-Einkäuferin und jeden Profi-Einkäufer im Unternehmen, denn wir alle sind in erster Linie Menschen und erst in zweiter Linie Funktionen. Will heißen, wir haben menschliche (Lern-) Bedürfnisse und wollen funktionale Ziele im Unternehmen erreichen. Ich möchte Sie – DICH – in diesem Buch in ihrem – DEINEM – Arbeitsalltag erreichen und Ihnen – DIR – helfend zur Seite stehen, denn ich kenne jede Minute Deiner Arbeit. Und habe für jede Herausforderung eine Lösung entwickelt.

3. Es gab auch früher schon Bücher und Seminare für Profi-Einkäufer – aber ich kann aus der Praxis auf Seiten von Einkäufern und Vertriebsmitarbeitenden – erläutern, welche psychologischen und verhandlerischen Motive auf beiden Seiten herrschen. Und wie Einkäufer diese beherrschen. Denn mag auch im Procurement wie im Rest der Unternehmensbereiche und der Wirtschaft der Trend hin zu digitalen Plattformen und KI-Anwendungen gehen: Die großen Deals werden immer noch von Menschen in der Verhandlung zu Menschen gemacht. Und das wird für viele Jahre noch so bleiben – und DA kenne ich mich aus!

„Profitabler Einkauf aktuell“:
Noch mehr schlaue Strategien aus der Praxis,
noch mehr überzeugende Wordings und Formulierungen,
noch mehr funktionierende Verhandlungspläne –
alles auf dem neuesten Stand.

So finden Sie hier in „Profitabler Einkauf aktuell“ für all Ihre typischen Einkaufsverhandlungen die besten Lösungen, Strategien, Taktiken und Formulierungen auf dem neuesten Stand; erweitert um neue Praxisbeispiele, neue Wordings, neue Argumentationen und Berechnungen, denn die Welt (gerade) auch des Profi-Einkaufs hat sich mit Deglobalisierung und kriegs- oder krisenbedingten Handelssanktionen, Dekarbonisierung und erhöhten Umweltverträglichkeitskriterien sowie gesetzlichen Regulatorien wie dem sogenannten Lieferkettengesetz und den „grünen Zöllen“ (CBAM, Carbon Border Adjustment Mechanism/ sogenannter CO_2-Grenzausgleichsmechanismus), Letzteres zum Oktober 2023, dem Zeitpunkt des Verfassens dieses Buches, und sicher auch dem neuen AI Act, dem ‚europäischen KI-Gesetz‘, auf das sich im Dezember 2023 die EU-Institutionen geeinigt haben, geändert. Natürlich haben sich die Märkte und Technologien weitergedreht – und sie werden das auch ständig tun. Change und Transition sind die neuen Parameter in den Unternehmen – und sie wirken sich auch auf die Procurement-Abteilung aus. Und zwar stark – aber in vielen Publikationen und auch der Unternehmenswahrnehmung kaum erkannt und diskutiert. Meine Motivation ist es, Ihnen in Ihrem Verhandlungsalltag Erleichterung zu bieten. Und das beginnt schon damit, dass wir nicht um den heißen Brei herumreden, sondern gleich hineinspringen in das spannende Thema, wie Sie in Zukunft immer ideale Verhandlungsergebnisse erzielen.

Sichern Sie sich kostenlose Extravorteile!

Nutzen Sie die Foto-Funktion Ihres Smartphones und scannen Sie damit diesen QR-Code. So werden Sie zu Videos und hilfreichen, direkt einsetzbaren Zusatzmaterialien geführt auf der Downloadseite www.altmannsberger-verhandlungstraining.de/profitabler-einkauf-buch-kostenlose-downloads (Passwort: STARTrampe).

Und damit Sie dies mit Sicherheit erreichen, stelle ich Ihnen als Leserin oder Leser dieses Buches eine Vielzahl an Tipps, Formulierungsbeispielen und Hilfsmitteln als kostenlose Extravorteile zur Verfügung.

Mit dem folgenden Dialog präsentiere ich Ihnen das direkt einsetzbare Patentrezept für die Mehrzahl der Einkaufsverhandlungen. In den weiteren Kapiteln finden Sie dann Varianten und Alternativen, aus denen Sie Ihren ganz persönlichen Verhandlungsplan mit authentisch für Sie passenden Formulierungen ableiten können. Los geht's!

Das perfekte Verhandlungsgespräch

Ein Einkäufer des fiktiven Unternehmens „Kutschhauser Automotive" trifft auf den Lieferanten für Büromöbel. Für die Preissenkung nutzt der Einkäufer Methoden, die er aus dem Buch, das Sie gerade lesen, kennt; damit das für Sie einfach zu verstehen und nützlich ist, habe ich die entsprechenden Hinweise auf die Buchkapitel für Sie in den folgenden Dialog integriert. Die Herausforderung: Der Fachbereich des Einkäufers hat sich bereits für diesen Lieferanten entschieden, zudem steht die Farbe der Büromöbel fest, nämlich Blau. Das weiß der Lieferant allerdings nicht – daher kann der Einkäufer vorgeben, weitere Wettbewerber im Anbietertopf zu haben. Sein Ziel ist natürlich: den bestmöglichen Preis mit Topkonditionen für das ausgewählte Produkt zu erreichen.

Einkäufer: Guten Tag, Herr Lieferant! Willkommen im Hause Kutschhauser Automotive! Nehmen Sie doch bitte hier Platz! Was darf ich Ihnen anbieten? (deutet auf Softgetränke und Kaffee; s. Kapitel 3)
Verkäufer: Ein Glas Wasser wäre klasse! Vielen Dank.
Einkäufer: Wie war Ihre Urlaubsreise nach Barcelona? (schenkt während des Warm-ups das Getränk ein)
Verkäufer: Oh ja, sehr schön, wir haben viel gesehen. Besonders gefallen hat mir die Altstadt …
Einkäufer: Wenn es Ihnen recht ist, werde ich – wie bei den anderen Lieferanten auch – zu Beginn kurz die aktuelle Situation darstellen. Ist das in Ordnung für Sie? (s. Kapitel 5 und Kapitel 3: Baustein 3)
Verkäufer: Ja, gerne!
Einkäufer: (s. Kapitel 3) Es geht um mehrere Abteilungen, die in der nächsten Zeit mit neuen Stühlen bestückt werden könnten. Aktu-

ell sind die Abteilungen vollständig mit Stühlen ausgestattet, einzelne davon müssen dringend ausgetauscht werden, andere sind noch okay. Abhängig vom Preis werden wir entweder nur die absolut notwendige Menge oder im Idealfall sämtliche Stühle austauschen. Das heißt, der beste Lieferant hat die Chance, je nach Preis zwischen 100 und 1.200 Stühlen abzusetzen (s. Kapitel 2: Forderungsbegründung, Menge als verhandelbare Masse, Lockstoff als Chance formulieren; Kapitel 3: Baustein 4). Die Fachbereiche haben sich verschiedene Stuhlmodelle diverser Hersteller näher angesehen (s. Kapitel 2: Ergebnisfaktoren optimieren) und daraus die infrage kommenden ausgewählt. Aus Ihrem Portfolio ist der Stuhl B 12 in den Kreis der möglichen Kandidaten gerückt. Leistungsunterschiede der Stühle haben wir – soweit sie für uns relevant sind – im Vergleich berücksichtigt. Über Qualität, Technik und Features brauchen wir also nicht mehr zu sprechen (malt dabei unterstützend auf dem Flipchart und hakt dort die entsprechenden Themen als erledigt ab: „Technik“ erledigt, „Qualität“ erledigt …; s. Kapitel 3: Baustein 6).
Mit den infrage kommenden Lieferanten führen wir diese und kommende Woche die Verhandlungen. Wir werden mit jedem Lieferanten genau ein einziges Mal sprechen. Der dabei erreichte Preis wird unveränderlich in den Entscheidungshut geworfen. Am Freitag kommender Woche wird auf dieser Basis dann die finale Entscheidung getroffen. Stand jetzt wären Sie mit Ihrem Preis auf jeden Fall draußen. (s. Kapitel 3: Baustein 4) Da wir jedoch wissen, dass das erste Angebot selten das letzte Angebot ist, wollen wir jetzt von Ihnen wissen, wie weit Sie im Preis runtergehen (schreibt das Euro-Symbol und ein leeres Kästchen auf das Flipchart; s. Kapitel 5). Zu welchem Preis sind Sie bereit?
Verkäufer: Na ja, ein bisschen was habe ich ja tatsächlich mitgebracht, aber sooooo viel geht auch nicht!
Einkäufer: Konkret, was ist Ihr Angebot? (s. Kapitel 6, Zugeständnisse ohne Gegenleistung)

Verkäufer: Na ja, drei Prozent kann ich Ihnen auf jeden Fall anbieten!

Einkäufer: (schaut leicht enttäuscht) Mit drei Prozent bewegen Sie sich im Wettbewerbsfeld nicht nach vorne. Was wäre ein realistischer Preis?

Verkäufer: Das ist schon ein realistischer Preis! Aber gut, ich bin bereit, auf sechs Prozent Nachlass zu gehen.

Einkäufer: Jetzt sagen Sie erst drei Prozent und dann sechs Prozent. (schaut nachdenklich, holt Luft und setzt fort) Ich erkenne an, dass Sie uns entgegenkommen wollen. Allerdings reichen diese Schritte nicht aus. Was ist tatsächlich Ihr preisliches Limit?

Verkäufer: (stöhnt und rechnet) Im äußersten Fall bin ich bereit, Ihnen 7,3 Prozent anzubieten.

Einkäufer: (schüttelt leicht den Kopf)

Verkäufer: Dann sagen Sie mir, was der Wettbewerb anbietet! Dann kann ich vielleicht noch etwas machen!

Einkäufer: Wissen Sie, ich könnte Ihnen zwar sagen, wo aktuell die Angebote Ihrer Wettbewerber liegen. Letzten Endes ist das aber noch im Fluss und wird sich noch deutlich verändern. Das hilft Ihnen nicht weiter (s. Kapitel 6: Konter für die Budgetfrage; Kapitel 5: Führung behalten). – Unter welchen Umständen könnten Sie denn noch einen Schritt nach unten gehen? (s. Kapitel 7: Zugeständnisse mit Gegenleistung)

Verkäufer: Wann würden Sie die Ware denn abnehmen?

Einkäufer: Ach so. Wenn ich Sie richtig verstehe, würde der Abnahmezeitpunkt den Preis beeinflussen? (s. Kapitel 5: Frage als den Preis beeinflussenden Faktor erkennen, Führung behalten, nicht antworten)

Verkäufer: Ja, wenn Sie sie noch dieses Quartal abnehmen, kann ich Ihnen weiter entgegenkommen!

Einkäufer: (stöhnt und blufft) Puh, das muss ich prüfen, ob ich das so weit vorziehen kann. (sucht nach weiteren Preisbeeinflussern; s.

Kapitel 5: Puh-Technik) Was, neben dem Abnahmezeitpunkt, würde den Preis noch positiv beeinflussen? (s. Kapitel 7: nicht auf das erste Pferd springen, alle Preisbeeinflusser sammeln und Altmannsberger-Anker)

Verkäufer: Welche Farbvariante wollen Sie denn? (s. Kapitel 5: wieder stellt der Verkäufer eine Frage – also Gefahr, die Führung zu verlieren)

Einkäufer: Was wäre denn die günstigste Variante? (s. Kapitel 5: durch Gegenfragen entscheidende Informationen sammeln und Führung behalten, Fragetechnik)

Verkäufer: Schwarz.

Einkäufer: Puh, Schwarz war jetzt eigentlich nicht das, was wir uns vorgestellt hatten. Aber ich nehme es mal auf. (s. Kapitel 7: erst den Wert eines Zugeständnisses kennen, bevor man entscheidet, ob die Farbwahl fix ist)

Einkäufer: (weiter) Bei einer Abnahme noch dieses Quartal, in Schwarz – was darüber hinaus würde den Preis beeinflussen?

Verkäufer: Natürlich auch die Menge.

Einkäufer: Na ja, die hängt ja gerade vom Preis des jeweiligen Anbieters ab. Was würde dennoch zu einer Preissenkung führen? (s. Kapitel 7: sämtliche Preisbeeinflusser sammeln und dann den Altmannsberger-Anker nutzen)

Verkäufer: Eigentlich nichts mehr. Höchstens noch, wenn Sie bereit wären, mir den Auftrag heute und sofort mitzugeben.

Einkäufer: Heute? Das wäre nur möglich, wenn Ihr Preis dermaßen gut ist, dass ich voraussehen kann, dass kein Lieferant das unterbieten wird (s. Kapitel 7: erst den Wert erkennen, dann die Entscheidung treffen).

Einkäufer: Nehmen wir mal an, wir würden (nutzt bewusst den Konjunktiv!) die Stühle tatsächlich in Schwarz nehmen, dazu die maximale Menge von 1.200 Stück. Das würden wir alles noch vor Ende des Quartals abnehmen und Ihnen die Bestellung tatsächlich heute in die Hand drücken – was wäre dann Ihr zusätzliches Entgegenkommen? (s. Kapitel 7)

Verkäufer: Dann kann ich on top noch mal zwölf Prozent geben.

Einkäufer: 12 + 7,3 … (denkt nach), dann sind Sie so ungefähr bei 20 Prozent. (macht eine abwägende Geste und rundet den Wert zu seinen Gunsten auf) Da liegen wir gerade mal auf Höhe des Wettbewerbs (s. Kapitel 6 und 7: Reaktion auf Preisnennung), der bei diesem Preis keinerlei Sonderwünsche wie Farbe oder Abnahmezeitpunkt gestellt hat. Wie weit können Sie denn da noch runter, wenn die Farbe Blau ist und wir am Freitag bestellen? (damit lenkt der Einkäufer auf die gewünschte Anfrage und das Wunschprodukt zurück, s. Kapitel 5: Führung und Kapitel 7.3: Anker mit Realität verknüpfen)

Verkäufer: Also die 20 Prozent waren ja eigentlich für Schwarz und sofortige Bestellung. Aber gut, ich sage 22 Prozent, aber das ist dann auch das Ende der Fahnenstange!

Einkäufer: 22 Prozent? (schwerer Atemzug, Kopfschütteln) Was können Sie uns denn neben dem Preis noch anbieten, das Ihr Angebot attraktiver erscheinen lassen würde? (s. Kapitel 7: Wechsel auf verhandelbare Elemente, Dreingaben)

Verkäufer: Da geht gar nichts mehr, allerhöchstens kann ich noch dafür sorgen, dass einer meiner Mitarbeiter beim Aufbau der Stühle hilft. Einkäufer: Ein Mitarbeiter beim Aufbau. Was könnte es noch sein? (s. Kapitel 7: nicht auf das erste Pferd setzen) Nein, sonst geht da wirklich nichts mehr.

Einkäufer: (fasst zusammen) Wenn ich Sie richtig verstehe, ist Ihr Angebot: 22 Prozent bei Bestellung am Freitag nächster Woche, Stühle in Blau, Anlieferung dieses Quartal (immer noch unzufriedenes Gesicht, bedauerndes, mitfühlendes Kopfschütteln). (tief durchatmen und dann mit Schwung weiter) 22 Prozent sind nicht attraktiv! Würden SIE es jetzt tatsächlich daran scheitern lassen? (s. Kapitel 8: Mauerbrecher)

Verkäufer: (zögert) Na ja … scheitern würde ich es jetzt nicht dran lassen. Aber da geht allerhöchstens noch kosmetisch etwas.

Einkäufer: Wie viel ist das konkret in Zahlen?

Verkäufer: Allerhöchstens noch ein Prozent.

Einkäufer: Puh, in Summe also 24 Prozent? (verrechnet sich absichtlich, um die Reaktion des Verkäufers zu prüfen)

Verkäufer: Nein, 23 Prozent! Kein Cent mehr!

Einkäufer: Dann logge ich den Preis minus 23 Prozent jetzt für Sie ein. Gesetzt den Fall, Sie liegen am Ende damit ganz knapp daneben – soll ich Sie dann noch mal anrufen? (s. Kapitel 8: Gummimauern durchbrechen)

Verkäufer: Ja, rufen Sie mich noch mal an.

Einkäufer: Bis zu welchem Wert würde das noch Sinn machen?

Verkäufer: Bis 24 Prozent.

Einkäufer: Und bei 24,5 Prozent?

Verkäufer: Nein, 24 Prozent ist mein letztes Wort. Sollte das nicht reichen, verzichte ich auf den Auftrag.

Einkäufer: (Schulterzucken) Gut, dann schreibe ich mir Ihr letztes Angebot auf: 24 Prozent Nachlass, Stühle in Blau, Abnahme dieses Quartal, Menge 100 bis idealerweise 1.200 Stück, Aufbauhilfe … (eventuell schriftlich bestätigen lassen). Am Freitag kommender Woche kann ich Ihnen dann sagen, ob es gereicht hat. Ich persönlich würde mich ja freuen, wenn ich Ihnen den Auftrag geben könnte. Sie sind mir menschlich sympathisch. Letzten Endes aber wird eben der Preis entscheiden (s. Kapitel 8: geschlossenes Ende mit Zusage oder Absage).

Verkäufer: Dann bin ich mal gespannt. Ich würde mich freuen, wenn es klappt. Mit 24 Prozent haben Sie echt die allerbesten Konditionen. Die Qualität des Stuhles wird Sie überzeugen.

Beide verabschieden sich.

Ihr Start: Systematische Struktur entwickeln

Was halten Sie von dem Verhandlungsergebnis dieses Einkäufers? Wünschen Sie sich, in Ihren Verhandlungen ähnliche Ergebnisse zu erzielen? Dann können Sie natürlich jetzt sofort die im obigen Dialog genannten Kapitel und Passagen nachlesen – ich empfehle Ihnen aber, einfach das Buch von vorne bis hinten durchzuarbeiten (auch wenn Sie über das Inhaltsverzeichnis immer auf die gerade für Sie besonders relevanten Strategien und Tipps springen können). Denn mit der Lektüre des ersten Kapitels erfahren Sie, dass die Entwicklung einer systematischen Struktur der erste Schritt in die Richtung solch idealer Verhandlungsergebnisse ist, wie sie der Dialog soeben gezeigt hat.

Auf meiner Webseite finden Sie die Termine für die regelmäßige gratis Hotline. Diese bietet Ihnen als Leserin und Leser die Chance, direkt mit dem Autor, Verhandlungsexperten und Trainer Urs Altmannsberger über Ihre anstehenden Verhandlungen zu sprechen und Fragen zu Strategie, Taktik und Buchinhalten zu stellen.

Sie finden die Termine hier: www.altmannsberger-verhandlungstraining.de/training-buchen

Gestatten Sie aber zuvor noch zwei Anmerkungen:

1. Grundannahme im gesamten Buch ist, dass der Preis das Element ist, das zur Verhandlung ansteht. Damit ist das Buch leicht lesbar, weil quasi immer dasselbe Szenari-

um im Mittelpunkt steht (und die Preisverhandlung ist sicherlich eine der häufigsten oder sogar die häufigste wichtige Situation im Arbeitsalltag).

2. Steht aber in Ihrer persönlichen Verhandlungssituation nicht der Preis im Fokus, sondern es geht um einen anderen Faktor, dann ist für Sie nur ein kleiner zusätzlicher Schritt notwendig:
   Ersetzen Sie den Preis jeweils durch das zu verhandelnde Element.
   So wird beispielsweise aus „Wie weit können Sie den Preis senken?" ein „Wie weit können Sie die Lieferzeit optimieren?".

Danach bleiben im Wesentlichen alle Strategien und Schritte der gelungenen Verhandlung gleich.

Und noch ein **Tipp**: In diesem Buch finden Sie viele Merksätze und wichtige Kurzzusammenfassungen – diese sind mit dem Icon „Zielscheibe" gekennzeichnet. Ein Aktenordner-Icon zeigt Beispiele aus der Praxis an, ein Icon mit zwei Pins Übungen, mit denen Sie das Gelesene vertiefen und anwenden können. Auch Einwürfe und Fragen von meinen Seminarteilnehmenden, die Sie vielleicht auch haben, und meine Antworten darauf werden mit einem eigenen Icon gekennzeichnet. Und QR-Codes zeigen zusätzliche Inhalte an, die Sie herunterladen können.

Ihr Ablaufplan – so gelangen Sie systematisch und methodisch u Ihrem idealen Verhandlungsergebnis

Was Ihnen dieses Kapitel konkret bringt:

- Sie erfahren, wie Sie die Verhandlungs-Schweißtropfen auf Ihrer Stirn vermeiden – und wie es (Ihnen) gelingt, sie stattdessen auf der Stirn Ihrer Verhandlungspartner hervorzurufen.

- Sie lernen einen Ablaufplan für Ihr Verhandlungsgespräch kennen, den Sie auf Ihre zukünftigen Verhandlungsgespräche übertragen können.

- Sie erkennen, wie Sie mithilfe einer systematischen Struktur Ihren Vorbereitungsaufwand auf ein Minimum reduzieren – und zugleich maximalen Verhandlungserfolg erzielen.

1.1 Mit System zum Erfolg – das leistet ein guter Verhandlungsplan

Ihr Verhandlungsalltag wäre sehr viel leichter, wenn Sie sich nur ein einziges Mal vorbereiten müssten und von diesem Zeitpunkt an alle Verhandlungen optimal abschließen könnten. Die gute Nachricht: Das ist tatsächlich möglich!

Lassen Sie mich, um uns auf den Weg zu dieser guten Nachricht, zu diesem Ziel, zu machen, eine Metapher wählen, die Ihnen vertraut sein dürfte: Fahren Sie Auto? Dann sind Sie einmal den Weg gegangen, der Sie zum Führerschein geführt hat. Das hat am Anfang einen höheren Aufwand nach sich gezogen – und zahlt sich dann ein Leben lang aus. Denn im Leben eines Autofahrenden kommt es immer wieder zu ähnlichen Situationen: zum abgestellten Fahrzeug gehen, aufschließen, einsteigen, anschnallen, Motor starten usw. Abweichend davon gibt es Besonderheiten: Montagmorgens ist Stau, im Winter dauert es bei Schneefall länger, ohne Antriebsenergie fährt das Auto nicht, ganz selten ist der Reifen platt. Beim Autofahren gilt: Die immer gleichen Vorgänge sollten wir aus dem Effeff heraus beherrschen: anschnallen, starten, lenken, bremsen. Auf die Besonderheiten dagegen sollten wir wenigstens vorbereitet sein. Indem wir montags früher losfahren und damit den Stau vermeiden, nicht von einem leeren Tank oder von leeren Akkus überrascht werden, indem wir die entsprechenden Anzeigen regelmäßig prüfen, und für den seltenen Fall des Plattfußes ein Reserverad dabeihaben.

Übertragen Sie das nun auf Ihre Verhandlungssituationen: Sie wissen, dass eine Verhandlung ansteht? Dann sorgen Sie für genügend Energie in Ihrem Verhandlungstank und laden Sie Ihren Taktikköcher stets gut mit frischen „Pfeilen an Alternativen und Konsequenzen"; auch für jeden möglichen Einwand des Verhandlungspartners. Beispielsweise auf den Einwand des Verkäufers „Da geht nun gar nichts mehr" sollten Sie natürlich vorbereitet sein. Sie dürfen sich dabei aber nicht nur auf Ihre Intuition und Ihre Erfahrungen verlassen – diese spielen natürlich auch eine Rolle. Aber von wirklich entscheidender Bedeutung ist: Sie haben einen festen Ablaufplan im Kopf, den Sie konsequent verfolgen. Dieser Plan gibt Ihnen Sicherheit. Und er bietet Ihnen zugleich genügend Freiheiten und Freiraum, bei ungewöhnlichen Entwicklungen mit ungewöhnlichen Maßnahmen zu reagieren.

Damit dies gelingt, erhalten Sie in diesem ersten Kapitel einen Überblick über den gesamten Methodenkoffer und das Zusammenspiel der Methoden untereinander. Das ist wichtig! Denn so wie Ihnen der Zündschlüssel im Auto nur dann weiterhilft, wenn auch Sprit im Tank oder der Akku geladen ist, so hilft Ihnen die Verhandlungstechnik nur dann weiter, wenn der Lieferant nicht bereits eine Zusage vom Fachbereich bekommen hat. Erst mit dem Zusammenspiel aller Bausteine schöpfen Sie das volle Potenzial aus. Sie finden im zweiten Kapitel konkrete Baukastensysteme und Schritt-für-Schritt-Anleitungen zu jedem der im Folgenden genannten Bausteine.

Jetzt aber lernen Sie erst einmal den Aufbau der Struktur kennen, um schließlich Ihren Verhandlungs-Schubladen-Schrank mit 1-a-Methoden und -Anleitungen aus den weiteren Kapiteln zu füllen. Mit diesem durchdachten Ablaufplan und Verhandlungsgerüst besitzen Sie in der Zukunft in den heißen Phasen Ihrer Verhandlungen eine klare Orientierung. Die Konsequenz: In Zukunft werden Sie Ihre Verhandlungsziele direkter, schneller und bequemer erreichen.

1.2 Der Ablaufplan ist Ihr wiederholbares Patentrezept

Sparen Sie künftig Ihre wertvolle Zeit. Denn der hier vorgestellte Plan ist zigfach abspielbar: Nachdem Sie mithilfe dieses Buches Ihren persönlichen Ablaufplan entwickelt haben, können Sie ihn in beliebig vielen Verhandlungen bequem abspielen. Ich selbst nutze diesen Plan in allen Verhandlungen erfolgreich – und auch Sie sollten ihn von den kleinsten Verhandlungen, in denen Sie als eher unwichtiger Kunde auftreten, bis hin zu millionenschweren Verhandlungen, in denen Sie als zentraler und wichtigster Kunde hofiert werden, nutzen.

Der Plan funktioniert privat wie geschäftlich. Meiner Erfahrung nach sind dabei keine oder nur geringe Anpassungen notwendig. Trotzdem werden Sie sich vielleicht fragen: Was haben Sie davon, einen Plan immer wieder zu wiederholen?

Bisher mussten Sie sich vermutlich vor jeder Verhandlung anstrengen, um optimal vorbereitet zu sein. Jetzt legen Sie sich Methoden samt Formulierungen zurecht, die Sie in der Verhandlung einfach nur abrufen müssen. Einfach! Wiederholbarer Erfolg!

Das bedeutet auch: Sie müssen sich nicht mehr auf Ihre Spontanität und Eingebungen verlassen, um im Falle eines Falles richtig zu reagieren. Sie können Verhandlungen endlich vorhersehbar planen. Das macht Ihren Kopf frei! Es gibt Ihnen Sicherheit und Souveränität und öffnet eigene Ressourcen für andere wichtige Gedanken und Beobachtungen.

„Direct Access": Wie ein Schubladenschrank mit schnellem Zugriff

Ein weiterer Vorteil: Durch die klare Struktur haben Sie schnelleren Zugriff auf wiederkehrende Methoden bei wiederkehrenden Situationen. Ich vergleiche die vorgeschlagene Verhandlungsstruktur mit einer Kommode, die mehrere Schubladen hat: Die Schubladen sind nach den verschiedenen Meilensteinen und herausstechenden Landschaftsmarken einer Verhandlung beschriftet.

Ein Beispiel: Sie werden bald über eine Schublade verfügen, die mit den Worten „Da geht nichts mehr!" beschriftet ist. Haben Sie diese Situation bereits in der Vergangenheit erlebt? Höchstwahrscheinlich! Jetzt, wo Sie sich mithilfe dieses Buches intensiv darauf vorbereiten, werden Sie leichter mit dieser Situation zurechtkommen und so bessere Verhandlungsergebnisse erzielen. Denn künftig öffnen Sie einfach diese Schublade, sobald der Verkäufer die Situation „Da geht nichts mehr!" aufruft. In der Schublade liegen dann Ihre erfolgversprechenden Methoden, die sich in der Vergangenheit bewährt haben. Sie entscheiden sich dann ruckzuck für eine der Methoden und wenden sie an. Ergebnis: Situation stressfrei gelöst.

1.2.1 Woher kommen die Erkenntnisse?

In dem vorgeschlagenen Ablaufplan steckt die Erfahrung von unzähligen Verhandlungen in den verschiedensten Branchen und Unternehmen, die ich im Laufe meiner Tätigkeit gesammelt habe. Sie profitieren als Leser direkt vom gesammelten Knowhow unterschiedlichster Verhandlungssituationen. Dieser Plan wurde von mir permanent optimiert und verfeinert. Ich habe ständig neue Methoden auf Basis der Erfahrungen entwickelt und diese wiederum im harten Alltag auf ihre Tauglichkeit getestet und immer weiter verbessert. Alles, was Sie hier finden, stellt das beste zur Verfügung stehende Material dar, das es zurzeit für professionelle partnerschaftliche Verhandlungen im Business auf Seiten des Supply Managements gibt.

Der Entwicklung der Methoden liegen zum einen Live-Verhandlungen zugrunde. Also Verhandlungen, die im echten Business stattgefunden haben. Aber auch simulierte Verhandlungen haben ihren Beitrag geleistet – Verhandlungen, die von Einkaufsprofis als Seminarteilnehmer in meinen Trainings und Coachings durchgeführt wurden. Ein großer Unterschied zur üblichen Praxis in Unternehmen: Jede dieser Verhandlungen wurde detailliert analysiert, die praktischen Verhandlungen ebenso wie die simulierten. Jede Verhandlung wurde kritisch von uns unter die Lupe genommen:

- Was taugt in der Praxis, was nicht?
- Wo zeigen sich Risiken, wo liegen Chancen?

Die Strategien und Methoden, die in der Praxis und im Trainingsraum das gehalten haben, was sie versprochen haben, sind dann zu einem systematischen Konzept zusammengewachsen.

Doch jetzt ist es an der Zeit, dass Sie jenen Ablaufplan endlich kennenlernen.

1.3 Der Ablaufplan im Überblick

Mit dem Ablaufplan bewegen Sie sich in Verhandlungen zielsicher auf den Verhandlungserfolg zu. Erst sorgen wir für einen reibungslosen Start. Oft vernachlässigt, ist er ausschlaggebend für Ihr Ergebnis. Und dann führt Sie der Plan von einem Honigtopf zum nächsten - strukturiert und planvoll.

1.3.1 Die vier Bereiche des Ablaufplans

Der Plan gliedert sich in vier große Bereiche und diese wiederum in einzelne Aktivitäten. Die vier großen Bereiche unterscheiden sich durch die klar abgegrenzte Art der Aktivitäten:

EXTRAVORTEIL

Sie als Leserinnen und Leser können den kompletten Ablaufplan als farbige PDF-Datei (virensicher) herunterladen. Sie benötigen dazu nur die URL der Landingpage: www.altmannsberger-verhandlungstraining.de/profitabler-einkauf-buch-kostenlose-downloads und das Passwort: STARTrampe

1. Vorbereitungsphase (Planung)
2. Sagephase
3. Fragephase
4. Entscheidungsphase

Die Abbildung 1 zeigt, was mit den einzelnen Phasen gemeint ist:

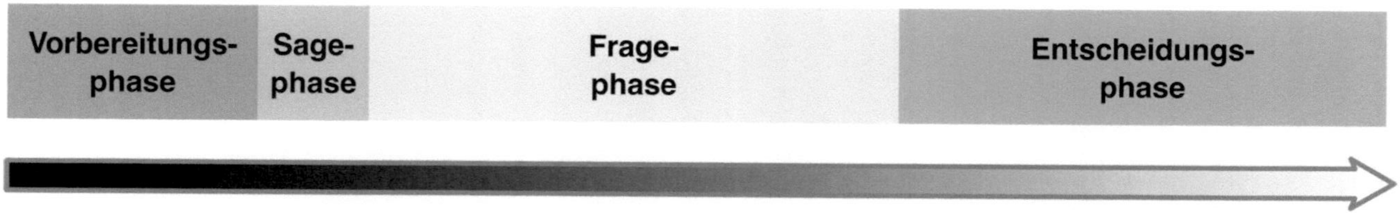

Vorbereitungsphase	Sagephase	Fragephase	Entscheidungsphase
Sie bereiten sich selbst, die Situation, alle Beteiligten und das Unternehmen auf die anstehende Verhandlung vor. Es geht um die strategische und taktische Vorausplanung.	Die Vertreterinnen und Vertreter des Lieferanten sitzen Ihnen gegenüber. Sie treffen wohlformulierte und ausgewählte Aussagen. Damit rücken Sie den Lieferanten in die richtige Position und die Verhandlung in das richtige Licht.	Sie erfragen die Wege zu Ihrem Ziel. Sie sammeln dabei Informationen und Reaktionen. Und Sie bewegen sich geradlinig auf das optimale Ergebnis zu. Meine Beobachtungen in der Praxis zeigen: keine unbedachten Aussagen treffen. Bleiben Sie bei Ihren vorbereiteten Fragen! Sie werden entspannt zum Ziel kommen. Versprochen!	Sie kennen nun das konditionelle Areal, in dem Ihr Lieferant zum Abschluss bereit ist: Preise, Zahlungskonditionen, Zugaben. Ist der Abschluss mit diesem Lieferanten der beste Weg oder stehen bessere Alternativen zur Verfügung? Diese Entscheidung treffen Sie, nachdem alle Karten auf dem Tisch liegen.

Abbildung 1: Die vier Phasen des Ablaufplans

Dazu, Herr Altmannsberger, habe ich noch eine Frage!

Haben Sie für die Phasen festgelegte Zeiten? Steht also fest, wie lange jede Phase dauert?

Urs Altmannsberger: Eine Festlegung, die sich in Minuten ausdrückt, gibt es nicht. Ganz allgemein, alle Verhandlungen in einen Topf geworfen und umgerührt: Die Vorbereitungsphase wird bei Ihnen zukünftig etwas länger werden. Viele Verhandlungen kranken an lascher Vorbereitung. Aber gute Vorbereitung bringt wirklich Erfolg! Beispiel: Den Fachbereich auf Ihre Verhandlung einzuschwören, ist wichtig und wertvoll, kostet Sie aber Zeit im Vorfeld. Dafür hat es eine hohe Auswirkung auf das Ergebnis.
Die beiden folgenden Phasen gab es auch bei Ihnen bisher vermutlich nicht so klar getrennt. Durch die Struktur des Ablaufplans wird die Verhandlung hier viel schneller voranschreiten als bisher. Das sehen wir tagtäglich in den Trainings. Dort stehen 14 Minuten zur Verfügung, die von Übung zu Übung immer besser genutzt werden. Das gilt gerade in der letzten Phase, wenn wir wissen wollen, ob das Optimum erreicht werden konnte. Dort werden Sie zukünftig viel Zeit sparen.

1.3.2 Das gehört zukünftig zu Ihrer Vorbereitungsphase

Zur Vorbereitungsphase und damit auch zur Strategie gehört es, die Einflussfaktoren optimal einzustellen und sich damit einen Vorsprung für die Verhandlung zu sichern. Stellen Sie sich die Fragen:

- Was hindert mich daran, zu einem besseren Ergebnis zu gelangen?
- Was steht im Weg?
- Wie kann ich das verbessern?

Aus dieser Vorarbeit lässt sich die Forderungsbegründung leicht ableiten, die Sie später in der Startrampe (Kapitel 3) nutzen werden. Der Verkäufer will wissen: „Was rechtfertigt die Forderung des Einkäufers?“ und „Ist daran eine Konsequenz gekoppelt?“, bevor er entgegenkommt. Mit der richtigen Kombination aus Begründung und Konsequenz kommen Sie leichter zu Ihrem Ziel.

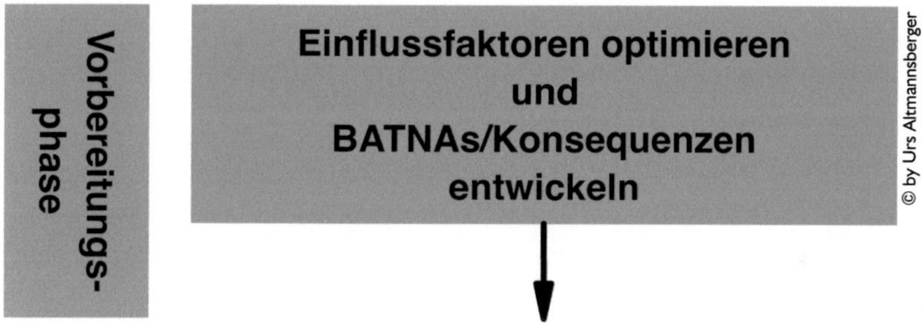

Abbildung 2: Elemente der Vorbereitungsphase

1.3.3 Die Startrampe ist eine Sagephase

Die Startrampe ist vergleichbar mit einem Eingangsstatement, mit dem Sie dem Verkäufer (damit ist im ganzen Buch übrigens immer m/w/d gemeint) kurz und bündig Ihre Position verdeutlichen und die Basis für eine erfolgreiche Verhandlung legen. Mit der Startrampe holen Sie den Schwung, den Sie benötigen, um Ihre Verhandlungsziele zu erreichen.

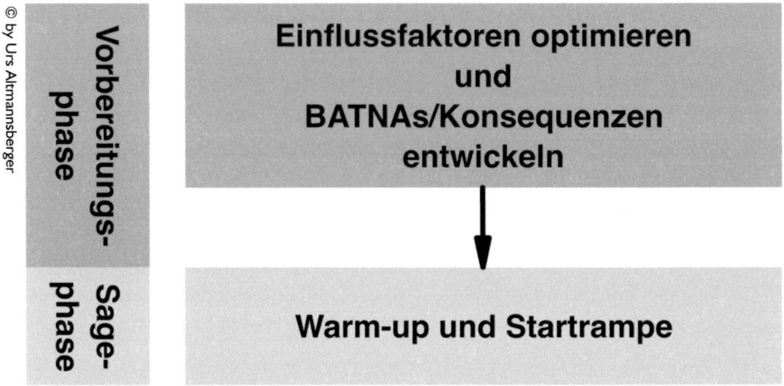

Abbildung 3: Die Sagephase

Hier zeigt sich, wie zielführend Ihre Vorarbeit in der Vorbereitungsphase war. Richtig dargestellt, erscheint Ihre nachfolgende Verhandlung in einem ganz anderen Licht. Zwei Dialoge verdeutlichen den Unterschied:

- Startrampe unvorbereitet: Einkauf: „Wir haben uns Ihr Angebot angesehen. Inhaltlich gefällt es uns sehr gut. Meine Chefin meint aber, dass da noch was im Preis gehen müsste. Jetzt wollte ich von Ihnen wissen – bevor ich bestelle –, was Sie da noch machen können und wann Sie dann liefern werden." Die Analyse dazu: „Die Chefin meint", der Einkäufer aber nicht? Das schwächt die Ausgangsposition! Der Teilsatz „bevor ich bestelle" zeigt dem Verkäufer: Den Auftrag habe ich bereits in der Tasche.
- Startrampe vorbereitet: Einkauf: „Sie sind einer von mehreren Lieferanten, die für uns inhaltlich infrage kommen. Mit den jetzigen Preisen würden Sie allerdings nicht zum Zuge kommen. Bevor wir Ihnen absagen, gebe ich Ihnen aber noch mal die Chance, den Preis deutlich

zu senken. Erfahrungsgemäß ist das erste Angebot nicht das finale." – Das ist übrigens nur eine Kurzversion. Im dritten Kapitel lernen Sie ausführlichere Varianten kennen, bei denen die Mentalität resp. Einstellung Ihrer Gesprächspartner, die Verhandlungssituation sowie der Verhandlungsgegenstand Berücksichtigung finden. Die Analyse dazu: Diese Startrampe verbessert die Ausgangsposition des Einkäufers. Vorhandener Wettbewerb und die Konsequenz „bei jetzigem Preis nicht zum Zuge kommen" versetzen den Verkäufer in Zugzwang.

Durch den zielgerichteten Gesprächseinstieg setzen Sie der Verhandlung bereits vom Start weg die symbolische Siegerkrone auf.

Gehen Sie gerne ins Theater? Dann wissen Sie: Im Theater verleiht das Bühnenbild jeder Szene die passende Stimmung, das Setting. Mit der Startrampe geben Sie Ihren Verhandlungen den gewünschten Anstrich. Legen Sie mit der Startrampe fest, dass das Bühnenbild lieber „Wettbewerb" statt „Ich bin Ihnen ausgeliefert" signalisiert. Wer hier die richtigen Akzente setzt, hat es in der nachfolgenden Verhandlungsphase um einiges leichter.

Praxistipp: Die Startrampe ist der optimale Platz für Ihre Forderungsbegründung – für das „Warum soll der Verkäufer das Angebot verbessern?" Dem Verkäufer soll das zur Verhandlung stehende Geschäft besonders attraktiv erscheinen. Regen Sie seine Bereitschaft zu besonders hohen Nachlässen an und rufen Sie so eine Preissenkung hervor.

Wohlüberlegt und wohlformuliert trifft Ihre Forderungsbegründung das Ziel. Diese Chance können Sie mithilfe der Startrampe nutzen. Es ist wie einem Schachspiel: Die ersten Züge können Sie frei wählen, danach werden Sie strategisch weiterziehen. So haben Sie in diesem Moment zu Beginn der Startrampe noch viel gestalterischen Freiraum und können den Gesprächsverlauf vorbereiten. Dieser Freiraum wird Ihnen während der Verhandlung nach und nach genommen – die Interaktion zwischen Einkauf und Verkauf wird dann unkalkulierbarer und jede Verhandlung findet ihren ganz eigenen Weg. Und wird damit die geplante Platzierung Ihrer Forderungsbegründung erschweren. Darum sollten Sie in dieser Sagephase alle Möglichkeiten nutzen, den Verhandlungsfahrtwind in Ihrem Sinn und zu Ihrem Vorteil zu beeinflussen.

1.3.4 Die Kernaspekte der Fragephase

Kommen wir zur Fragephase. Hier steht Ihre Verhandlungstechnik im Mittelpunkt, mithin die Strategien, Methoden und Vorgehensweisen, die wir in den folgenden vier Fragefeldern einsetzen.

Gehen wir nun die vier Segmente der Fragephase durch:

Zugeständnisse ohne *Gegenleistung verhandeln*

Die erste Frage schließt sich generell direkt an die Startrampe an und führt damit von der Sagephase in die Fragephase über. Sie klären mit dem Verkäufer die Frage:

- Was geht unter den jetzigen Bedingungen? Wie weit ist der Verkäufer bereit, den Preis zu senken, ohne dass sich andere Konditionen verändern?

Diese Frage stellen Sie in verschiedenen Formulierungen, und zwar so lange, bis sie zu keinen weiteren – neuen – Ergebnissen führt:

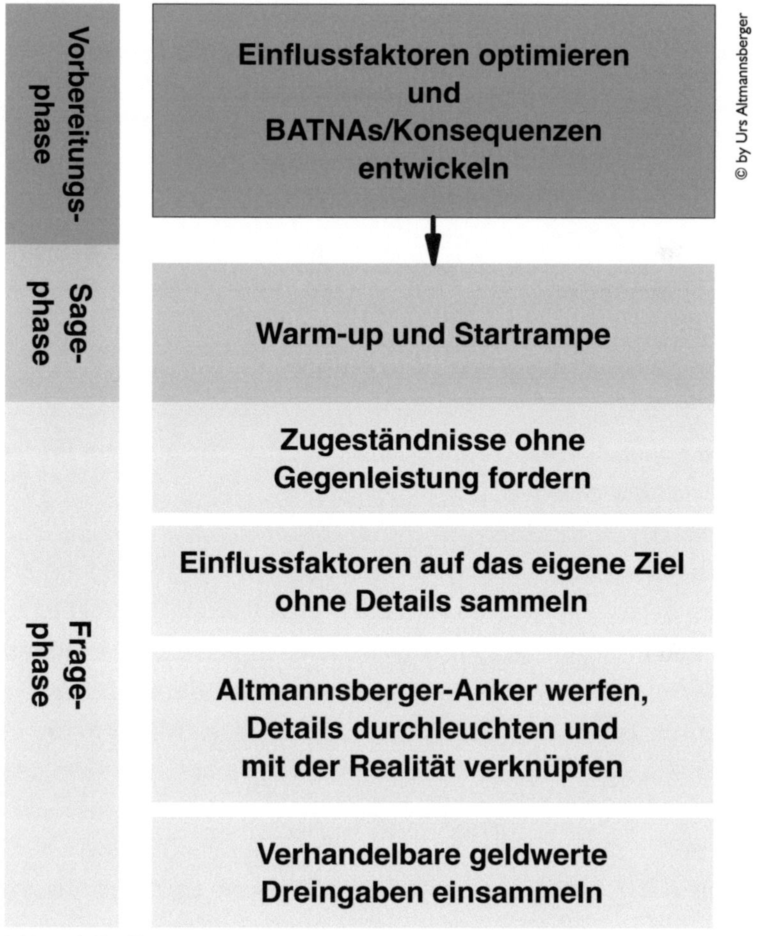

Abbildung 4: Die Fragephase

Einkäufer: (am Ende der Startrampe) „Erfahrungsgemäß ist das erste Angebot nicht das finale. Wie weit sind Sie bereit runterzugehen?"
Verkäufer: „Zwei bis drei Prozent sind möglich!"

Einkäufer: „Kommen Sie! Drei Prozent reichen nicht! Was ist wirklich Ihr Limit?"

Verkäufer: „Unter den gegebenen Bedingungen bin ich bereit, bis maximal 4,5 Prozent zu gehen."

Zugeständnisse mit Gegenleistung verhandeln

Hier klären Sie die Frage:

- Unter welchen Bedingungen geht noch mal mehr? Was müssen wir verändern, damit der Verkäufer den Preis weiter senkt?

Im konkreten Dialog heißt das für Sie zum Beispiel:

- „Unter welchen Umständen würden Sie über 4,5 Prozent hinausgehen?"

Auch diese Frage stellen Sie, bis Sie alle Informationen auf dem Tisch liegen haben. Sie bekommen vom Verkäufer dabei Faktoren genannt, die den Preis beeinflussen, etwa ein bestimmter Liefertermin oder ein besonderes Bestellverfahren. Diese sogenannten Bewegungsfaktoren sammeln Sie vollständig, um anschließend den damit verbundenen Gegenwert mit dem „Altmannsberger-Anker" zu analysieren.

Den Altmannsberger-Anker abfragen und analysieren

Der Altmannsberger-Anker gibt Ihnen eine Vorausschau, was unter optimalen Bedingungen das beste Angebot sein könnte. Gleichzeitig nutzen Sie damit die psychologischen Vorteile der herkömmlichen Ankertechnik (im Kapitel 7 erkläre ich die

Unterscheide und Vorteile beider Ankertechniken detailliert). Selbst wenn Sie die (optimalen) Bedingungen in der Folge nicht erfüllen oder beeinflussen können, gibt Ihnen dieser Wert doch interessante Aufschlüsse über das Angebotsverhalten des Lieferanten, die sie für sich nutzen können:

Einkäufer: „Gesetzt den Fall, wir nehmen die Ware zum geforderten Liefertermin ab und lassen uns auf das von Ihnen vordefinierte Bestellverfahren via Internetportal ein: Was wäre dann Ihr zusätzliches Entgegenkommen?"
Verkäufer: „Dann kann ich Ihnen on top weitere 15 Prozent anbieten!"

Sobald Sie den Wert „Leistung zu Gegenleistung" kennen, entscheiden Sie über die Machbarkeit; also darüber, ob Sie eine Umsetzung weiterverfolgen oder die Idee fallen lassen. Nicht vorher!

Verhandelbare Elemente abrufen und sammeln

Mit den verhandelbaren Elementen grasen Sie weitere Zugeständnisse ab, die sich nicht direkt in Preis und Nachlass ausdrücken. Dazu klären Sie mit dem Anbieter die Frage:

- Wenn im Preis nichts mehr geht, welche Zugabe kann dann das Angebot attraktiver machen?

In der Praxis erhalten Sie an dieser Stelle beispielsweise das Angebot der frachtfreien Lieferung oder der kostenlosen Schulung für den Umgang mit einem Produkt, vielleicht auch eine bevorzugte Belieferung bei Materialengpässen – oder einen von unzähligen anderen möglichen Vorteilen. Womöglich senkt das (zwar) nicht direkt den Kaufpreis, sondern bietet indirekt Vorteile für Ihr Unternehmen – wie der folgende Dialog exemplarisch zeigt:

Einkäufer: „In Summe käme ich damit auf 19,5 Prozent. Puh, das reicht noch nicht, um die Entscheidung in Ihre Richtung zu drehen. Wenn Sie sagen, dass im Preis nichts mehr geht, was können Sie mir zusätzlich außerhalb des Preises anbieten, was Ihr Angebot attraktiver macht?"
Verkäufer: „Ich könnte Ihnen noch eine Garantie geben, dass Sie bei Materialengpässen priorisiert beliefert werden."
Einkäufer: „Was wäre darüber hinaus noch möglich?"

Das Gespräch setzt sich fort. Wenn von Verkaufsseite keine Ideen mehr folgen, stochern Sie anhand Ihrer eigenen Ideensammlung noch mal weiter.

Schließlich haben Sie die gesamte Konditionenwiese abgegrast und auch die versteckten Ecken der Vorteilswiese zum Vorteil Ihres Unternehmens genutzt. Das bringt Sie „irgendwann" an den Punkt, wo „angeblich" nichts mehr geht. Sie erreichen eine Mauer! Heißt das jetzt: „Oje, hier geht nichts mehr"? Nein, alles gut – auch zur Überwindung einer solchen Mauer erhalten Sie hier die richtigen Methoden.

1.3.5 Die Mauer durchstoßen

Sie werden überrascht sein: Aber diese Mauer ist doch tatsächlich etwas Schönes! Denn an der Mauer angelangt, hätten Sie Ihre Aufgabe erfolgreich erfüllt. Mit den Mauerbrecher-Fragen und weiteren Methoden überprüfen Sie vorher die Aussage „Nichts geht mehr!" souverän auf ihren Wahrheitsgehalt: Ist es nur ein Bluff? Dann geht es doch noch weiter und Sie steigen rollierend wieder in die Fragephase ein.

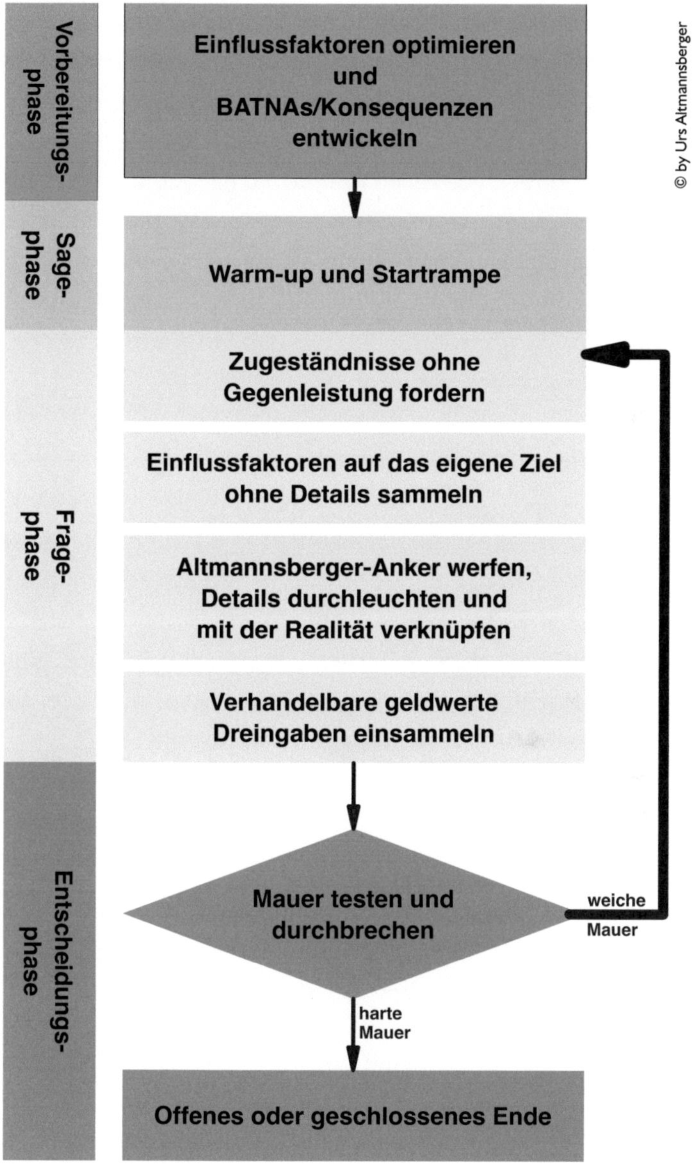

Abbildung 5: Die Mauer durchbrechen

- Ist es der Verkäuferin oder dem Verkäufer wirklich ernst? Die Mauer ist hart? Auch gut! Sobald die Behauptung des Lieferanten anhand der Methoden bestätigt ist, haben Sie ein entscheidungsreifes Ergebnis in der Hand. Dann haben Sie Ihren Job erledigt!

1.3.6 Die Verhandlung beenden

Im nächsten Schritt wählen Sie aus, ob Sie ein offenes oder geschlossenes Ende der Verhandlung vorziehen.

Das geschlossene Ende der Verhandlung

Der Druck wird abgelassen. Der Auftrag wird erteilt. Sie sagen dann:

- „Okay, dann schlage ich ein, auch wenn es noch nicht zu 100 Prozent meiner Vorstellung entspricht. Die Bestellung geht Ihnen in den nächsten Stunden zu."

Oder der Auftrag wird nicht erteilt – für den Fall heißt es:

- „Dann tut es mir leid. Von meiner Seite her hätte ich Ihnen den Auftrag durchaus erteilt. In diesem Fall passt Ihre Preisvorstellung nicht. Vielleicht klappt es beim nächsten Mal. Ich würde mich freuen, dann wieder mit Ihnen rechnen zu dürfen."

Oder der Druck ist raus aus der Verhandlung und kein Nachbieten mehr möglich. Aber die Entscheidung wird erst später gefällt. Sie könnten dann formulieren:

- „Gut, dann schreibe ich mir Ihren finalen Wert von XYZ auf. Am kommenden Mittwoch kann ich Ihnen sagen, ob es gereicht hat."

Das offene Ende der Verhandlung

Mit dem offenen Ende lassen Sie den Druck bestehen, um vielleicht doch noch weitere Zugeständnisse zu erhalten:

- „Nun, dann werde ich den finalen Wert von XYZ in die Entscheidungsfindung einloggen. Weil Sie mir sympathisch sind, lege ich Ihnen jedoch nahe, noch mal spitz zu kalkulieren. Wenn Sie bis Dienstag noch einen besseren Wert einreichen, würde ich den ausnahmsweise noch berücksichtigen."

Damit sind wir aber noch nicht am Ende – Sie finden in diesem Buch noch zwei weitere Kapitel:

1.3.7 Ausloten und Führung übernehmen

Die Abbildung 6 zeigt ganz rechts noch zwei weitere Aspekte, die parallel zum Ablaufplan stehen: „Bestmöglich Ergebnisse ausloten" und „Planung durch Führung mit Fragetechnik umsetzen".

Zum einen gilt: In der Fragephase loten Sie anhand des Altmannsberger-Ankers aus, zu welchen Zugeständnissen resp. Preisen der Verhandlungspartner bereit ist. Sie wollen erfahren, wo dessen Grenzen liegen. Darum ist es kontraproduktiv, fixe Forderungen zu stellen und mit absoluten Zahlen zu arbeiten. Halten Sie sich in dieser Verhandlungsphase alle Möglichkeiten offen, indem Sie mit relativen Forderungen arbeiten.

Praxistipp: „Ausloten statt fixe Forderungen stellen!“ – das gehört zu den Grundlagen einer erfolgreichen Verhandlungsführung. Kurz gefasst: Es gibt zum Beispiel beim Preis keine berechenbare und exakt festlegbare Schmerzgrenze. Vielmehr fluktuiert der Preis, er fließt, er steht in Abhängigkeit von der Verhandlungssituation, dem Verhandlungsgegenstand und dem Verhandlungspartner. Das gilt auch für andere Faktoren.

In Trainings gelangen wir regelmäßig zu der Überzeugung, dass Einkäufer den besten Preis niemals vorhersagen können. Sicher, als versierte und erfahrene Einkäufer haben wir natürlich eine Idee, wohin die Reise geht. Der Ablaufplan aber hilft Ihnen, zuverlässig herauszufinden, was tatsächlich das Limit ist.

Zwei gekürzte Dialoge zeigen den Unterschied zwischen den Vorgehensweisen, bei denen Sie mit absoluten bzw. mit relativen Forderungen arbeiten. Bei der fixen Forderung mit einem absoluten Wert sieht der Dialog so aus:

Einkäufer: „Ich biete Ihnen für dieses Bauteil 500 Euro statt der 700 Euro, die auf dem Preisschild stehen.“
Verkäufer: „Ja, okay, gerne!“

Vermutlich hatte der Verkäufer ein besseres Angebot in der Tasche und freut sich insgeheim über den Fehler des Einkäufers. Beim Ausloten mit relativen Forderungen hingegen gehen Sie anders vor:

Einkäufer: „Für 700 Euro werde ich das Bauteil nicht bei Ihnen kaufen! Wie weit gehen Sie runter?“

Verkäufer: „Nun, weil Freitag ist und ich vor dem Wochenende noch einen Abschluss machen will, wäre ich bereit, auf 400 Euro zu gehen."

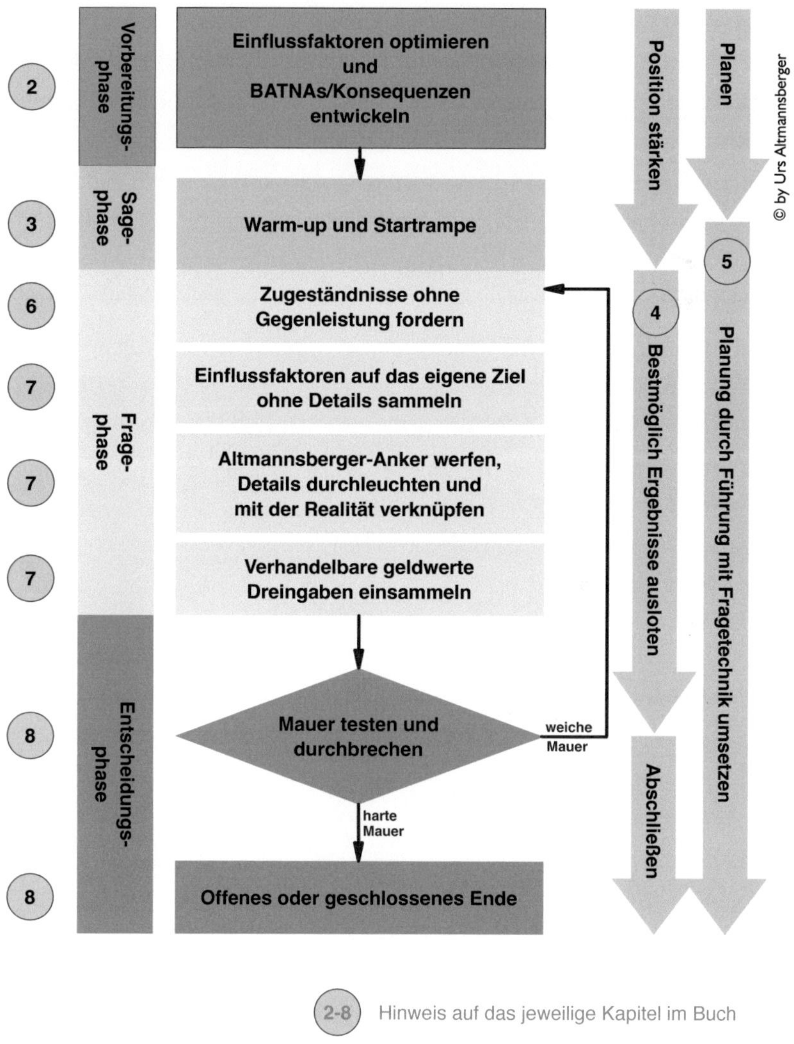

Abbildung 6: Der gesamte Ablaufplan im Überblick

Sie sehen: Im ersten Beispiel begrenzt der Einkäufer durch seine absolute Forderung die Zugeständnisse des Verkäufers – und verliert damit 100 Euro. Das wird Ihnen nach der Lektüre dieses Buches nicht mehr passieren, weil Sie genau wissen, wie Sie „bestmöglich ausloten".

Kommen wir zu dem zweiten Aspekt: Was hilft Ihnen der schönste Plan, wenn er sich nicht in die Realität umsetzen lässt? Darum lernen Sie praxisgerechte Methoden kennen, mit denen Sie Ihren Plan tatsächlich umsetzen können. Sie erfahren, wie Sie die Führung im Verhandlungsprozess übernehmen, und auch, wie Sie die Führung zurückgewinnen, falls sie Ihnen doch mal verloren geht.

Der Ablaufplan bietet Ihnen Ihr ganz persönliches Entspannungsprogramm: Wellness für die Verhandlung! Künftig werden die Schweißtropfen auf der Stirn der Verkäufer stehen – und nicht auf Ihrer Stirn.

Dazu zwei Fragen, Herr Altmannsberger!

In welcher Phase gibt es denn Ihrer Erfahrung nach die größten Probleme? Und wie lassen sie sich lösen?

Urs Altmannsberger: Ein „Knackpunkt" ist sicher das Ende der Startrampe: Der Einkäufer baut den Übergang von der SAGEphase zur FRAGEphase und fordert den Verkäufer auf: „Wie weit sind Sie bereit runterzugehen?" Oft antwortet dann jedoch der Verkäufer nicht und stellt stattdessen eine Gegenfrage: „Wann würden Sie denn bestellen?" Das gleicht dann einer Weiche, die entscheidet, wer diese Verhandlung allein schon aufgrund der besseren Verhandlungstechnik gewinnt.

Antwortet der Einkäufer, geht dessen Führung verloren. Infolgedessen verlässt er seinen Plan, also seinen roten Faden, kommt taktisch ins Trudeln und verliert. Ein kleiner Fehler, der Dominostein-ähnlich alle Vorbereitung über den Haufen wirft.

Und wie sollte die Einkäuferin oder der Einkäufer reagieren?

Urs Altmannsberger: Er verbindet stattdessen die Gegenfrage mit seiner Planung: „Der Bestellzeitpunkt hängt von Ihrem Angebot ab. Wenn Sie direkt einen top Preis abgeben, den Ihre Wettbewerber unmöglich unterbieten, können wir schneller abschließen. Was können Sie denn anbieten?“ So macht er direkt einen Riesenschritt nach vorn. Übrigens: Die Gegenfrage des Verkäufers kommt im Allgemeinen nicht unerwartet, daher können Sie sich darauf vorbereiten.

Fazit:

- Erstellen Sie Ihren persönlichen Ablaufplan, den Sie zukünftig für jede Ihrer Verhandlungen einsetzen.

- Passen Sie die genannten Formulierungsbeispiele an Ihre Verhandlungsrealität an. Legen Sie sich also Formulierungen zurecht, die Sie in Ihren Verhandlungen nur abrufen müssen.

- Nehmen Sie sich jede der vier Phasen (Vorbereitungsphase, Sagephase, Fragephase, Entscheidungsphase) des Ablaufmodells vor und fragen Sie sich: „Wie bin ich bisher vorgegangen? Was kann und muss ich ändern?"

Optimieren Sie Ihre Einflussfaktoren: Bremsklötze erkennen und beseitigen

Was Ihnen dieses Kapitel konkret bringt:

- Um das verhandlerische Tauziehen mit dem Verkäufer zu gewinnen, müssen Sie alle Einflussfaktoren auf den Prüfstand stellen und zu Ihrem Vorteil optimieren.
- Sie lernen die Faktoren kennen, die darüber entscheiden, ob Sie Ihre Ziele entweder nicht erreichen, gerade so erreichen oder besser: übertreffen.
- Sie erfahren, wie Sie die Bremsklötze beseitigen, die Ihnen auf dem Weg zum Verhandlungsziel das Verhandlungsleben schwer machen.
- Mit Best-Practice-Bausteinen formulieren Sie Ihre optimierte Forderungsbegründung.

Verkäufer wollen einen möglichst hohen Preis erzielen. Dafür sind sie bereit, Strategien und Taktiken zu nutzen. Unser Ziel als Einkäufer dagegen ist, den Preis auf das notwendige und für uns optimale Niveau zu bringen. Daraus entwickelt sich ein verhandlerisches Tauziehen: Der Mächtigere gewinnt.

Dabei ist das Tauziehen nicht allein durch stärkeres Ziehen am Tau zu gewinnen. Viel besser ist es, bereits im Vorfeld für bessere Start-Voraussetzungen zu sorgen. Also: Ziehen Sie dem Verkäufer das Tau schon weg, bevor das Spiel beginnt! Sie nennen das „unfair"? Vielleicht beim Sport! Profi-Verhandler nennen das Strategie!

Schaffen Sie vor- und frühzeitig beste Voraussetzungen, um die Verhandlung zu gewinnen!

2.1 Erkennen und verändern Sie die Einflussfaktoren auf Ihr Verhandlungsergebnis

Wenn ich mit Seminarteilnehmenden und allgemein Menschen aus der Wirtschaft spreche, herrscht die Meinung vor, jede Verhandlungssituation sei anders, ein individuell hochkomplexes Gebilde, das mit einer standardisierten Herangehensweise nicht lösbar ist. Und tatsächlich: Verhandlungen sind komplex! Da stimme ich allen voll zu. Als Verhandler habe ich unzählige Beratungskunden aus unterschiedlichsten Firmen quer durch alle Branchen kennengelernt. Die verhandlerische Welt scheint aus unendlich vielen Sonderinseln zu bestehen. Jeder Markt ist einzigartig, jede Branche ganz besonders.

Aber: Ich habe schon früh Verhandlungen der unterschiedlichsten Branchen und Firmen auf Besonderheiten und Gemeinsamkeiten hin untersucht. Eigentlich hatte ich unterschiedliche Spielregeln und Spielfelder erwartet, die das Ergebnis einer Verhandlung beeinflussen. Aber in meinen Analysen habe ich herausgefunden: Die bestimmenden Einflussfaktoren sind in allen Verhandlungen gleich. Nicht unterschiedlich, sondern gleich! Dagegen ist das Tuning der Faktoren höchst unterschiedlich. Das zeigt auch gleich der wichtigste Einflussfaktor, den Sie als Verhandlungsprofi berücksichtigen müssen.

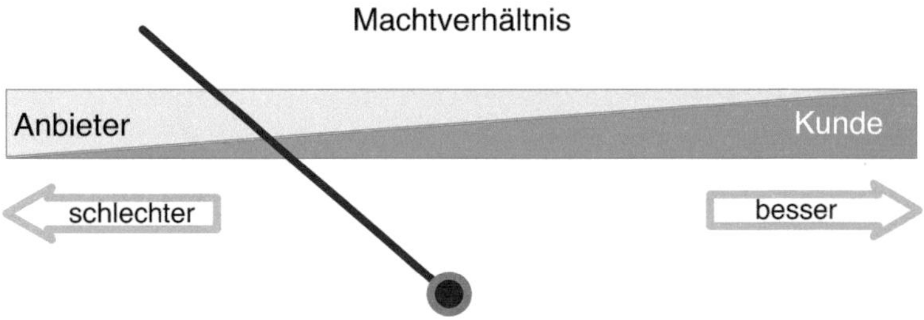

Abbildung 7: Das Tuning des Einflussfaktors „Macht“

Macht ist der stärkste Einflussfaktor auf das Verhandlungsergebnis. „Wie ist die Macht verteilt?“ – das unterscheidet Verhandlungen. Statt vermuteter Branchenbesonderheiten entscheiden oft eher die Machtverhältnisse, wer die Verhandlung gewinnt. Konkret: Benötigt der Lieferant dringend Aufträge, ist es gut für uns als Einkäufer. Gibt es dagegen mehr Nachfrage als Angebot, ist es eher schlecht, klar. Ist die Macht extrem ungleich verteilt, verlaufen Verhandlungen oft ergebnislos. Hat der Lieferant die gesamte Macht, legt er die Konditionen fest – und Schluss! Verhandlungen wären dann überflüssig. Jegliche Methodik wird durch dieses Naturgesetz ausgehebelt.

Die Macht entscheidet, ob Sie gewinnen oder nicht. Macht ist der größte Einflussfaktor. Darum gilt es, die Machtverhältnisse vor der Verhandlung zu verbessern.

Neben der Macht gibt es weitere Einflussfaktoren:

- Einflussfaktor **Konsequenz**: Wenn Sie über Alternativen verfügen, können Sie für den Verhandlungspartner die Konsequenzen beschreiben, was etwa beim Scheitern der Verhandlung geschieht. „Falls wir uns auf keinen fairen Preis einigen, geht der Auftrag an den Wettbewerb!" Das zwingt den Verkauf in die Knie.

- Einflussfaktor **Rückendeckung**: Holen Sie sich Rückendeckung. Ein heißes Thema in vielen Unternehmen! Steht das eigene Unternehmen – insbesondere die Geschäftsführung – voll hinter dem Einkäufer, also hinter Ihnen? Oder gibt es intern abweichende Interessen? Leider weichen die Interessen etwa des Fachbereichs, des Anwenders oder eines Marktleiters oft von den Zielen des Einkaufes ab. Dann haben Sie es schwer!

- Einflussfaktor **Verfügbarkeit**: Fragen Sie sich: Ist das Produkt bei jedem Lieferanten unbegrenzt verfügbar? Oder ist das Produkt in zu geringen Mengen bei nur einem Lieferanten erhältlich und die Kunden schlagen sich darum? Beispiele wie seltene Erden oder schnellladbare Akkupacks für die E-Bike- oder E-Car-Produktion oder Bauland in Ballungszentren töten die Verhandlernerven der Einkäufer.

2.2 Verändern Sie die Machtverhältnisse

Betrachten wir nun einige der Einflussfaktoren, die Sie auf jeden Fall in den Griff bekommen sollten. Beginnen wir mit dem Faktor Macht: Macht ist wie ein Naturgesetz. Die Auswirkung des Machtfaktors ist simpel. Derjenige, der die größere Macht hat, kann das Ergebnis diktieren. Das erkennen wir, wenn Staaten sich streiten, das erkennen wir in der Ehe oder wenn die Polizei Autofahrer aus dem Verkehr herauswinkt.

Das Besondere: Naturgesetze sind unumstößlich! Und das bedeutet: Wir können sie in ihren Auswirkungen weder wegdiskutieren noch durch gutes Zureden verändern. Hat unser Lieferant die uneingeschränkte Macht, dann sind wir machtlos. Im wahrsten Sinne des Wortes. Wie aber gewinnen wir die Verhandlung trotzdem? Die Lösung liegt darin, das Naturgesetz zum eigenen Vorteil zu nutzen, statt es verändern zu wollen. Das zeigt das Beispiel „Verhandlungen mit Monopolisten".

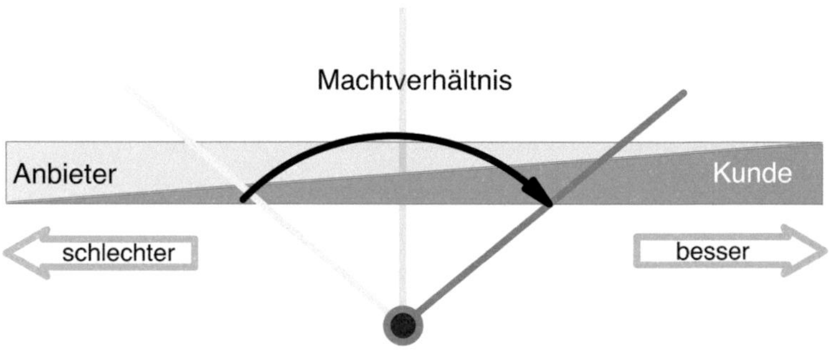

Abbildung 8: Den Einflussfaktor zum Besseren tunen

2.2.1 Echte Monopolisten verhandeln nicht

Zunächst einmal: Monopolen ist mit der reinen Verhandlungsführung nicht beizukommen. Denn echte Monopolisten verhandeln nicht! Der Monopolist weiß: Wer das Produkt benötigt, rührt sich von selbst und zahlt den aufgerufenen Preis! Damit sind solche Verhandlungen schwer oder gar nicht zu gewinnen. Untergliedern Sie Ihre Verhandlungen mit Lieferanten darum in zwei Gruppen:

Situation	Technik
Verhandlungsbereite Lieferanten	Sie können die Methode „Verhandlungsführung" einsetzen.
Monopolisten, die nicht zu Verhandlungen bereit sind	Verschieben Sie erst die Machtbalance, um Ihr Gegenüber zu sinnvollen Verhandlungen zu bewegen.

Wer die Verhandlung mit dem Monopolisten dennoch gewinnen will, muss Vorarbeit leisten: Denn beide Seiten müssen zu Verhandlungen bereit sein. Der Monopolist muss die Sicherheit, dass er die Verhandlung auf jeden Fall gewinnt, verlieren. Also:

Sie müssen das Monopol zuerst einmal aufweichen. Verlassen Sie sich dabei nicht allein auf Ihre Kraft. Meist ist die Kraft Ihrer gesamten Firma gefragt, um einen Monopolisten von dessen Thron an den Verhandlungstisch zu bewegen.

Dabei gilt der Grundsatz: Der Monopolist wird dann verhandeln wollen, wenn Ihre Reaktion als Einkäufer oder Kunde eine wahrnehmbare Auswirkung auf seinen Geschäftserfolg hat. Sie sollten dann in zwei Schritten vorgehen.

Schritt 1: Fragen Sie sich: „Was hält das Monopol stabil?“

Monopole knacken Sie nur, indem Sie strategisch denken und die Machtbalance verschieben. Nehmen wir als Beispiel ein Chemiewerk. Dort fließen durch zahlreiche Rohre verschiedene Chemikalien. Diese Rohre werden durch Schieber geöffnet und geschlossen. Der Hersteller dieser Schieber wurde vor Jahren von einem Ingenieur ausgewählt. Seitdem wurde unverhandelt bei ihm bestellt, wenn weitere Schieber notwendig waren. Die Schieber haben sich bewährt. Es kam zu keinem Ausfall.

Über die Jahre erkennt der Lieferant die große Treue seines Kunden und nutzt sie für Preiserhöhungen aus. Seit einigen Jahren erhöht er seine Preise gegenüber dem Chemiewerk – jedes Jahr um 20 Prozent. Verhandlungen werden ignorant abgelehnt. Gerne würde der Einkäufer den Lieferanten wechseln, es gibt genügend. Der ehemalige Entscheider im Chemiewerk lebt jedoch nicht mehr. Aus Angst, bei Störungen verantwortlich zu sein, will kein anderer im Werk das Thema anfassen. Der Einkäufer sieht sich einem selbst gemachten oder selbst verschuldeten Monopol gegenüber. Doch was hält das Monopol in diesem Beispiel stabil? Natürlich: Die Angst vor Verantwortung ist die Wurzel! Hier müsste der Einkäufer bzw. sein Unternehmen ansetzen.

Schritt 2: Suchen Sie die Lösung: „Wie lässt sich das Übel an der Wurzel packen?“

Die Geschäftsführung könnte beispielsweise von den Ingenieuren die Benennung von Alternativprodukten einfordern, das Risiko des Wechsels decken oder deckeln und dem Einkäufer damit den Weg freiräumen. Wären Sie der Einkäufer, könnte dies so ablaufen:

1. Sie machen die Geschäftsführung auf den Missstand aufmerksam und schlagen den Weg vor: „Angst vor Verantwortung bereinigen".
2. Die Geschäftsführung weist den Fachbereich an, alternative Lieferanten zu suchen.
3. Der Fachbereich sucht und findet Alternativlieferanten und meldet dies der Geschäftsführung samt möglichen Einwänden (Angst) zurück.
4. Die Geschäftsführung entscheidet und nimmt dem Fachbereich die Angst (übernimmt die Verantwortung).
5. Sie bekommen als Einkäufer das Zepter für die Verhandlungen in die Hand, aus den Alternativlieferanten die attraktivste Lösung zu wählen.

Damit wäre die Wurzel des selbst gemachten Monopols beseitigt. Mit dem drohenden Kundenverlust konfrontiert, wird der Schieberhersteller eher bereit sein, seinen Preis auf ein marktgerechtes Niveau zu senken. Er wird verhandlungsbereit. (**Tipp:** Vertiefende Strategien zum Thema „Knacken von Monopol(ist)en" finden sich auch in meinem Booklet „Verhandeln mit Monopolisten", siehe Werbung am Buchende).

Praxistipp: Es ist von zentraler Bedeutung, die Wurzel des Problems genau zu erkennen. Oft ist dort die beste Lösung vergraben und will ans Tageslicht gefördert werden. Wer Probleme an der Wurzel anpackt, verändert direkt die Ursache – und nicht nur die Auswirkungen der Ursache.

Aber wie gelangen Sie an die Wurzel? Analysieren Sie zuerst die Situation und die Faktoren, die das Ergebnis bremsen. Ein gewaltiger Bremsklotz besteht in einer fatalen Kombination: Die mangelnde Konsequenz des Einkäufers trifft auf fehlende Alternativen zum angestrebten Verhandlungsziel. Der Einkäufer hat dann nicht die Möglichkeit, dem Lieferanten gegenüber Konsequenzen auszusprechen, die er auch einhalten kann. Wenn er sagt: „Herr Verkäufer, entweder gehen Sie im Preis runter – oder ich kaufe trotzdem (weil ich keine anderen Optionen habe)!", hat er natürlich ganz schlechte Verhandlungskarten.

Die Chance auf ein gutes Verhandlungsergebnis ist begrenzt, solange der Einkäufer weder den Lieferanten noch das Produkt und die Menge beeinflussen oder (ver-)ändern kann.

Aber was, bitte schön, erwartet die Führungsetage des Einkäufers als Ergebnis, wenn ihm keine Steuerungsmöglichkeiten an die Hand gegeben werden? Und warum sollte der Verkäufer Nachlässe gewähren, wenn er den Auftrag doch ohnehin sicher bekommt? Allerhöchstens schüttet der Verkäufer in diesen Situationen Anerkennungsrabatte aus – aus Freundschaft zum Einkäufer und um Missstimmung beim Kunden zu verhindern.

Sie müssen also alles dafür tun, um über möglichst viele Alternativen und Optionen zu verfügen. Dann können Sie gegenüber dem Verhandlungspartner auch deutliche Konsequenzen formulieren, die es für ihn hat, wenn er sich nicht auf Ihr Verhandlungsziel einlassen will.

2.3 Bremsklötze lösen und die PS auf die Straße bringen

Natürlich wird der Verkäufer versuchen, Ihnen Optionen zu nehmen und Bremsklötze in Ihren Verhandlungswagen einzubauen. Manchmal aber sind die Bremsklötze auch hausgemacht. Wie können Sie diese lösen?

So lösen Sie den Bremsklotz „Der Fachbereich hat bereits entschieden“

Bei Produktionsunternehmen liegt die Ursache mangelnder Verhandlungsergebnisse meist im Fachbereich oder beim Anwender, also bei den Bedarfsträgern, die das zu beschaffende Produkt einsetzen werden. Das Problem ist also hausgemacht. Noch bevor der Einkauf auf den Plan gerufen wird, hat sich der Fachbereich bereits mit Lieferanten unterhalten und eine Produktauswahl getroffen. Nicht selten gehen in diesem Prozess entscheidende Informationen an den Verkäufer – Informationen, die ihn zu der Einschätzung gelangen lassen, er sei der „Auserwählte“. Wenn das so ist, dann ist die Verhandlung für Sie als Einkäufer verloren – wie das Beispiel zeigt.

„Die Schwierigkeiten für den Einkäufer lassen sich kaum noch steigern!“ Das war mein erster Gedanke, als ich zur Rettung einer Verhandlung herbeigerufen wurde. Es ging darum, den Preis für den Bau eines Kellers mit dem Bauunternehmer zu verhandeln. Das Problem dabei: Der Keller war längst fertiggestellt und wurde von zwei darüber liegenden Stockwerken gekrönt. Irgendwie war die Preisverhandlung zum richtigen Zeitpunkt verschlafen worden.

Klar, dass es dem Einkäufer in dieser Situation schwerfiel, den Preis noch nachträglich zu drücken. Er konnte keine Konsequenzen aussprechen. Der Zug war längst abgefahren, der Keller fertig. Der Kellerbau allein wäre also nicht mehr zu retten gewesen. Die Lösung fanden wir in einem zukünftigen Bauabschnitt, der noch nicht vergeben war. An dem war der Bauunternehmer besonders interessiert. Erst als wir diesen neuen Bauabschnitt vom Entgegenkommen beim Kellerthema abhängig machten, ließ sich der Bauunternehmer zu fairen Vereinbarungen bewegen.

Die folgende Tabelle zeigt weitere Strategien, wie Sie den Bremsklotz „Der Fachbereich hat bereits entschieden" lösen können. Lösungsbausteine: „Der Fachbereich hat bereits entschieden"

Strategie	Umsetzung
Sofortlösung: Noch mal aufbrechen, und zwar mit der Rückendeckung der Geschäftsführung für neue Verhandlungen	Wurzel des Übels ziehen! Ziehen Sie dem Lieferanten/Verkäufer den Teppich der Sicherheit unter den Füßen weg! Verschaffen Sie sich die Rückendeckung der Geschäftsführung (oder der nächsthöheren Führungsebene), um die verfahrene Situation zu retten. Formulierung in der Verhandlung: „Aufgrund der Preise hat die Geschäftsführung die Vorentscheidung des Fachbereichs gekippt. Wir werden nun eine weitere Preisabfrage bei allen Lieferanten durchführen. Am kommenden Freitag werde ich dann der Geschäftsführung die Entscheidungsvorlage unterbreiten. Stand jetzt würde die Entscheidung zugunsten des Wettbewerbs fallen. Haben Sie grundsätzlich noch Interesse an einer Kooperation? Wenn ja: Wie weit können Sie im Preis nachlassen?".
Sofortlösung: Noch mal aufbrechen mit Rückendeckung der Fachabteilung	Der Fachbereich hat selbst seinen Bremsklotz bemerkt und hilft Ihnen, das wieder in Ordnung zu bringen Formulierung in der Verhandlung aus dem Munde des Fachbereichs: „Aufgrund der Preise haben wir unsere Vorentscheidung noch mal gekippt. Da Ihre Preise zu hoch sind, starten wir gemeinsam mit dem Einkauf eine weitere Preisabfrage bei allen Lieferanten. Am kommenden Freitag werden wir die finale Entscheidung gemeinsam treffen. Stand jetzt würde einer der Wettbewerber gewinnen!

	Haben Sie grundsätzlich noch Interesse an einer Kooperation? Wenn ja: Wie weit können Sie im Preis nachlassen?“
Langfristige Konsequenzen nutzen	Stehen uns keine direkten Konsequenzen zur Verfügung, lohnt ein Blick in die Zukunft! Gibt es dort Lockstoffe, die für den Lieferanten interessant sind? Folgen in der Zukunft mögliche Aufträge, die wir vom jetzigen Entgegenkommen abhängig machen können? Wenn ja, sollten wir diese einsetzen, um die jetzige Situation zu retten. Formulierung: „Uns – und sicher auch Ihnen – ist klar, dass wir uns in einer Zwangssituation befinden. Der Fachbereich hat es Ihnen bereits verraten: Sie werden den Auftrag erhalten. Dennoch erwarten wir von Ihnen einen marktgerechten Preis! Nur dann kann ich Ihnen auch Chancen auf den zukünftigen Auftrag einräumen. Wie weit können Sie von Ihrem jetzigen Angebotspreis runtergehen?“
Parallele Konsequenzen nutzen	Alternativ zu langfristigen Konsequenzen bieten sich parallele Konsequenzen als Druckmittel an. Gibt es Aufträge, die ebenfalls für den jetzigen Lieferanten infrage kommen, bei denen wir jedoch nicht abhängig sind? Gleiche Formulierung wie oben angepasst: „Nur dann haben Sie Chancen auf das Parallelprojekt!“
Trainieren Sie die Mitarbeiter im Fachbereich (generelle, langfristige Lösung)	Bereits mit geringem Aufwand kann der Fachbereich Ihnen den Rücken stärken. Der Fachbereich muss gegenüber dem Lieferanten den Schein wahren: „Sie sind einer von mehreren Lieferanten, die für uns infrage kommen. Gemeinsam mit einer Lieferantenbewertung werden wir dem Einkauf die Alternativen übergeben. Danach ist es allein Entscheidung des Einkaufs, welche der Alternativen zur Umsetzung kommt. Viel Glück!“

In der Zukunft früher verhandeln	Bei vorhersehbaren Beschaffungsvorgängen ziehen Sie die Aufgabe der Preisverhandlung zeitlich vor die Gespräche des Fachbereichs. Womöglich müssen Sie dafür in die Prozessplanung und Arbeitsabläufe eingreifen. Binden Sie alle betroffenen Stellen und vor allem die Führungskräfte ein, die ein hohes Interesse an günstigen Einkaufskonditionen haben.
Das gleiche Produkt noch Mal abfragen – ohne Druck	In einigen Fällen bietet sich die Chance, das gleiche Produkt noch mal unter einem anderen Deckmantel zu verhandeln und Rückschlüsse aus dem dann genannten Preis zu ziehen. Formulierung: „Für einen anderen Bereich haben wir ebenfalls eine Anfrage zu Produkt A. Allerdings sind die hochgradig preissensibel. Es hängt stark vom Preis ab, ob der Auftrag kommt. Was können Sie uns in diesem Fall anbieten?" Antwort/Verkauf: „Maximal noch zwei Prozent." Einkauf: „Tut mir leid, dann muss ich direkt absagen. Schade für Sie!" Verkauf: (grübelt) „Na gut. In dem Fall bin ich zu sieben Prozent bereit!"

Dazu zwei Fragen, Herr Altmannsberger!

Was mache ich aber, wenn der Fachbereich nicht mitspielen will – das ist bei uns in der Firma gar nicht unwahrscheinlich.

Urs Altmannsberger: Spielt der Fachbereich nicht mit, obwohl es im Unternehmensinteresse richtig wäre, so ist die Führungsetage gefragt. Ziehen Sie sich nicht den Schuh an, Erzieher für den Fachbereich zu werden – das würde ins Auge gehen. Sie klären auf, aber belehren nicht. Regeln stellt dagegen die Führungsetage auf. Vorgaben liegen in deren Verantwortung. Ihr Fachbereich sollte also so einsichtig sein, dass er sowohl sein eigenes Interesse an seinen Lieblingslieferanten sieht, als auch die Notwendigkeit eines angemessenen Preises erkennt. Fehlt dem Fachbereich die Erkenntnis dieser Zusammenhänge, sollten Sie durch die entsprechenden Erklärungen für Aufklärung sorgen.

Und wenn der Fachbereich einfach nur zu bequem ist?

Urs Altmannsberger: Dann muss zur Not eine Order durch die Geschäftsführung das richtige Verhalten sicherstellen, dann muss also eine Anweisung von oben herab erfolgen. In der Praxis behindern oft auch persönliche Vorlieben oder Bevorteilungen des Fachbereichs die Zusammenarbeit mit dem Einkauf. Führt der direkte Kontakt des Fachbereichs zum Lieferanten zu erstrebenswerten Messeeinladungen oder Geschenken, so wird das häufig nicht offiziell ausgesprochen, tickt aber im Hintergrund mit und verhindert eine Lösung im Sinne des Unternehmens. Wir bezeichnen diesen Zusammenhang als „Maverick-Buying-Effekt“: Kollegen und Nichteinkäufer im Unternehmen beeinflussen Einkaufsprozesse aufgrund persönlicher Vorteile.

Handel: So lösen Sie den Bremsklotz „Der B2B-Endkunde hat bereits entschieden“

Etwas anders – aber leider nicht besser – sieht es im Handel aus. Auch hier werden Entscheidungen kommuniziert, bevor die Preisverhandlung abgeschlossen ist. Zwar fällt der Bremsklotz des Fachbereichs im Handel weg, dafür schiebt aber der Endkunde seinen Klotz an die gleiche Stelle. Nehmen wir ein Beispiel aus dem Business-to-Business-Bereich (B2B).

Eine Versicherung nutzt bereits einen Großrechner des (fiktiven) Computerherstellers GRH. Eine geplante Erweiterung des Großrechners wurde von der technischen Seite bereits langfristig mit dem Hersteller GRH diskutiert und vorbereitet. Die Entscheidung, wieder GRH einzusetzen, ist gefallen. GRH vertreibt seine Computer über ein Handelsnetz mit drei Partnern. Der Handelspartner, der mit dem Aufbau, der Inbetriebnahme und der Wartung betraut werden soll, soll noch per Ausschreibung ausgewählt werden. Darüber ist ein Preiskampf der Händler untereinander entbrannt. Die ohnehin schon geringe Handelsmarge verbrennt zusehends.

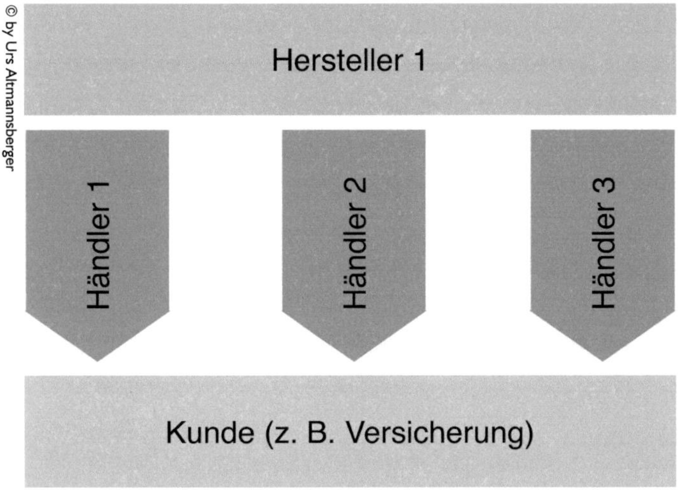

Abbildung 9: Hersteller und Kunde in guter Verhandlungsposition

Abbildung 9 bringt zum Ausdruck: Hersteller und Kunde sind in guter Verhandlungsposition. Auf deren Ebene gibt es keinen Wettbewerb. Unsicherheit besteht nur bei den Händlern. Dort kann einer von drei Wegen beschritten werden. Daher versucht der Endkunde, dort den Druck auf den Preis auszuüben. Das ist jedoch ungeschickt. Denn die Händler haben nur eine geringe Handelsmarge. Größere Zugeständnisse kann nur der Hersteller

GHR leisten. Der ist aber entspannt und sieht keinen Zugzwang für sich selbst: „Es steht fest, dass mein Produkt gekauft wird. Daher brauche ich nicht nachzulassen!“

Das Problem wurzelt in der bereits getroffenen Entscheidung auf der Herstellerebene:

- Die großen Nachlässe hätte man vor allem beim Hersteller realisieren können! Dort steht die Entscheidung aber schon fest. Der verspürt keinen Druck mehr! Ergebnis: kein Zugeständnis.
- Jetzt können nur noch die kleinen Nachlässe in der Handelsstufe realisiert werden. Der Preis scheint zwar noch verhandelbar, der Bewegungsspielraum ist jedoch erheblich verringert. Ergebnis: kleine Zugeständnisse.

Eine Alternativlösung sieht wie folgt aus:

- Stellen Sie sich die Frage: Welche Partner in der Produktions- und Handelskette haben wirklich das größte Potenzial für Zugeständnisse? Wer hat die höchste Marge?
- Leiten Sie Ihren Druck dorthin, indem die Entscheidung demjenigen gegenüber als offen gilt! Kooperieren Sie dazu mit Ihrem Endkunden.

In dem Beispiel hat GRH als Hersteller das größte Potenzial für hohe Nachlässe. Wenn Ihr Endkunde, also die Versicherung, mit Ihnen gemeinsam GRH in Wettbewerb zu einem anderen Hersteller setzt, kommt dort Druck auf. GRH ist dann – im Gegensatz zur ursprünglichen Situation – unsicher, ob er Lieferant wird. GRH wäre dann eher bereit, Nachlässe zu gewähren, um die Chance auf den Auftrag zu verbessern.

Abbildung 10 zeigt: Endkunde und Handel sind in guter Verhandlungsposition. Auf deren Ebene gibt es keinen Wettbewerb mehr. Der Endkunde (Versicherung) kooperiert mit einem ausgewählten Handelspartner, um gemeinsam die Hersteller unter Druck zu setzen. Den Hersteller stellen beide in (echten oder inszenierten) Wettbewerb und schaffen sich damit eine optimale Verhandlungssituation. Die Folge: Der Hersteller wird von seiner attraktiven Marge abgeben und das Angebot günstiger gestalten. Dem Handelspartner bleibt Luft, seine Leistungen sinnvoll anzubieten, der Endkunde erhält ein günstiges Angebot.

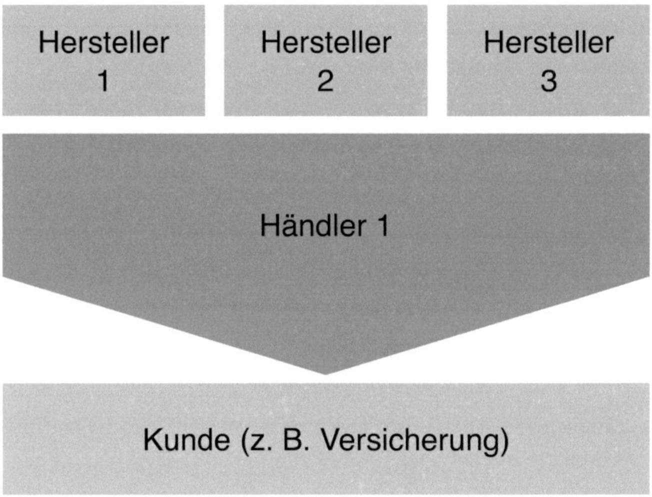

Abbildung 10: Endkunde und Handel in guter Verhandlungsposition

Die folgenden Strategien helfen Ihnen, den B2B-Handels-Bremsklotz zu lösen.

Lösungsbausteine: „Der Endkunde hat im B2B-Handel bereits entschieden“

Strategie	Umsetzung
Kooperation Handel mit dem Kunden	Die beste Methode ist wieder: Die Wurzel des Übels ziehen! Wettbewerb an die richtige Stelle schieben. Um an die großen Nachlässe heranzukommen, empfiehlt sich die Kooperation zwischen Endabnehmer und Handelspartner. Als Wettbewerber werden nicht die Handelspartner untereinander benutzt, sondern die unterschiedlichen Hersteller. Gemeinsam mit Ihrer Verkaufsabteilung treten Sie dann an Ihren Kunden heran. Schaffen Sie Aufklärung, wie wertvoll die Kooperation sein kann. Schmieden Sie gemeinsam mit dem Endkunden eine sinnvolle Preisverhandlungsstrategie: Erst wählt der Endkunde einen Handelspartner aus und verhandelt mit ihm eine Leistungspauschale.Im zweiten Schritt verhandeln Endkunden und Handelspartner gemeinsam mit den infrage kommenden Herstellern. Zumindest soll der Schein gewahrt sein.

So lösen Sie den Bremsklotz: „Der B2C-Endkunde hat bereits entschieden“

Der Lösungsansatz im B2C-Handel ist etwas anders gelagert. Hier stellt sich die Situation wie folgt dar: Die Kunden greifen automatisch zum Produkt des Herstellers, weil deren Entscheidung bereits gefallen ist, bevor sie den Laden betreten – konkret: Aufgrund jahrelanger Werbekampagnen ist ein bestimmter Brotaufstrich im Kopf der Kunden als besonders attraktiv verankert. Will eine Mutter ihren Kindern ein besonders leckeres Frühstück bieten, greift sie nach der betreffenden Sorte. Das weiß der Hersteller. Damit besitzt er momentan die Macht. Erhöht dieser Hersteller die Preise, ist das Handelsunternehmen ohnmächtig. Es ist gezwungen, den Preisunterschied entweder zu schlucken oder an die Kunden weiterzugeben.

Dabei gilt: Rauswurf geht nicht! Das Produkt einfach aus den Regalen zu nehmen, funktioniert nicht. Kunden würden unter Umständen zum Wettbewerber des Supermarkts wechseln, um dort den gewünschten Brotaufstrich zu kaufen. Im schlimmsten Fall verliert der betroffene Supermarkt nicht nur den Umsatz des Brotaufstrichs, sondern auch damit verbundene weitere Einkäufe: Der Kunde geht in einen anderen Supermarkt, kauft dort den Brotaufstrich und alles andere, was er auch noch besorgen wollte. Ungeschickt ist zudem: Die Kundin „Mutter" wird ihre Entscheidung im Stillen treffen, den Markt also nicht zu einer Verhandlung bitten.

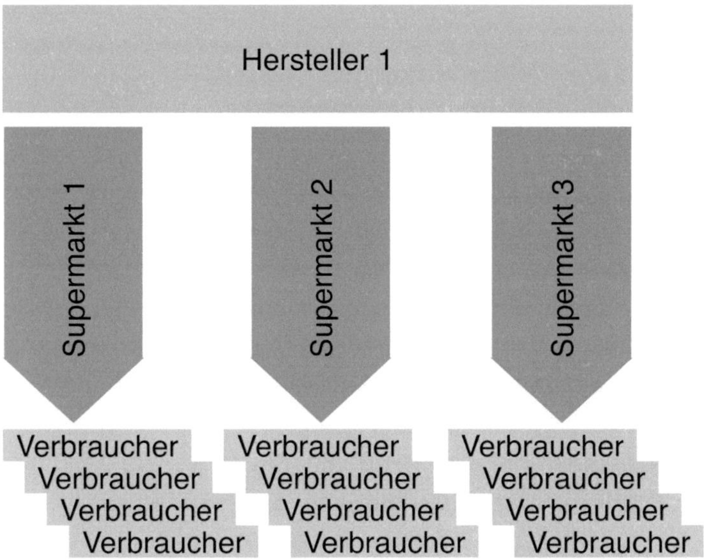

Abbildung 11: Hersteller ohne Wettbewerb, Handel in Wettbewerbsnot

Die Abbildung 11 veranschaulicht: Der Hersteller hat keinen Wettbewerb, da die Verbraucher sich für sein Produkt entschieden haben. Der Handel ist in der Wettbewerbsnot, die Verbraucher zu locken, erhält jedoch weder vom Hersteller noch von

Kundenseite Unterstützung. Die Wurzel liegt in der getroffenen Entscheidung des Endkunden: „Ich will diesen ganz speziellen Brotaufstrich und keinen anderen!" Und: Durch die große Zahl der Endkunden ist eine Kooperation (Endkunde mit Handel) wie im vorangegangenen Beispiel nicht abbildbar. Und so löst der Händler das Problem direkt an der Wurzel:

Lösungsbausteine: „Der Endkunde hat im B2C-Handel bereits entschieden"

Strategie	Umsetzung
Entmachten durch neuen Wettbewerb, Kunden aktiv beraten	Schaffen Sie einen neuen Entscheidungsprozess! Wie wäre es, wenn der Kunde – bevor er nach dem üblichen Brotaufstrich greift – ähnliche Brotaufstriche testen kann (im Blindversuch, ohne dass er die Marke erkennt)? Jetzt wird eine Chance für eine neue Entscheidung oder Umorientierung gegeben. Die Entscheidung des Kunden wird nicht durch das Label getroffen, sondern über die Geschmacksnerven.
Entmachten durch neuen Wettbewerb, Kunden aktiv beraten	Wir sprechen über ein weites Feld unterschiedlichster Produkte. Sind diese Produkte wertvoller als nur ein Brotaufstrich, können Sie den Kunden aktiv beraten. Führen Sie ihm die Alternativprodukte vor, lassen Sie ihn ausprobieren, demonstrieren Sie die Funktionen, lassen Sie ihn schmecken, zeigen Sie Vorteile. Hiermit erreichen Sie, dass der Kunde seine Entscheidung neu überdenkt und trifft. Treffen Sie sich mit Lieferanten und Herstellern, die Ihre Unternehmensinteressen besser erfüllen als der bisherige Lieferant. Etablierte Lieferanten haben es nicht nötig, auf Ihre Interessen einzugehen. Aufstrebende Lieferanten dagegen sind stärker an kooperativer Zusammenarbeit interessiert.

Lösen Sie sich von fremdgesteuerten Marken, schaffen Sie Ihre eigenen Marken. Werden Sie der Entscheider für Ihre Kunden. Entscheiden Sie, was in der Packung steckt, nach der Ihr Kunde automatisch greift.	Handelsunternehmen sind es leid, Marionetten der namhaften Marken zu sein. Der Einkauf soll nicht länger reaktiv die Regale nachfüllen, sondern aktiv das Sortiment gestalten. Dazu muss die Entscheidung des Endkunden „Ich kaufe Brotaufstrich Marke A" verändert werden. Besser für das Handelsunternehmen ist: Ich kaufe den Brotaufstrich des Handelsunternehmens." Beobachten Sie bei Ihrem wöchentlichen Supermarkteinkauf, wie sich die Landschaft dort verändert hat. „Immer mehr Eigenmarken geben dem Handelseinkäufer die Freiheit, den Lieferanten zu wechseln, ohne gleichzeitig die Marke im Regal zu verändern. Das ist auch in Ihrer Branche möglich.
Abhängigkeit des Kunden selbst nutzen	Ist der Kunde auf ein Produkt unveränderlich festgefahren? Ist sein Einkaufsverhalten in Stein gemeißelt? Dann gilt das nicht nur für die MARKE, nach der er greift, sondern auch für den MARKT, in dem er kauft. Nutzen Sie diese Abhängigkeit für Ihre Ziele.

So lösen Sie den Bremsklotz „Sachzwänge und teure nachträgliche Änderungen"

Ganz besonders schlechten Einfluss haben Sachzwänge auf Ihr Ergebnis. Beispielsweise besteht aus technischen Gründen der Zwang, bei einem bestimmten Lieferanten zu ordern. Noch schwerer wiegt bei Sachzwängen: Der Lieferant weiß das in der Regel auch! Es geht aus dem Sachzusammenhang hervor, dass Sie unter Zwang stehen. Geschickte Anbieter planen dies sogar ein – zum Beispiel:

- Um ein Gerät weiter betreiben zu können, ist spezifisches Verbrauchsmaterial notwendig, das es nur aus einer Quelle gibt.

- Um Gewährleistungs- und Garantieansprüche geltend zu machen, müssen ausgewählte Betriebe für die Wartung beauftragt werden.
- In der IT soll ein individuell erstelltes Programm erweitert werden. Der ehemalige Programmierer soll plötzlich das Doppelte kosten. Andere Programmierer müssten sich erst langwierig einarbeiten oder sich auf die Software zertifizieren lassen.

Sachzwänge sind Gründe, die einen Kunden an einen bestimmten Lieferanten binden. Sie führen also für den Einkäufer zu einer strategisch schlechten Ausgangssituation für die Konditionsverhandlungen.

Kommen wir zu den teuren nachträglichen Änderungen: In großen Ausschreibungen steigt die Abhängigkeit von einzelnen Lieferanten, je weiter der Prozess voranschreitet. Dem Einkäufer stehen während der Ausschreibung mehrere Lieferanten zur Wahl. Um den Auftrag zu erhalten, unterbieten sich die Lieferanten gegenseitig mit immer besseren Angeboten. Das ist gut!

Dann jedoch endet die Ausschreibung mit der Vergabe an den besten Lieferanten. Damit ist die Abhängigkeit da. Sollte es jetzt zu Änderungswünschen am Produkt kommen – und das passiert in der Praxis oft –, wird es teuer.

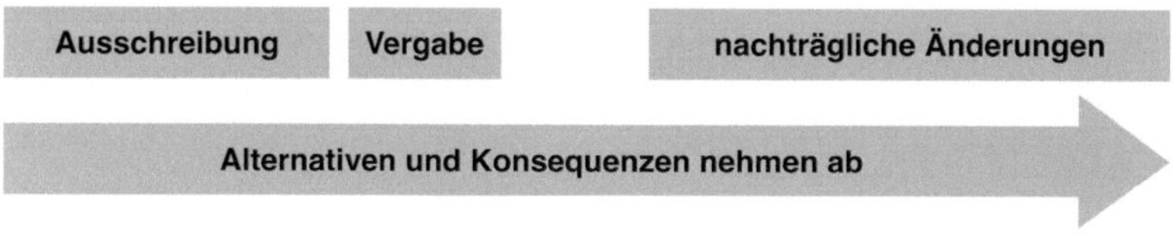

Abbildung 12: Der Zwang, bei einem Lieferanten zu kaufen, steigt, die Verhandlungsposition verschlechtert sich.

Der Lieferant weiß zu diesem Zeitpunkt: Die Ausschreibung ist beendet, den Wettbewerbern wurde abgesagt, und meistens steckt der Kunde schon mitten in der Arbeit. Ein Wechsel zu einem anderen Lieferanten wäre mit erheblichen Mehrkosten für ihn verbunden. Während also in der Vergabe noch richtig Druck auf dem Lieferanten und seinem Preis lag, kann er jetzt ungeniert das Geld wieder reinholen.

Einige Lieferanten erkennen das erst, wenn der Änderungswunsch vom Kunden ausgesprochen wird. Andere Lieferanten wiederum vertagen die Gewinnaussicht ganz bewusst und mit voller Absicht auf die erste Veränderung. In allen Fällen fehlt es dem Einkauf an der Macht, an einer Konsequenz oder auch an Alternativen. Und für den Lieferanten macht es keinen Unterschied, ob er dem Einkäufer entgegenkommt oder nicht. Er erhält so oder so den Auftrag. Ein nennenswerter Nachlass würde das Verhandlungsergebnis nicht verbessern. Das verschlechtert die Position des Einkäufers. Das darf und muss nicht sein, wie die Lösungsbausteine zeigen.

Lösungsbausteine: „Sachzwänge und teure nachträgliche Änderungen"

Strategie	Umsetzung
Preise für Verbrauchsmaterialien und Wartung vor der Entscheidung vereinbaren und in die Entscheidung mit einbeziehen	Der Bedarf an Verbrauchsmaterial und Wartung ist vorhersehbar. Daher ist es leicht, diese Aufwendungen schon vor der Entscheidung einzukalkulieren. Vereinbaren Sie mit dem Lieferanten, was im Nutzungszeitraum verbraucht wird und welche Wartungen für den Erhalt der Gewährleistung/Garantie notwendig sind. Verhandeln Sie die Kosten genauso wie das eigentliche Produkt. Beziehen Sie diese Aufwendungen in Ihre Lieferantenwahl ein.

Multi-Lieferanten-Strategie: Lieferantenwechsel während der Serienproduktion ermöglichen	In einigen Fällen sinnvoll und möglich: Was ist notwendig, um auch während der Serienproduktion von einem zum nächsten Lieferanten zu springen? Einheitliche Maschinen? Portable Werkzeuge? Lieferanten mit einheitlichen Prozessen? Vergleichen Sie die Einsparpotenziale mit dem notwendigen Mehraufwand.
Lieferanten während der Serie mit Wettbewerbern vergleichen und mit späteren Konsequenzen konfrontieren – auch wenn ein Wechsel derzeit nicht möglich ist	Vergleichen Sie: Was würde die gleiche Änderung oder das gleiche Zusatzteil bei einem Wettbewerber kosten? Warnen Sie den Verkäufer vor der späteren Konsequenz: „Wenn Sie uns in dieser Zwangslage keinen marktüblichen Preis für die Erweiterung anbieten, fühlen wir uns ungerechtfertigt benachteiligt. Gerne möchte ich mit Ihnen eine faire Vereinbarung treffen. Sollten wir feststellen, dass das nicht möglich lich ist, sehen wir uns gezwungen, den zu viel bezahlten Betrag bei künftigen Projekten im Wettbewerbsvergleich aufzuschlagen. Mein Vorschlag daher …“
Lieferanten während der Serie dennoch mit Wettbewerbern vergleichen und mit direkten Konsequenzen konfrontieren	Was würde die gleiche Änderung bei einem Wettbewerber kosten und welche Mehrkosten wären bei einem jetzigen Wechsel zu tragen? Strategietipp: Lassen Sie den Nutznießer des Wechsels die Kosten tragen! Inwieweit ist der neue Lieferant bereit, die Wechselkosten ganz oder teilweise zu übernehmen? Warnung gegenüber dem jetzigen Lieferanten: „Wenn Sie uns keinen marktüblichen Preis für die Erweiterung anbieten, fühlen wir uns über den Tisch gezogen. Gerne möchte ich mit Ihnen eine faire Vereinbarung treffen. Sollten wir feststellen, dass das nicht möglich ist, habe ich die Freigabe … a) der Geschäftsführung, die Kosten für den Wechsel zu einem Wettbewerber einmalig aufzuwenden. Allerdings wäre ab diesem Moment eine Zusammenarbeit mit Ihrem Unternehmen behindert/erschwert/unmöglich. Mein Vorschlag daher …!“

	b) des neuen Lieferanten, dass dieser die Wechselkosten trägt. Allerdings nur, wenn wir einer Kooperation für mindestens 36 Monate zustimmen. Für Sie wären wir also ab diesem Moment auf lange Zeit verloren! Mein Vorschlag daher: Bieten Sie uns einen besseren Preis …“ c) Sie für die nächsten Projekte (auch gegen den Wunsch des Fachbereichs) komplett zu sperren!“ Beachten Sie dabei: Drohungen und Warnungen, die als Bluff entlarvt werden, schwächen den Verhandler lange Zeit.
Nachteile zu Vorteilen wandeln	Stimmen Sie im Vorfeld mit der Führungsetage ab, was die Konsequenz sein wird, wenn der Lieferant sich stur stellt und überhöhte Preise verlangt. Formulierungsvorschlag: „Sollten wir uns entschließen, die Kosten für einen Lieferantenwechsel auf uns zu nehmen, werden wir sicher nicht in der darauffolgenden Periode wieder zurückwechseln. Mit Ihrem Angebot stellen Sie also nicht nur die Weichen für die anstehende Änderung, sondern im Wechselfall für eine lange Zeit.“

Dazu eine Frage, Herr Altmannsberger!

Was aber, wenn Wettbewerber keine Angebote abgeben, weil sie ohnehin außen vor sind?

Urs Altmannsberger: Dann schaffen Sie Anreize für den Wettbewerbslieferanten! Wenn der seine Chancen durch ein aktuelles Angebot auf die nächste Vergabe verbessern kann, wird er gerne auch zwischendrin die Preise zusammenstellen, solange der Aufwand nicht den Rahmen sprengt.

So lösen Sie den Bremsklotz „5-Sterne-Lösung“

In vielen Unternehmen wünschen sich die Fachbereiche besonders aufwendige Lösungen und Produkte. Selbst wenn der zusätzliche Effekt auf die Aufgabenlösung und der On-top-Nutzen für das Unternehmen nur recht gering sind, ist es natürlich bequem, mit dem Besten vom Besten zu arbeiten.

Die sogenannten 5-Sterne-Lösungen führen dazu, dass nur einer (oder ganz wenige) Lieferanten infrage kommen. Gleichzeitig bewegen sich die 5-Sterne-Lösungen am oberen Ende der Preisskala. In den meisten Fällen wird der Lieferant von den hochgesteckten Wünschen des Fachbereichs Kenntnis haben. Damit weiß der Lieferant auch, dass er nicht im breiten Wettbewerb steht. Im besten Falle für den Lieferanten steht er allein an der Spitze. Wieder haben wir die Situation, dass Preisnachlässe unwahrscheinlich sind.

Die Abbildung 13 zeigt: Der Fachbereich reduziert die Zahl der Wettbewerber durch Wünsche, die nur ein Lieferant erfüllen kann. Der Zusatznutzen ist gering. Der Nachteil in der Verhandlung dagegen groß. Aber auch dieses Problem lässt sich lösen.

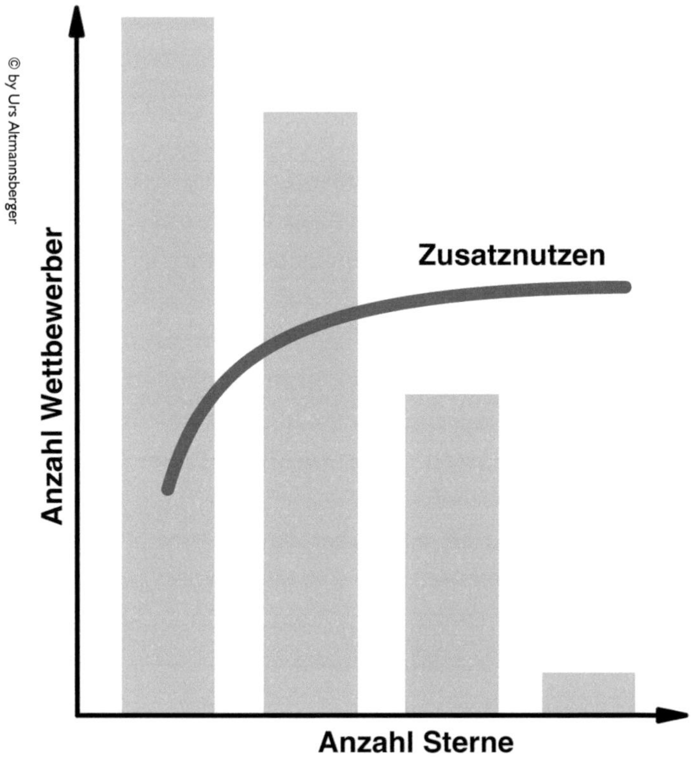

Abbildung 13: 5-Sterne-Lösung

Lösungsbausteine: „5-Sterne-Lösungen"

Strategie	Umsetzung
Ansprüche reduzieren	Wiederum ist unser erster Gedanke, an der Wurzel anzupacken: Welche Anforderung hat zum Ausschluss der Wettbewerber geführt? Wie wichtig ist diese Anforderung für das betriebliche Ergebnis?

5-Sterne Lösungen gegen 4-Sterne-Lösungen setzen, Preis- und Leistungsunterschied zur Entscheidung geben	Nehmen wir an, der Fachbereich besteht auf der 5-Sterne-Lösung, Sie können das jedoch nicht nachvollziehen. Da der Einkäufer in der Regel nicht der Vorgesetzte des Fachbereichs ist, steht uns die Entscheidung nicht zu. Die Entscheider erwarten jedoch von Ihnen, über gewinnrelevante Vorkommnisse informiert zu werden. Tragen Sie dazu bei: Stellen Sie einen einfachen Vergleich zwischen 5-Sterne- und 4-Sterne-Lösung her und setzen Sie die Kostenunterschiede in Relation dazu. Helfen Sie damit der Führungsetage, die richtige Entscheidung zu treffen. Wird die 5-Sterne-Lösung dann als richtige Wahl vorgegeben, haben Sie dennoch mit Ihrer Arbeit zur Entdeckung möglicher Einsparpotenziale beigetragen.
„Handicap" vom Fachbereich vergeben lassen – wie viel teurer darf die Lieblingslösung sein?	Bewegen Sie den Fachbereich zu nachvollziehbaren Bewertungen. Wenn die 5-Sterne-Lösung gegenüber der 4-Sterne-Lösung angeblich ja *so* wichtig ist, dann lassen Sie den Fachbereich den Mehrwert in Euro oder als Faktor bewerten: „Lieber Fachbereich, wie viel Prozent darf die 5-Sterne-Lösung aus Ihrem Blickwinkel über der 4-SterneLösung liegen?" a) Gibt der Fachbereich Ihnen utopisch hohe Werte an, so wird die Führungsetage sicher ihre ganz eigene Idee dazu haben. Legen Sie der Führungsebene die Bewertung vor, und lassen Sie die Entscheider darüber befinden, ob das akzeptabel ist. b) Gibt der Fachbereich Ihnen realistische Werte, haben Sie ein hervorragendes Tool für Wettbewerbsvergleiche. Alle Lieferanten bleiben im Rennen und werden über den vorher festgelegten Faktor verglichen. Jetzt sind Sie als Verhandler gefragt! Der Fachbereich hat Ihnen brauchbare Vorgaben geliefert und überlässt Ihnen das Feld. Sie können die Angebote direkt miteinander vergleichen und Ihre Verhandlungen mit allen Lieferanten (eben nicht nur mit dem bevorzugten) weiterführen.

Übung: Bessere Ausgangsbasis schaffen, Bremsklötze identifizieren und beseitigen

Rufen Sie sich eine Ihrer typischen Verhandlungen in den Sinn. Denken Sie bewusst an eine der häufiger vorkommenden Verhandlungssituationen! Dann hilft Ihnen die Übung nicht nur in einer einzelnen Sondersituation, sondern auch im verhandlerischen Alltagsgeschäft.

Schritt 1: Sammeln Sie die Einflussfaktoren

Notieren Sie sich in einem Notizheft:

- Was beeinflusst in Ihrem gewählten Fall das Ergebnis?
- Welche Faktoren verhindern ein besseres Ergebnis?
- Welche Unternehmensteile (Abteilungen oder einzelne Funktionen, Personen) haben widersprüchliche Interessen, arbeiten eher gegen Ihre Ziele?

Zum Beispiel: Der Fachbereich hat vor allem seinen Produktionsstart als drängenden Termin vor Augen. Daher gibt er schon vorab den Auftrag an den Lieferanten, damit die Fräsmaschinen rechtzeitig vor Ort bereitstehen.

Schritt 2: Greifen Sie die einzelnen Faktoren nacheinander auf

Überlegen Sie sich (notieren Sie Ihre Antworten wiederum im Notizheft):

- Was würde die Situation verbessern?
- Wen müsste ich dafür einbinden?
- Wer gibt mir die notwendige Rückendeckung?

- Wie kann ich gleichzeitig die Interessen aller Beteiligten erfüllen?

Zum Beispiel: Ich muss früher vom Fachbereich erfahren, was er benötigt, damit genug Zeit für die Verhandlungen mit den Lieferanten bleibt. Dafür sollte ich mich schon in der Planungsphase in den Prozess einklinken. Gleichzeitig stimme ich mich mit dem Fachbereichsleiter ab – er soll dem Lieferanten gegenüber den Wettbewerb offenhalten: „Sie sind einer von mehreren Lieferanten, die für uns infrage kommen!"

2.4 Forderungsbegründung formulieren

Nachdem Sie bisher in diesem Kapitel die Faktoren, die Sie bremsen und Ihren Verhandlungserfolg gefährden könnten, erkannt und so Ihre Ausgangssituation deutlich verbessert haben, sollten Sie nun noch eine darauf abgestimmte Forderungsbegründung formulieren.

Auf der Basis Ihrer Verhandlungsstrategie lässt sich die Forderungsbegründung leicht ableiten, die Sie später in der Startrampe nutzen werden. Der Verkäufer will wissen: „Was rechtfertigt die Forderung des Einkäufers?", bevor er Ihnen entgegenkommt. Mit der richtigen Begründung kommen Sie leichter zu Ihrem Ziel.

- **Bremsklotz erkannt:** Ihr Fachbereich hat sich schon auf einen Lieferanten mit 5-Sterne-Produkt festgelegt und das auch kommuniziert.

- **Bremsklotz beseitigt:** Sie haben mit Rückendeckung der Geschäftsführung die Entscheidung aufgeweicht und die

Anforderungen auf vier Sterne zurückgeschraubt. Damit sind nun mehrere Lieferanten im Boot.

- **Forderungsbegründung:** „Der Lieferant ist einer von mehreren, die infrage kommen. Der Preis entscheidet über die Auswahl. Der jetzige Preis reicht nicht zum Auftragsgewinn! Der Lieferant muss den Preis senken!"

Die Forderungsbegründung ist die Bodenplatte Ihrer Verhandlungstaktik, die Grundaussage, die fest und sicher ist, auf die Sie sich jederzeit verlassen können. Darum: Formulieren Sie die Forderungsbegründung klar und druckvoll, um die eigene Position zu stützen. Alle Beteiligten, die bei der Verhandlung auf Ihrer Seite stehen, müssen die Begründung verstanden haben und sie mittragen.

In der folgenden Tabelle haben wir bewusst gute und auch weniger gute Forderungsbegründungen aufgeführt. Welche der Forderungsbegründungen nutzen Sie? Lesen Sie dazu die Kommentare und treffen Sie Ihre zukünftige Auswahl.

Beispiele zu Forderungsbegründungen und Bewertung

Forderungsbegründung	Wertung
„Wettbewerb ist bei gleicher Leistung günstiger!"	Die beste aller Forderungsbegründungen, weil sie sich auf ein Naturgesetz stützt.
„Ich bin Einkäufer, daher müssen Sie im Preis runter gehen."	Sehr schwach. Aufgrund der Berufsbezeichnung einen Nachlass fordern? Nicht optimal. Wenn Sie dennoch Zugeständnisse erreichen, dann ist das nur das Sahnehäubchen. Da geht noch mehr!

„Sie haben freie Kapazitäten; Mitarbeiter und Maschinen sind nicht ausgelastet!“	Damit pushen Sie die Kalkulation des Verkäufers zu Opportunitäten. Wo sonst Herstellkosten plus Gewinnaufschlag gilt, steht jetzt der Vergleich: „Was ist besser? Kein Auftrag und die Mitarbeiter drehen Däumchen – oder ein Auftrag mit deutlichem Nachlass, aber immer noch akzeptablem Deckungsbeitrag?“
„Durch die Produktionsverlagerung in Best-Cost-Countries haben Sie mehr Luft.“	Standortverlagerungen sind oft kostenmotiviert. Von den Einsparungen können wir uns als Kunde etwas abschneiden.
„Weil zwölf Monate vergangen sind!“	Falsch! Oftmals werden in Jahresgesprächen (also in Verhandlungen mit Lieferanten, die im Jahresrhythmus wiederholt werden) die zwölf Monate als Alibi genannt. Unsinn! Die zwölf Monate sind nur der Rhythmus, in dem die Konditionen überprüft werden. Die Forderungsbegründung ergibt sich dann durch die veränderte Situation. Etwa wenn sich die Rohstoffpreise verändert haben oder die Produktion optimiert oder die Menge gesteigert wurde. Und dann sind Rohstoffpreis, Optimierung und Menge die Forderungsbegründung.
„Der Rohstoff ist günstiger geworden!“	Okay, Sie müssen aber nachvollziehbare Zahlen vorbereiten.
„Wir haben kalkuliert: Sie haben noch deutlich Luft!“	Gut, wenn Sie dem Lieferanten vorrechnen können, dass er sich die Taschen füllt. Gerade dann, wenn Sie weniger verdienen, ist das eine gute Forderungsbegründung.

„Nach drei Jahren sind Ihre Abschreibungen für die Anfangsinvestitionen durch.“	Sehr wichtiger Punkt! Lieferantenkalkulationen wechseln nach einigen Jahren in eine profitablere Zone. Werkzeuge, Planungskosten etc. sind abgeschrieben und belasten die Kalkulation nicht mehr. Die richtige Zeit, den eigenen Anteil einzufordern.
„Wir haben die Menge deutlich gesteigert.“	Gut! Damit verteilen sich Fixkosten auf eine größere Menge. Ergo muss der Stückpreis runter.
„Sie erfahren durch die Zusammenarbeit mit uns eine Aufwertung Ihrer Marke.“	Ein Beispiel für immaterielle Forderungsbegründungen: Der Lieferant genießt besseres Ansehen, seit er an uns liefert? Dann kann er für diesen Image-Effekt Teile seines Werbebudgets bei uns ausschütten. Passt!

Übung: Optimieren Sie Ihre Forderungsbegründung

Formulieren Sie nun für die von Ihnen gewählte typische Verhandlungssituation eine Forderungsbegründung. Sammeln Sie im ersten Schritt mehrere unterschiedliche Forderungsbegründungen. Versuchen Sie nicht gleich die einzige und allerbeste mit dem ersten Schuss zu treffen. Das hemmt nur Ihr Denken. – Also:

- Was könnte Ihre Forderung nach Zugeständnissen in Ihrem typischen Verhandlungsfall rechtfertigen? (Nutzen Sie Ihr Notizheft.)
- Betrachten Sie nun in Ruhe Ihre Forderungsbegründungen: Welche ist aus Sicht des Lieferanten die druckvollste? Entscheiden Sie sich für eine Forderungsbegründung.

- Formulieren (und notieren) Sie diese Forderungsbegründung jetzt nochmals neu. Achten Sie bei der optimierten Formulierung darauf, dass sie für den Verkäufer/Lieferanten verständlich und auf dessen vermutete Ziele ausgerichtet ist.

Wieder ein **Beispiel** aus der täglichen Praxis: Nehmen wir an, wir vermuten, dass der Verkäufer den Auftrag erhalten möchte. Und die Forderungsbegründung lautet bisher: „Der Wettbewerb ist günstiger!" Dann würde die optimierte Formulierung so lauten: „Mit dem jetzigen Preis erhalten Sie keinen Auftrag!"

Die Forderungsbegründung ist ein wesentlicher Bestandteil Ihrer Verhandlungsstrategie – und jederzeit Ihr Rettungsanker! Sie wissen ja: Die Verhandlung ist ein heftiges Tauziehen: Der Verkäufer lenkt immer wieder vom Preis ab und versucht über Qualität und Technik zu diskutieren. Vor lauter Antworten und Diskussionen über die Qualität raucht Ihnen der Kopf.

Mein Praxistipp: Legen Sie einen STOPP ein! Besinnen Sie sich kurz auf Ihren Rettungsanker und werfen Sie ihn dem Verkäufer im übertragenen Sinne an den Kopf, etwa so:

„Mit dem jetzigen Preis erhalten Sie keinen Auftrag!",

um dann zielgerichtet fragend zu ergänzen:

„Wie weit gehen Sie runter?"

Wenn Sie bereits etwas Übung haben, können Sie auch wie folgt argumentieren:

„Wir können gerne später noch über Qualität und Technik sprechen. Allein für die Auftragsvergabe hat das im jetzigen Prozess keine Bedeutung. Die Leistungsunterschiede der Wettbewerber untereinander wurden vom Fachbereich geprüft und abgehakt. Jetzt ist allein der Preis das noch fehlende Element. Mit dem jetzigen Preis erhalten Sie den Auftrag nicht. Wenn Sie den Auftrag also haben wollen, müssen Sie ein besseres Angebot abgeben. Wie weit können Sie im Preis noch runtergehen?"

Bedenken Sie dabei:

Der Preis steht in diesem Buch stellvertretend und beispielhaft für alle vorstellbaren Forderungen.

Das bedeutet: Statt des Preises ist die Lieferzeit der Verhandlungsgegenstand? Dann tauschen Sie einfach die Wörter aus: „Mit dem jetzigen Liefertermin erhalten Sie den Auftrag nicht: Wenn Sie den Auftrag haben möchten, müssen Sie früher liefern. Wie viele Tage schneller können Sie ...?"

Fazit:

- Fragen Sie sich im Vorfeld anstehender Verhandlungen: „Was bremst mich und meine Verhandlung?“

- Finden Sie die Bremsklötze, und setzen Sie alles daran, ungehinderte Fahrt zu bekommen.

- Strategie bedeutet, die beste Startposition aktiv zu gestalten! Mit der Beseitigung von Bremsklötzen haben Sie die höchstmögliche Chance auf die Poleposition.

- Machen Sie sich bewusst: Alles Nachfolgende, jede Taktik, jedes Wort in der Verhandlung baut auf dieser Ausgangssituation auf.

- Formulieren Sie – für alle Beteiligten, die auf Ihrer Verhandlungsseite stehen – die stärkste gemeinsam akzeptierte Forderungsbegründung. Diese ist ab jetzt Ihre Basis und Ihr Rettungsanker. Immer wenn es brenzlig wird, greifen Sie darauf zurück.

Starten Sie mit Rückenwind in Ihre Verhandlung: Nutzen Sie die Startrampe, um richtig Schwung zu holen

Was Ihnen dieses Kapitel konkret bringt:

- Sie lernen, wie Sie künftig mithilfe einer Startrampe in wenigen Minuten Ihren Verhandlungseinstieg planen und effektiv durchführen.
- Sie erfahren, welche zehn Bausteine zu einer zielgerichteten Verhandlungseröffnung gehören. Dabei lernen Sie, wie Sie aus fertigen Bausteinen Ihre individuelle Startrampe zusammenbauen.
- Sie erhalten ein konkretes und sofort ein- und umsetzbares Tool, um Ihre Verhandlungen zu optimieren.

Die Startrampe, das wissen Sie schon, ist Ihr Eingangsstatement, mit dem Sie dem Verkäufer in wenigen Minuten Ihre Position verdeutlichen, die Grundlagen für ein erfolgreiches Gespräch legen und sich Vorteile verschaffen, die Ihnen Schwung und Elan für weite Sprünge auf der Verhandlungssprungschanze verleihen.

3.1 Warum Ihr Einstieg in die Verhandlung so wichtig ist

Bevor wir zu den konkreten zehn Bausteinen einer Startrampe kommen, lassen Sie uns zunächst einmal „die Gegenseite" und ihre psychologische Ausgangsposition betrachten.

Für den Verkäufer geht es ums Ganze

Versetzen Sie sich in einen typischen Verkäufer oder eine typische Verkäuferin: Nehmen wir an, er oder sie fährt mit dem schicken Firmenwagen zum Kunden, sucht und findet tatsächlich einen Parkplatz. Für mögliche Staus und die Mühen der Parkplatzsuche hat er einen ausreichenden Zeitpuffer eingerechnet, damit er auf jeden Fall pünktlich sein wird. Denn käme er zu spät, verschlechterten sich seine Chancen auf die Auftragszuteilung – denkt er. Die verbleibende Zeit bis zum Termin nutzt der Verkäufer, um seinen Auftritt und seine Argumentation nochmals durchzugehen. Die Krawatte wird das x-te Mal gerichtet, der Eyeliner oder der Lippenstift immer wieder noch mal überprüft – je nach Geschlecht. Die Aufregung steigt und damit der verkäuferische Pulsschlag und die Feuchtigkeit unter den Achseln.

Es gibt mindestens zwei Momente bei einer Verhandlung, in denen ein Verhandler aus dem Vertrieb besonders sensibel und aufmerksam ist:

1. Der Einstieg in die Verhandlung: Hier lernt sie oder er die Stimmung kennen, die in der Verhandlung herrschen wird.
2. Ihre Reaktion auf ihre oder seine erste Preisnennung innerhalb der Verhandlung.

Machen Sie sich bewusst: Für den Verkäufer hängt sehr viel mehr an einem solchen Verhandlungstermin, als Sie als Einkäuferin oder Einkäufer es vermuten.
Für Verkäufer geht es ums Ganze! Während wir als Beschaffende in der Regel darüber sprechen, zu welchem Preis oder wann wir die Ware erhalten, steht für den Verkäufer sehr viel mehr auf dem Spiel. Für ihn geht es in der Regel um die alles entscheidende Frage, ob er den Auftrag nun erhält oder eben nicht.

Das heißt: Für Sie als Einkäufer geht es um Graustufen, beim Preis um ein paar Euro mehr oder weniger oder bei der Lieferung um ein paar Tage früher oder später. (Außer natürlich, es gibt nochmals solche massiven Lieferschwierigkeiten wie während und nach der CORONA-Zeit – für den Fall gibt es mein Booklet „Lieferkette gerissen – alles besch*ssen?!", siehe Werbung hinten im Buch). Im Fokus der Verhandlung steht meist nicht unser eigenes Geld. Wir können folglich recht ruhig und gelassen bleiben. Für den Verkäufer hingegen geht es ums Ganze: Auftrag oder kein Auftrag. Gewinnen oder verlieren. Und im Gegensatz zu uns Einkäufern hängt sein Einkommen (meist) auch noch maßgeblich vom Erfolg der Verhandlung ab.

Der Verkäufer kommt nun also zur vermeintlich alles entscheidenden Verhandlung und ist entsprechend unruhig. Seine größte Sorge dreht sich um den Auftragsgewinn. Darum legt er bereits Ihre ersten Worte auf die Goldwaage und versucht – überspitzt gesagt –, aus jedem Händeschütteln und Kaffeeangebot und jeder Ihrer Äußerungen herauszulesen, welche Chancen er in der kommenden Verhandlung auf den Auftrag haben wird. Aus meiner Arbeit mit Verkäufern kann ich Ihnen versichern, wie nervös diese oft vor einer Verhandlung sind. Zuweilen glauben wir Einkäufer, die Verkäufer seien vor allem „selbstsicher“ – das entspricht aber häufig nicht der Realität.

Praxis-Erlebnis A: die nervöse Vertriebsdelegation

Der Vertriebsleiter eines Dienstleistungsunternehmens trifft gemeinsam mit einem seiner Mitarbeiter zu einer Angebotspräsentation beim Kunden ein. Beide werden von einem Assistenten in den Verhandlungsraum geführt. Um einen ovalen Tisch herum stehen zehn Stühle. Der Blick aus dem 34. Stockwerk schweift weit über die süddeutsche Großstadt. Die beiden Vertriebler sind schwer beeindruckt. Was wird wohl auf sie zukommen?

Man bereitet sich vor. Jeder erklärt dem anderen, was er in der Präsentation dem Kunden rüberbringen möchte. Selbst die Vorstellungsrunde wird noch einmal geprobt. Die Folge: Die Teilnehmer machen sich gegenseitig kirre. Der Puls ist inzwischen so weit gestiegen, dass es ihnen jetzt sogar schwerfällt, die Vorstellungsrunde zu proben. Als dann endlich die ersten Vertreter der Kundenfirma den Verhandlungsraum betreten, scheint die Nervosität den Höchststand erreicht zu haben.

Der Einkäufer und die weiteren Beteiligten auf Kundenseite hatten zuvor noch keine Chance gehabt, sich untereinander abzustimmen, und bitten daher die Vertreter des Dienstleisters, noch mal für einige Minuten vor die Tür zu gehen. Diese glauben jedoch an ein taktisches Manöver – die Nervosität steigt in ungeahnte Höhen.

Als die Dienstleister schließlich mit der Präsentation starten dürfen, ist der Vertriebsleiter derart nervös, dass seine Stimme wacklig und kurzatmig ist. Er hat sichtlich Schwierigkeiten, seinen Namen und den Firmennamen auszusprechen, ohne zwischendurch nach Luft zu schnappen.

Welchen Schluss ziehen wir daraus? Sicher gibt es Ausnahmen, bei denen ein Verkäufer sich des Auftrags zu 100 Prozent sicher sein kann. Meistens jedoch ist die Verhandlung mit dem Einkauf der kritische Moment, in dem die Entscheidung für oder gegen das Angebot des Verkäufers gefällt wird. Das führt bei den Verkäufern zu einer extrem hohen Anspannung. Ich habe aber auch schon anderes erlebt.

Praxis-Erlebnis B: der entspannte Verkäufer

Der Verkäufer wird beim Hereinkommen vom Einkäufer persönlich begrüßt, direkt mit einer großen Getränkeauswahl beglückt, bekommt den besten Platz im Raum angeboten und hört als Erstes Dankesworte für die letzte Lieferung, die ja doch noch gut geklappt hat, obwohl die Produkte eigentlich schwer verfügbar waren.

Was denken Sie? Welche Auswirkungen werden die Eingangssituationen in den Beispielen A und B vermutlich auf die Zugeständnisbereitschaft der Verkäuferdelegation bzw. des Verkäufers haben?

Richtig: Begegnet der Verkäufer einem so angenehmen Eingangsszenario wie in Beispiel B, wird er sich wohl relativ schnell entspannen. Seine Aufregung wird nachlassen. Würde man ihn in diesem Moment nach seinen Chancen auf den Auftrag befragen, käme er vermutlich zu einem recht positiven Ergebnis. Wir können davon ausgehen, dass er in solch einem Fall nur sehr zögerlich von seinem ursprünglichen Angebot abrücken wird. Immerhin lassen die Begrüßung und die äußerst freundliche und höfliche Aufnahme im Haus des Kunden darauf schließen, dass er als Lieferant und Mensch besonders gerne gesehen ist. Und besonders gern gesehene Lieferanten dürfen auch höhere Angebote abgeben als irgendein dahergelaufener Wettbewerber. Das bedeutet: Der Verkäufer wird wohl versuchen, einen möglichst hohen Preis bei Ihnen zu platzieren.

Stimmung zu Beginn der Verhandlung bewusst steuern

Wir müssen also gerade zu Beginn einer Verhandlung hochgradig aufmerksam sein, welche Signale wir in Richtung der Verkäufer senden. Auf keinen Fall dürfen diese Signale unserem eigenen Ziel im Wege stehen. Sie sollten uns vielmehr helfen, uns den Weg zu unseren Zielen zu ebnen.

Was bedeutet das für den Gesprächseinstieg mit dem Verkäufer? Nun: Wie eingangs beschrieben, haben wir den Vorteil, dass Verkäufer in der Regel etwas nervös in die Verhandlung gehen. Und das kann durchaus ein Vorteil für uns sein. Oft genügt es schon, wenn wir diese Grundnervosität für uns vorteilhaft nutzen. Es gilt dann, die vom Verkäufer mitgebrachte Befürchtung „Wird der Kunde zu dem angebotenen Preis überhaupt bei mir kaufen – oder verliere ich den Auftrag an den Wettbewerb?“ weiter zu fördern. Wir müssen lediglich die Sorge des Verkäufers vor dem Auftragsverlust weiter schüren.

Natürlich gibt es auch Verkäufer, die vor anstehenden Verhandlungen davon ausgehen, den Auftrag sicher zu gewinnen. Aus meiner langjährigen Erfahrung als Einkaufsleiter und der Arbeit mit Verkäufern kann ich Sie jedoch beruhigen: Diese Verkäufer gibt es selten. Und selbst wenn es uns äußerlich so erscheint, als sei der Verkäufer sich seiner Sache sehr sicher, so sieht es in seinem Innern doch meist anders aus.
Und das hat seine Gründe: Oft werden die Verkäufer von ihrer Vertriebsleitung mit sehr sportlichen – und damit hohen – Umsatz- und Gewinnzielen ins Feld geschickt. Um diese Ziele zu erreichen, müssen sie neue Kunden hinzugewinnen, neue Aufträge erhalten und gleichzeitig den bestehenden Kunden- und Auftragsstamm hegen und pflegen. Der Verlust eines bestehenden Kunden würde ein tiefes Loch reißen. Gerade bei bestehenden Kunden geht die Vertriebsleitung davon aus, dass der Verkäufer diesen Umsatz ohnehin ins Unternehmen einbringt – es geht ja quasi nur um einen Folgeauftrag oder Verlängerung (der vielleicht sogar schon eingepreist wurde). Dementsprechend wird er dafür nur gering belohnt. Die Vertriebsleitung setzt diese Umsätze also als sicher, als Selbstverständlichkeit voraus. Der Verlust eines Stammkunden wird folglich als schwere Verfehlung gewertet und durch Abzüge in der Provision bestraft.

Und darum ist derjenige Verkäufer der Normalfall, der mit wackeligen Knien in die Verhandlung startet, weil er sich in diesem Moment nichts dringlicher wünscht, als den Auftrag zu erhalten.

Ganz klar: Sie sollen den Verkäufer nicht belügen, über den Tisch ziehen oder sonst wie ungerechtfertigt benachteiligen! (Nur) Fairness und Augenhöhe sind belastbare Zukunftspfeiler. Aber Sie dürfen Ihre Bedürfnisse schützen und Ihre Ziele erreichen wollen.

Ihr Ziel sollte darin bestehen, dass der Verkäufer die ihm möglichen Zugeständnisse Ihnen gegenüber möglichst schnell und ohne Umschweife offen auf den Tisch legt. Um das zu erreichen, planen Sie am besten einen speziell darauf ausgerichteten Gesprächseinstieg.

Früher hart: der böse Start

In früheren Zeiten gab es dafür ein einfaches Patentrezept: Der Verkäufer wurde unter erheblichen Druck gesetzt und mit Lieferproblemen, Schlechtlieferungen, Defekten, falschen Stückzahlen und vielen weiteren Verfehlungen konfrontiert. Wir nennen das den „bösen Start". Der Puls des Verkäufers, ohnehin schon auf einem hohen Niveau, wurde schlagartig und mit massiver Gewalt weiter beschleunigt. Die Stimmung war mies, bestimmt durch Angst, Verlust, Ärger.

Vom Verkäufer wurde anschließend Wiedergutmachung in Form höherer Nachlässe gefordert. Der Verkäufer, mit den Defiziten der Vergangenheit konfrontiert, wollte dieser unangenehmen Situation dann schnellstmöglich entrinnen. Der Einkäufer oder Einkaufsleiter hatte ihm ja bereits durch seine Forderung nach hohen Nachlässen den Weg gezeigt, der ihm ein Schlupfloch ermöglichte. Verständlicherweise griff der Verkäufer gerne nach diesem Notanker und gewährte einen hohen Rabatt in der Hoffnung, so den Auftrag und den Kunden für die Zukunft doch noch zu retten.

Diese harte Gangart gegenüber den Verkäufern war zwar vom Ergebnis her akzeptabel, würde jedoch in der heutigen Zeit für Missstimmung auf der Lieferantenseite sorgen und die Beziehung auf eine Art und Weise eintrüben, die nicht wünschenswert ist.

So geht es heute nicht mehr – und das ist ja auch gut so. Denn Respekt ist heute nicht mehr aus dem Berufsleben wegzudenken. Jeder – selbst der Angeklagte vor Gericht – kann erwarten, angemessen und respektvoll behandelt zu werden. Das hat zur Folge, dass ohne Respekt aller Beteiligten untereinander das eigentliche Thema ins Abseits gerät.

Praxistipp: Behandeln Sie den gegenübersitzenden Verkäufer respektlos, so müssen Sie mit nachteiligen Reaktionen für Ihr Ergebnis rechnen. Selbst dann, wenn es ebenfalls zum Nachteil des Verkäufers wäre. Unlust, Trotz und Gegenwehr sind die häufigsten Reaktionen. Allen ist gleich, dass ihr eigenes Ziel in weite Ferne rückt. Sie erhalten kein Zugeständnis, wenn Sie Ihr Gegenüber respektlos unter Druck setzen oder gar beleidigen.

Heute zielorientiert: der gute Start

Kommen wir jetzt zum „guten Start“ – im Gegensatz zum „bösen Start“. Ein guter Start gelingt, wenn Ihre Startrampe die folgenden Aspekte umfasst:

1. **Stimmung:** Sorgen Sie mit Ihrer Startrampe für eine förderliche Nachlass-Stimmung, in der Sie einen Rabatt oder ein Zugeständnis erhalten.
2. **Fakten vorteilhaft zeigen:** Selektieren und formulieren Sie Fakten und Tatsachen bewusst und auf das Ziel hin ausgerichtet.
3. **Umgangsformen:** Alle Beteiligten müssen sich angemessen und respektvoll behandelt fühlen.
4. **Aktivierung:** Der Verkäufer soll sich bzw. die Preise/ Konditionen bewegen.

5. **Ergebnis:** Eine ideale Startrampe sorgt für ein Ergebnis. Nicht irgendwann, sondern so direkt wie möglich.

Der richtige Zeitpunkt für Ihre Startrampe

Idealerweise ist die Startrampe direkt nach dem sogenannten Warm-up und vor der eigentlichen Verhandlung platziert. Als Warm-up bezeichnen wir die erste Phase eines Gesprächs. Die Beteiligten tauschen sich über – meist belanglose – Themen aus: Beim wohl bekanntesten Warm-up geht es um das Wetter. Gerade im deutschen Kulturkreis wird auch oft über die Anreise gesprochen.

Dem Warm-up folgt die eigentliche Verhandlung. Zuerst wird durch das Warm-up eine geeignete persönliche Basis für die Verhandlung geschaffen, um schließlich direkt im Anschluss ein Hintergrundbild zu zeichnen, das besonders förderlich für das Verhandlungsergebnis ist.

In Verhandlungsübungen und Trainings kommt es immer wieder dazu, dass Warm-up und Startrampe in einen Topf geworfen werden – also gleichgesetzt werden. Das ist so nicht korrekt. Das Warm-up soll vor allem dem Beziehungsaufbau dienen. Im Gegensatz dazu werden in der Startrampe Themen aufgegriffen, die ganz konkret auf den Verhandlungsgegenstand ausgerichtet sind.

Mit dem Warm-up schaffen Sie zwischenmenschlich, mit der Startrampe auf der Verhandlungsebene den Einstieg in das Gespräch.

Mit dem Warm-up sorgen Sie für eine angemessene Stimmung und bekunden dem Gesprächspartner gegenüber Ihren Respekt. In dieser Phase der Verhandlung kommen sich die beteiligten Personen menschlich näher. Unzählige Untersuchungen haben gezeigt, dass für eine vernünftige Verhandlung neben der Sachebene die Beziehungsebene ausschlaggebend ist. Das ist nicht zu unterschätzen und gilt selbst für harte Verhandlungen. Je nach Kulturkreis ist die Bedeutung des Warm-ups höher zu bewerten, als wir es im deutschen Kulturraum gewohnt sind.

Orientieren Sie das Warm-up an Ihrer Zielsetzung

Für unsere Betrachtung bezüglich der Startrampe erscheint das Warmup zusätzlich in einem weiteren Licht. Mit einem ausgesprochen herzlichen Warm-up würden wir bereits ein hinderliches Signal an den Verkäufer senden. Ist das aber überhaupt erwünscht? Bewerten Sie die folgenden – leicht zugespitzten – Beispiele selbst. Wie schätzen Sie die Auswirkung auf das Verhandlungsergebnis ein?

Einkäufer Harmo Nie: „Herr Verkäufer! Ich freue mich, Sie wiederzusehen! Toll sehen Sie aus! Mensch, wie lange haben wir uns schon nicht mehr gesehen. Ich bin glücklich, dass Sie für mich einen Termin freiräumen konnten. Nehmen Sie doch bitte in unserem bequemsten Sessel Platz. Darf ich Ihnen einen Kaffee anbieten? Mit Zucker oder Süßstoff? Mit Milch oder schwarz? Ein bisschen Kakaopulver? Ein Schnittchen dazu? …"
Einkäuferin Mili Tär: Im militärischen Stil: „Setzen!! Preis ist zu hoch!!! Runter oder raus!!!!"

Meine Erfahrung im Umgang mit Einkäufer Harmo Nie ist: Aus einer überschwänglich netten Begrüßung wird jeder Verkäufer seine Rückschlüsse auf besonders gute Auftragschancen ableiten. Ein typischer Verkäufer, der besonderen Wert auf hohe Margen legt, wird diese Gelegenheit nutzen und möglichst hochpreisig abschließen wollen. Sie sehen: Eine zu freundliche Begrüßung wird mit einiger Wahrscheinlichkeit für unsere Verhandlungsergebnisse zu nachteilig sein.

Bei Einkäuferin Mili Tär hingegen gilt: Diese Gesprächseröffnung bleibt dem Verkäufer sicher noch einige Tage in Erinnerung und führt bei ihm zu Panikreaktionen. Die Einkäuferin agiert derart rüde, dass sicher einige Verkäufer schlicht die Lust verlieren, mit dieser Person in eine Verhandlung einzusteigen. Auch schlecht für den Einkäufer!

Extreme Begrüßungsformeln verhindern optimale Verhandlungsergebnisse. Wählen Sie bewusst zielführende Eröffnungen!

Lassen Sie uns jetzt einmal schauen, wie Sie Ihren Gesprächseinstieg grundsätzlich aufbauen könnten.

3.2 Die Startrampe: So gestalten Sie den optimalen Gesprächseinstieg

Damit Sie einen Überblick bekommen und schnell zur optimalen Gesprächseröffnung finden, lesen Sie sich am besten die Startrampe unseres Einkäufers Peter Plan durch. Dessen kurze und zielgerichtete Startrampe mit kleinem vorgeschaltetem Warm-up sieht so aus:

Einkäufer Peter Plan:

- „Guten Tag, Herr Verkäufer! Kommen Sie doch bitte herein! (auf den Platz deutend) Darf ich Ihnen einen Kaffee anbieten? (schenkt ein) Bitte bedienen Sie sich gerne mit Milch und Zucker.

- Mit welchem Verkehrsmittel sind Sie angereist? Wie war die Lage am Flughafen? Haben Sie die Auswirkungen des Pilotenstreiks bemerkt? – Wann fliegen Sie zurück?
- Gerne können wir für Sie nachher ein Taxi bestellen, dann haben Sie damit keine Mühe.
- Dann lassen Sie uns direkt mal in das Projekt (XY oder) „Getränkeabfüllung" reinschauen.
- Wir haben unter anderem auch Sie zu den abschließenden Verhandlungen eingeladen. Lassen Sie mich zu Beginn daher kurz die Situation skizzieren, wie sie sich für alle Lieferanten darstellt: ...
- Diese und die kommende Woche werden wir mit den infrage kommenden Lieferanten zusammensitzen, um am darauffolgenden Mittwoch die Entscheidung zu treffen, wer den Zuschlag für die Anlage erhält.
- Die technische Seite, qualitative Fragen und auch Leistungsunterschiede sind so weit abgehakt. Darüber hinaus gibt es mit keinem der jetzt ausgewählten Lieferanten noch Gesprächsbedarf. Dort, wo wir für uns relevante Unterschiede festgestellt haben, sind diese im Vergleich berücksichtigt. Damit ist eine faire Vergleichbarkeit – auch bei etwaigen Unterschieden – sichergestellt.
- Folglich reduziert sich die Entscheidung in der nun laufenden Phase allein auf den Angebotspreis. Für die einzelnen Lieferanten ist es daher jetzt ausschlaggebend, wer welchen Preis final abgibt. Genau wie bei den anderen Lieferanten kann ich mir vorstellen, mit Ihnen zusammenzuarbeiten. Dafür wäre aber eine deutliche Reduzierung Ihres Angebotspreises nötig.

- Wollen Sie grundsätzlich den Auftrag? (Hier wird der Verkäufer mit Ja antworten, sonst wäre er ja nicht im Verhandlungsraum.)
- Dann müssen Sie den Preis senken. Wie weit sind Sie in der Lage, runterzugehen, was ist Ihr bestmöglicher Preis?"

Meine Kurzanalyse der Startrampe ist: Peter Plans Startrampe liegt im Mittelfeld – will heißen: Sie ist nicht zu hart, aber auch nicht zu weich. Dem Lieferanten wird deutlich aufgezeigt, dass er nicht alleine im Feld steht, sondern mit interessierten Wettbewerbern konkurrieren und um den Auftrag kämpfen muss. Der Einkäufer zeigt sowohl im Warm-up als auch in der Startrampe eine sachliche Härte, gepaart mit einer persönlichen Offenheit. Dann wird noch – ganz wesentlich – das entscheidungsrelevante Kriterium ausgesprochen: der Preis.

Entdecken Sie Ihre Lieblingsstartrampe

Bevor Sie mit der Zusammensetzung Ihrer persönlichen Startrampe beginnen, hier noch einige Vorbemerkungen: Wählen Sie die Elemente der Startrampe nicht blind, sondern mit Bedacht aus. Je nach Situation kann die optimale Zusammenstellung Ihrer Startrampe individuell abweichen. Vermutlich werden Sie jedoch feststellen, dass Sie eine Lieblings-Startrampe für sich entwickeln können. Eine Startrampe, die wahrscheinlich auf die meisten Ihrer anstehenden Verhandlungen passt. Von dieser Lieblings-Startrampe weichen Sie in der Praxis dann nach rechts und links ab, um sie optimal an die gegebene Situation anzupassen.

Von Vorteil ist es, mehrere Startrampen in unterschiedlicher Formulierung im Portfolio zu haben. Insbesondere wenn Sie mit den Lieferanten in kurzen Abständen häufiger verhandeln, verhindern Sie so einen Gewöhnungseffekt. Es wäre doch schade, wenn der Lieferant Ihre Startrampe schon auswendig mitsprechen und inhaltlich aushebeln könnte.

Diese Art der Vorbereitung zahlt sich um ein Vielfaches aus! Haben Sie erst einmal Ihre Standard-Startrampe für sich gefunden und diese nach mehreren Einsätzen auch in Ihr persönliches Sprachrepertoire übernommen, wird es Ihnen zukünftig deutlich leichter fallen, flexibel auf die verschiedenen Situationen im Einkauf einzugehen.

Ihre Standardformulierung sollten Sie auf jeden Fall auswendig, wie im Schlaf, können. Das gibt Ihnen in der heißen Phase der Verhandlungseröffnung mehr Ruhe und Gelassenheit. Sie sorgen für einen freien Kopf und können die Reaktionen des Verkäufers besser beobachten.

Selbstverständlich werden Sie darauf achten, dass Sie Ihre Startrampe niemals herunterleiern. Sie muss glaubwürdig und authentisch beim Verkäufer, der in dieser Situation hochgradig aufmerksam ist, ankommen.

Bauen Sie mit zehn Bausteinen Ihre ganz persönliche Startrampe

Und das sind Ihre zehn Bausteine zum Verhandlungserfolg:

1. Begrüßung
2. Verhandlungsgegenstand klären
3. Wettbewerb in Szene setzen und am Leben halten

4. Lockstoff ausbringen, Konsequenz: positiven, zielgerichteten Druck aufbauen
5. Zeitraum, in dem die Entscheidung wirken wird
6. Einwände vorwegnehmen
7. Entscheidungskriterium nennen
8. Rahmen der Verhandlung abstecken
9. Fokusfrage am Ende der Startrampe stellen
10. Einwandbehandlung – das Zepter in der Hand behalten: „Komme ich gleich zu!“

Baustein 1: Begrüßungsformel und Temperatur der Verhandlung

Der Baustein „Begrüßungsformel und Temperatur“ soll in erster Linie zu Ihnen und Ihrer Persönlichkeit passen. Gehören Sie beispielsweise einer regionalen Kulturgruppe an, deren Begrüßung vom deutschen Standard abweicht, so können Sie durchaus diese Begrüßung nutzen. So wird es beispielsweise im bayerischen Sprachraum durchaus authentischer sein, den Lieferanten mit einem „Grüß Gott“ willkommen zu heißen als vielleicht mit einem schweizerischen „Grüezi“. Ist klar, oder?

Vermeiden Sie die überschwängliche Begrüßung. Ein „Herzlich willkommen!“ mag in Ausnahmebereichen akzeptabel sein, ist generell jedoch eine unangemessene Begrüßung.

Dazu noch eine Frage, Herr Altmannsberger!

„Herzlich willkommen“ ist doch nur eine ganz normale Begrüßung! Man will höflich sein, Punkt!

Urs Altmannsberger: Da haben Sie recht, was die Intention des Einkäufers oder der Einkäuferin angeht! In meinen Seminaren kommt diese Diskussion regelmäßig auf. Die Frage ist nur, wie eine solche Begrüßung in der Wahrnehmung des Verkäufers ankommt, wie er Ihre Begrüßung interpretiert. Diese Interpretation muss nicht immer mit dem übereinstimmen, was Sie zu senden glauben – nämlich einfach nur eine gut gemeinte Begrüßung.

Das müssen Sie näher erläutern.

Urs Altmannsberger: Wir haben darüber mit vielen Verkäufern gesprochen und deren Meinung abgefragt. Dabei kam heraus, dass ein Großteil der Verkäufer bewusst oder unbewusst aus dem „herzlich" der Begrüßungsformel Rückschlüsse auf besonders gute Chancen, auf eine besonders gute Beziehung zum Einkäufer zieht. Der Verkäufer würde mit einem für ihn besonders guten Verhandlungsergebnis rechnen. Seine Bereitschaft, in einem Punkt nachzugeben, würde sinken. Das würde also für den Einkäufer einen Nachteil bedeuten – entstanden durch eine zu herzliche Begrüßung.

Für mein Verhandlungsergebnis ist also entscheidend, was der Verkäufer glaubt wahrzunehmen, nicht das, was ich meine, ausgesagt zu haben, in diesem Fall einfach eine herzliche Begrüßung?

Urs Altmannsberger: Richtig. Darum: Beachten Sie das bereits bei der Wahl Ihrer Begrüßungsformel!

Praxistipp: Da es genügend höfliche Begrüßungsformeln gibt, können Sie sich aus den zahlreichen Formeln diejenige aussuchen, die sowohl Ihrer Persönlichkeit als auch Ihrem persönlichen Befinden und gleichzeitig dem Ziel Ihres Lieferantentermins Rechnung trägt. Achten Sie auch darauf, dass Ihre Begrüßung vom Verkäufer nicht in einem Sinn interpretiert werden kann, der für Sie von Nachteil ist.

Sie haben die Wahl! Welche der Begrüßungen liegen Ihnen persönlich?

Baustein 1: Begrüßung

Formulierung	Bemerkung
Guten Tag Herr/Frau Sales! Wie geht es Ihnen? Nehmen Sie bitte Platz. Was kann ich Ihnen zu trinken anbieten?	Kurz, knapp, trocken, ausreichend respektvoll
Willkommen zur Vergaberunde 4711! Bitte nehmen Sie dort drüben schon mal Platz. Wir sind gleich startbereit.	Kurz. Direkt zum Start ein kleiner Seitenhieb (= „Vergaberunde") auf die Anwesenheit des Wettbewerbs
Ich freue mich, Sie zu sehen. Kommen Sie doch schon mal rein. Entschuldigen Sie bitte, ich muss gerade noch das Kaffeegeschirr von Ihrem Wettbewerber in die Küche bringen: Dann bin ich auch gleich schon für Sie da. Soll ich Ihnen auch einen Kaffee mitbringen?	Eine eher persönliche, freundliche Begrüßung, gepaart mit einem subtilen Hinweis auf den Wettbewerb
Grüß Gott! Nehmen Sie doch bitte Platz.	Sachlich, zielgerichtet, südlich der geografischen Grenze des Mains
Willkommen im Hause Garten-Schmidt! Es ist schön, dass Sie den Termin einrichten konnten. Wir werden noch in	Eine menschlich weiche Variante: freundlich, gleichzeitig ohne das Wort „herzlich".

diesem Monat die Entscheidung treffen. Und zuvor wollten wir mit allen Lieferanten gesprochen haben. Nehmen Sie doch bitte Platz. Wollen Sie einen Kaffee?	Mit Dank und gleichzeitig Hinweis auf den Wettbewerb und die anstehende Entscheidung. Übrigens: Diese Begrüßungsformel ist mein persönlicher Favorit!
Willkommen, Frau ... Habe die Ehre ... Servus, Herr ... Moin moin ...	Weitere verschiedene Begrüßungsformeln ohne Gefahr der Fehlinterpretation durch den Verkäufe.

Baustein 2: Verhandlungsgegenstand beschreiben

Recht früh in der Verhandlung sollten alle Parteien darüber Klarheit gewinnen, über was konkret verhandelt wird. Radieren Sie bitte Unklarheiten direkt aus! Diese würden unweigerlich zu einem späteren Zeitpunkt für Verwirrung sorgen.

Mein Expertentipp: Alle Parteien einer Verhandlung müssen die gleiche Vorstellung vom Gegenstand der Verhandlung haben!

Regelmäßig erlebe ich in der Praxis, dass ganze Verhandlungen im Nachgang unsinnig werden, weil zu spät festgestellt wird, dass es bezüglich des Verhandlungsgegenstandes unterschiedliche Auffassungen gibt.

5. Mai
Enkäufer Brosse telefoniert mit einem Hotel nahe der Düsseldorfer Messe, auf der im August jährlich die weltweit größte Fachmesse seiner Branche stattfindet: „Haben Sie freie Zimmer?“ Er gibt aber keinen Zeitraum an.
Empfangschef Wuchtig geht davon aus, dass es sich um Zim-

mer für den heutigen oder morgigen Tag handelt: „Ja, ich kann Ihnen freie Zimmer anbieten. Wie viele Zimmer benötigen Sie denn?“

Brosse: „Zehn Zimmer für je fünf Tage. Was kostet denn ein Zimmer?“

Wuchtig: „Die Zimmer kosten 79 Euro inklusive reichhaltigem Frühstücksbuffet.“

Brosse: „Das ist okay, bitte buchen Sie die Zimmer für unsere Firma. Wir reisen dann zur Eröffnung der X-Messe an!“

Wuchtig: „Halt, halt, halt! Ich dachte, Sie reisen heute an! Für die Tage rund um diese große Messe sind wir schon auf Jahre hinaus ausgebucht. Wir haben dann sicher keine freien Zimmer, schon gar nicht zu 79 Euro!“

Sie sehen: Es empfiehlt sich, hundertprozentige Transparenz zu schaffen. Generell passt dieser Baustein sehr gut in die Eröffnungsphase einer Verhandlung, weswegen wir ihn hier als Standardbaustein aufnehmen. Gleichzeitig haben Sie jetzt die Chance, dem Verhandlungsgegenstand mehr Gewicht zu verleihen. So wird aus: „Wir müssen nochmal über Ihren Angebotspreis sprechen!" etwas viel Wichtigeres, wenn es heißt: „Wir wollen bis Ende des Monats entscheiden, mit welchem Lieferanten wir in den kommenden Jahre kooperieren." Aus dem Verhandlungspunkt „Preis" wird so die „Entscheidung für eine längere Zeit".

Halten Sie sich diesen Gedanken für Baustein 4 in Erinnerung. Vergrößern Sie damit den Effekt der Konsequenzen und Lockstoffe. In der folgenden Tabelle finden Sie einige Formulierungsbeispiele, die Sie auf Ihre jeweilige Verhandlungssituation abstimmen sollten.

Baustein 2: Verhandlungsgegenstand beschreiben

Formulierung	Bemerkung
Wir haben aktuell einen Leasingvertrag für fünf Firmenwagen mit der Firma A. Dieser wird in drei Monaten auslaufen. Für uns steht offen, mit wem wir zukünftig zusammenarbeiten möchten. Sowohl für den bisherigen Anbieter als auch für namhafte andere Anbieter bestehen hier faire Chancen.	Aktuelle Situation schlicht beschrieben und Chancen für die Anbieter verdeutlicht
In den nächsten Tagen wollen wir unseren Lagerbestand an Bauteil x wieder auffüllen. Je nach Preis könnte ich mir eine Lagerreichweite von vier bis acht Wochen vorstellen. Das würde zwischen 4.000 und 8.000 Stück bedeuten.	Alternative Situationsbeschreibung. Sachlich und klar. Das eigene Ziel „Preissenkung“ wird mit dem vermuteten Ziel des Verkäufers „Mengenerhöhung“ gekoppelt.
Wir haben vorletzte Woche bei zahlreichen Anbietern nach einem geeigneten Bürodrehstuhl für unseren neuen Gebäudekomplex gefragt. Je nachdem, welche Preise aufgerufen werden, wird sich die Stückzahl zwischen 50 und 150 Stühlen bewegen. 50 ist der neue Bedarf und weitere 100 sind Ersatzbedarf für bereits existierende Stühle. Bei entsprechend attraktiven Konditionen würden diese gleichzeitig oder zeitnah mit beauftragt. Wir haben aus den Sortimenten der Anbieter	Hier wird von Anfang an die benötigte Menge etwas variabel dargestellt, um sie als zusätzlichen Spielball in der Preisverhandlung offenzuhalten. Gleichzeitig ist wieder die Wettbewerbssituation deutlich angesprochen.

infrage kommende Stühle ausgewählt. Aus Ihrem Sortiment hat es ein Stuhl in die Entscheidungsphase geschafft: der Stuhl ergo 12 ohne Armlehne.	
In den anderen Gesprächen haben wir zu Beginn kurz die Situation dargestellt, um den jeweiligen Partnern Transparenz zu bieten. Wenn Sie damit einverstanden sind, würde ich das bei Ihnen ebenso tun.	In dieser Überleitung ist der Wettbewerb unterschwellig angesprochen.
Ihnen liegt unsere Ausschreibungsunterlage 238 ja vor. Lassen Sie mich kurz zusammenfassen: Es geht um 50 bis 150 Stühle in der Kalenderwoche 12, Farbe Schwarz, Rollen für raue Böden …	Transparenz über den Ausschreibungsgegenstand steht im Vordergrund. Allein durch das Wort „Ausschreibung" wird verdeutlicht, dass es sich nicht um eine Einzelanfrage handelt.
Leider ist der Grund unseres heutigen Treffens weniger erfreulich …	Mit dieser Überleitung lassen Sie das Blut von ängstlichen Verkäufern in den Adern gefrieren: Achten Sie darauf, dass die Formulierung zu Ihrer Verhandlungssituation passt.
Die Situation ist die, dass durch Wettbewerbsangebote der Preis auf unserem Absatzmarkt deutlich in Bedrängnis gerät. Aus diesem Grund ist es wichtig, dass alle Partner unseres Hauses gemeinsam an einem Strang ziehen …	Handelsbeispiel: Bereits durch die Überleitung wird deutlich Druck aufgebaut, gleichzeitig die Partnerschaft betont.
Welche Daten liegen Ihnen bereits zu unserem Projekt vor?	Lassen Sie den Verkäufer das Projekt erklären, werden Sie hören, was auf der Gegenseite verstanden wurde. Allerdings fällt es so schwerer, im Anschluss wieder auf den eigenen Argumentationspfad zu wechseln.

Baustein 3: Wettbewerb in Szene setzen und im Gespräch am Leben erhalten

Vorweg gesagt: Die ergebnisfördernde Karte „Wettbewerb" sollten Sie immer dann ausspielen, wenn Wettbewerb glaubwürdig existieren könnte. Verkäufer sind damit leicht zu verunsichern, denn sie gehen schon von sich selbst aus ungeprüft davon aus, dass Wettbewerb an der Entscheidung beteiligt ist. Wie Sie in Kapitel 2 gelesen haben, ist Wettbewerb die stärkste Forderungsbegründung. Wettbewerb ist eins dieser „Naturgesetze".

Wettbewerb ist die stärkste Forderungsbegründung! Diese Karte sollten Sie unbedingt ausspielen!

Seien Sie sich bewusst, dass Verkäufer häufiger annehmen, es sei Wettbewerb vorhanden, als Einkäufer das vermuten. Für Sie bedeutet das, dass Sie vermutlich relativ oft mit der Wettbewerbskarte trumpfen können. Aber es gibt natürlich Ausnahmen: Stützen Sie sich nicht auf die Behauptung „Wettbewerb", wenn erkennbar kein Wettbewerb vorhanden ist. In monopolähnlicher Situation oder bei bekanntem Single Source ist das offenkundig. Plappernde Fachbereiche, die dem Lieferanten bereits eine Zusage unter der Hand gegeben haben, ziehen Ihnen gleichfalls den fruchtbaren Verhandlungsboden unter den Füßen weg. Reine Lügen sind sowieso tabu, und eine entlarvte Lüge schadet Ihrer Glaubwürdigkeit auf lange Zeit. Glaubwürdigkeit aber ist entscheidend für jede Art der Kommunikation! Erlauben Sie sich bitte an dieser Stelle keinen Lapsus.

Baustein 3: Wettbewerb in Szene setzen

Formulierung	Bemerkung
Sie sind einer von mehreren Lieferanten, die für uns infrage kommen.	Wenn die Anzahl der Wettbewerber von Ihnen nicht genannt wird, fällt dem Verkäufer die Einschätzung besonders schwer.
Sie sind einer von drei infrage kommenden Lieferanten.	Nur einsetzen, wenn der Verkäufer aus der Anzahl der Wettbewerber keine Rückschlüsse auf Ihre Preiserwartung ziehen kann oder sich aus der Interpretation sicher ein Vorteil ergibt.
Wir sitzen diese und die kommende Woche mit den verschiedenen infrage kommenden Lieferanten zusammen.	Einige Verkäufer versuchen aus der Reihenfolge der eingeladenen Lieferanten Rückschlüsse zu ziehen. Mit der hier gewählten Formulierung unterbinden Sie das.
Aus der ursprünglich zweistelligen Anbieterzahl haben wir inzwischen eine Handvoll ausgewählt, mit denen wir die finalen Verhandlungen angehen.	Sie geben dem Lieferanten ein positives Signal. Er ist eine Runde weiter. Gleichzeitig ist damit ausgedrückt, dass die verbleibenden Lieferanten alle infrage kommen und der jetzt laufende Wettbewerb härter wird.
Sie kennen Ihren Wettbewerber!	Nutzen Sie diesen psychologischen Effekt! Eventuell erinnert sich der Verkäufer an Situationen, in denen der Wettbewerb – also der gewisse Wettbewerber – an ihm vorbeigezogen ist.
Wie Sie sicher schon in Verhandlungen mit anderen Kunden erkannt haben, schläft Ihr Wettbewerber nicht. Bis Ende der kommenden Woche sprechen wir mit allen Kandidaten.	Adressiert an die Ängste des Verkäufers. In der Praxis höre ich oft von Verkäufern, dass jeweils der Wettbewerber gerade ganz dringend Geschäfte abschließen will und daher Kampfpreise anbietet. In den Köpfen scheint also verankert zu sein, dass der Wettbewerber aggressiv anbietet. Nutzen Sie dies für Ihre Zielerreichung.

Wir sind positiv erstaunt, in welcher Anzahl sich Lieferanten mit tauglichen Produkten zeigen. Offensichtlich scheint es in Ihrer Branche einen harten Wettbewerb zu geben.	Ein positiv überraschter Einkäufer! Was gibt es Schlimmeres für Verkäufer?
Vermutlich kennen Sie Ihren ärgsten Wettbewerber. Er will anscheinend den Auftrag unbedingt an Land ziehen. Dennoch wollen wir fair auf allen Seiten agieren. Bedeutet:	Mit dieser Formulierung stellen Sie den Lieferanten mit genau einem Wettbewerber in den Ring. Soll man auf zwei Wettbewerber reduzieren? Ja, aber nur dann, wenn für den Verkäufer eine Reduzierung auf zwei
Jeder von Ihnen hat noch die Möglichkeit, einen finalen Preis abzugeben. Danach fällt die Entscheidung innerhalb weniger Tage.	Wettbewerber ohnehin transparent ist oder ein Wettbewerber besonders gefährlich für ihn ist.
Das Produkt an sich ist ja keine „Rocket Science", keine Raketenwissenschaft. Daher ist es jetzt eine reine Preisfrage, bei wem wir ordern werden.	Spricht vergleichbare Produkte an, wie DIN-Teile oder bekannte Commodity-Produkte, die man bei unzähligen Lieferanten ordern kann.

Bevor wir zum nächsten Baustein wechseln, noch ein wichtiger Hinweis: Verkäuferinnen und Verkäufer sind meist auch gut ausgebildet und in der Lage, sehr gut zwischen den Zeilen zu lesen. Ein Beispiel: Ein Einkäufer mag glauben, gesprächsweise auf den Lieferanten-Wettbewerber hingewiesen zu haben. Doch zwischen den Zeilen kann der Verkäufer lesen resp. hören, dass es sich nur um einen einzelnen Lieferanten handelt, also in Wirklichkeit kein weiterer Wettbewerber zur Auswahl steht. Daher machen wir dazu eine kleine Übung, bei der Sie prüfen können, wie Sie sich ausdrücken resp. ob Ihre Aussagen eindeutig sind oder Raum für das „Lesen und Hören zwischen den Zeilen" lassen.

Übung: Finden Sie heraus, ob Wettbewerb vorhanden ist oder nicht

- Beispiel 1: „Wir haben mehrere Lieferanten angefragt. Es gibt ja doch einige Wettbewerber im Markt, die für uns durchaus infrage kommen könnten. Wir sitzen heute mit Ihnen zusammen, um die neuen Preise abzustimmen, die für die nächsten zwölf Monate gelten. Unsere Geschäftsführung erwartet, dass die Preise um drei Prozent sinken."

- Beispiel 2: „Aufgrund der zu hohen Preise haben wir uns in den letzten vier Monaten auf dem Markt umgeschaut. Dabei sind wir auf einige namhafte Hersteller getroffen, mit denen wir enge Gespräche aufgenommen haben. Die Produkte hat unser Fachbereich umfangreich getestet. Sowohl von den Konditionen als auch von den Produkten her kommen beide Alternativen für uns infrage. Bevor wir jedoch einen Lieferantenwechsel final einleiten, sprechen wir grundsätzlich mit den vorherigen Lieferanten über die Situation, um durch ein entsprechendes verbessertes Angebot das Ruder noch herumzureißen. Wie sieht es da von Ihrer Seite aus, was können Sie anbieten?"

Halten Sie in Ihrem Notizheft fest, inwiefern sich die Beispiele unterscheiden.

Haben Sie den Unterschied erkannt? Im Beispiel 1 kann ein pfiffiger Verkäufer anhand mehrerer Merkmale erkennen, dass kein ernst zu nehmender Wettbewerber im Spiel ist:

- **Anfrage statt Angebot:** Zum einen spricht der Einkäufer lediglich davon, dass Lieferanten „angefragt" wurden. Von einem vorhandenen Angebot ist keine Rede, geschweige denn von einer fachlichen Freigabe durch den Fachbereich. Das allein ist schon ein Hinweis auf fehlenden ernsthaften Wettbewerb.

- **Konjunktiv:** Darüber hinaus verwendet der Einkäufer den Konjunktiv „könnte infrage kommen", der darauf schließen lässt, dass er sich noch nicht ernsthaft mit der Situation vertraut gemacht hat. Eindrücklicher wäre hier: „Wir haben attraktive Angebote vorliegen, die einen Wechsel rechtfertigen!"
- **Singular:** Der Einkäufer verwendet den Singular: „Wir sitzen mit IHNEN zusammen." Er sagt also nicht, dass er mit mehreren Lieferanten zusammensitzt, um eine Entscheidung zu treffen. Im Gegenteil, er sagt, dass er nur mit diesem einen Lieferanten zusammensitzt. Geschickter ist die Formulierung im Plural: „Wir sitzen mit den infrage kommenden Lieferanten zusammen!" So bringt der Einkäufer die Wettbewerbssituation klarer zum Ausdruck.
- **„Wie" statt „ob":** Es steht auch nicht die Frage im Raum, mit welchem Lieferanten er zukünftig zusammenarbeitet, sondern lediglich, zu welchem Preis er mit dem jetzigen Lieferanten weiter zusammenarbeiten wird.
- **Messlatte intern:** Der Einkäufer misst das Angebot des Verkäufers an der Erwartungshaltung der Geschäftsführung und nicht an den Wettbewerbspreisen auf dem Markt. Er nutzt als Messlatte also einen internen, keinen externen Vergleich.

Auf einem einzelnen Signal wird der Verkäufer nicht gleich seine gesamte Verhandlungsstrategie aufbauen. Hier jedoch sind ja gleich fünf wesentliche Signale von Bedeutung:

1. Der Einkäufer hat keine Angebote vorliegen, sondern hat nur Anfragen gestellt.
2. Der Einkäufer ist sich nicht sicher, ob der Wettbewerb infrage kommt.
3. Der Einkäufer spricht nur mit einem Verkäufer.
4. Der Einkäufer stellt die Zusammenarbeit nicht infrage, sondern nur den Preis.
5. Der Einkäufer behauptet „Wettbewerb“, misst mich dann aber an der Vorgabe seines Chefs statt am Wettbewerbspreis (was Punkt 1, 3 und 4 noch mal untermauert).

Kommt es bereits in der Startrampe zu einer derartigen Häufung von interpretationsfähigen Punkten, wird der Verkäufer seine Schlüsse ziehen und den Preis bzw. sein Angebot entsprechend hochhalten.

Achten Sie also gerade in der hochsensiblen Phase der Verhandlungseröffnung darauf, dass Ihre Formulierungen optimal auf die Verhandlungssituation abgestimmt sind.

Baustein 4: Lockstoff und Konsequenzen zu Beginn ausbringen

Praxistipp: Grundsätzlich gilt: Bringen Sie alle Lockstoffe und Konsequenzen in die Startrampe, die die Verkäuferin oder den Verkäufer dazu bewegen, Ihnen Zugeständnisse zu machen. Achten Sie gleichzeitig darauf, keine verhandelbare Masse zu verschenken!

Welchen Zweck hat das? Nun: Sie locken den Verkäufer in Ihre Verhandlung, Sie steigern dessen Verlangen nach dem Auftrag. Im übertragenen Sinn soll dem Verkäufer das Wasser im Mund zusammenlaufen. Und zugleich sammeln Sie verhandelbare

Masse, die Sie in einer späteren Phase als eigene Gegenleistung in die Waagschale legen können.

Was aber überhaupt sind Lockstoffe bzw. Konsequenzen? Lassen Sie uns dies kurz definieren, damit wir eine gemeinsame Sprache sprechen: Lockstoffe bzw. Konsequenzen …

- sind Anreize, die wir bieten,
- sind Konsequenzen, die wir aussprechen oder folgen lassen,
- sind Aufmunterungen für den Verkäufer,
- machen Appetit auf den Auftrag und die Zusammenarbeit oder
- bieten dem Verkäufer einen Hoffnungsschimmer, seine Ziele doch noch zu erreichen oder sich wenigstens in deren Richtung zu bewegen.

Unter einer „verhandelbaren Masse" verstehen wir das, was Sie als Gegenleistung in der Hand haben und bereit sind, herzugeben, also beispielsweise den Auftrag oder die Zusage für das nächste Jahr.

Der Verkäufer muss von Beginn an den Eindruck gewinnen, nur durch besonders hohe Zugeständnisse sein eigenes Ziel – den Auftragsgewinn – zu erreichen. Das in Aussicht stehende Geschäft muss daher besonders attraktiv auf ihn wirken. Es muss Lockstoff pur sein! Je attraktiver das sich ihm anbietende Geschäft scheint, umso wichtiger wird es für den Verkäufer. Oder andersherum als Konsequenz gedacht: Die nach der Verhandlung anstehende Entscheidung hat Bedeutung für den Verkäufer. Und je stärker oder gar dramatischer sich diese Entscheidung auf den Verkäufer und dessen Unternehmen auswirken wird, umso höher werden dessen Zugeständnisse ausfallen.

Rufen Sie sich ins Bewusstsein: Verkäufer müssen Umsatzzuwächse oder Margenzuwächse erreichen. Das ist so gut wie immer die Vorgabe der Geschäftsführung bzw. der Vertriebsleitung. Wenn also Verkäufer glauben, einen besonders dicken Fisch an der Angel zu haben, oder von der Angst vor dessen Verlust gequält werden, werden sie verstärkt am Ball bleiben und Ihnen auch entsprechend viele Zugeständnisse bieten.

Praxistipp: Für Sie bedeutet das: Alle verfügbaren Informationen, die den Reiz eines Lockstoffes oder einer Konsequenz aufweisen, sollten bereits zu Beginn der Verhandlung für den Verkäufer klar erkenntlich sein.

Sparen Sie sich keine Lockstoffe für später auf! Sogenannte Joker bringen zwar wieder Bewegung in stockende Verhandlungen, doch können Sie diesen Effekt auch schon vom Start weg nutzen. Vergleichen Sie das mit sportlichen Wettkämpfen. Niemand wird in der Formel I beim Kampf um die Poleposition seine Kraft für später sparen.

Typische Lockstoffe und Konsequenzen sind:

- der Verhandlungsgegenstand an sich (siehe Baustein 2), also Menge, Artikel etc.,
- der Hinweis, der Wettbewerber könne gewinnen, wenn man sich nicht einig wird,
- der Hinweis auf die Chance, zukünftige Aufträge zu generieren (Türöffner),
- Abwehren von neuen Wettbewerbern, die damit erstmalig liefern können und so einen Fuß in die Türe bekommen. Dazu ein Beispiel: „Wenn Sie uns ein verbessertes Angebot bieten, können Sie verhindern, dass Ihre Wett-

bewerber erstmalig an uns liefern. Damit umgehen Sie die Gefahr, dass wir womöglich besonderen Gefallen an den Produkten Ihres Wettbewerbers finden."

- Signalwirkung im Unternehmen, die ein weiteres Folgegeschäft ermöglicht. Nehmen wir dazu an, Sie würden erstmalig einen neuen Lieferanten für den Bereich Büromaterial listen. Dann eröffnen Sie Lieferanten den Zugang zu anderen Unternehmensbereichen. Die Erstbeauftragung hat damit eine starke Signalwirkung im Unternehmen: „Dieser Lieferant ist okay, dem können wir vertrauen."
- Signalwirkung in der Umgebung: Wenn – zum Beispiel – ein Bürgermeister sein Dienstfahrzeug von Mercedes auf Skoda wechselt, würde die Automarke Skoda in der Umgebung des Bürgermeisters an Reputation gewinnen. Und das wäre ein besonderer Anreiz für Skoda, an dieser Leuchtturmposition besonders gute Konditionen anzubieten.

Mein Praxistipp: Packen Sie sämtlichen Lockstoff in die Startrampe, verschießen Sie dabei jedoch nicht Ihr Pulver. Das brauchen Sie noch in der späteren Verhandlung! Beschränken Sie sich darauf, den Lockstoff anzusprechen, sprechen Sie ihn jedoch noch nicht komplett aus.

„Ansprechen, jedoch nicht aussprechen!" – das klingt kompliziert. Was bedeutet das? Der Verkäufer soll erkennen, dass es etwas ganz besonders Interessantes zu gewinnen gibt. Gleichzeitig sollen das „Wieviel" und die näheren Umstände als Gegenleistung in der Verhandlung noch nicht im Detail kommuniziert werden. Sie öffnen quasi die Tür zu einem Raum mit tollem Inhalt, sprechen aber noch nicht darüber, wie viel Tolles im Raum tatsächlich verborgen ist.

So sagen Sie zum Beispiel: „Derjenige Lieferant, der den Auftrag gewinnt, kann mit einer permanenten Mengensteigerung rechnen!" Die Tür zum Raum heißt „permanente Mengensteigerung", der Inhalt im Raum „um x Prozent" bleibt unausgesprochen und wird zur noch zu verhandelnden Masse.

Praxistipp: Achten Sie darauf, die folgende verhandlerische Falltür zu vermeiden, die in Verhandlungen oft Zeit und Kraft kostet: Wenn der Einkäufer die Katze zu früh aus dem Sack lässt, indem er zum Beispiel eine Prozentzahl der Steigerung angibt, findet der Verkäufer diese Zahl vielleicht nicht hoch genug und verliert das Interesse:

> **Einkäufer:** „… derjenige Lieferant, mit dem wir zusammenarbeiten, kann mit einer 1,5-prozentigen Steigerung rechnen!"
> **Verkäufer:** „1,5 Prozent? Das ist nichts! Andere Kunden steigern um fünf Prozent und mehr!"

Diese Diskussion wollen Sie an dieser Stelle (noch) nicht führen. Dafür ist in der eigentlichen Verhandlung (der Phase „Zugeständnisse mit Entgegenkommen") der richtige Zeitpunkt. Jetzt soll erst mal nur Appetit auf den Auftrag geweckt werden!

Dazu eine Frage, Herr Altmannsberger!

Was mache ich denn, wenn der Verkäufer mich direkt unterbricht und nach Details fragt?

Urs Altmannsberger: Bleiben wir bei dem Beispiel oben: Fragt der Verkäufer Sie direkt nach der Steigerung: „Um wie viel Prozent würden Sie denn steigern?", geben Sie ihm diese Information erst mal noch nicht. Bleiben Sie Ihrer Planung treu, geben Sie keine Details heraus.

Ich muss ja aber irgendwie reagieren, was soll ich stattdessen also konkret tun?

Urs Altmannsberger: Stellen Sie den Lockstoff in Abhängigkeit von Ihrem Ziel dar: „Die genaue Prozentzahl wird davon abhängen, welchen Preis wir angeboten bekommen." Und danach setzen Sie Ihre Startrampe fort.

Bringen Sie vom Start weg alles mit ins Spiel, was den Verkäufer in Bewegung setzen kann. Nutzen Sie den maximalen positiven Druck über die gesamte Verhandlung, nicht erst zum Schluss!

Baustein 4: Lockstoff und Konsequenzen zu Beginn ausbringen

Formulierung	Bemerkung
Derjenige, der gewinnt, erhält nicht nur die jetzt angefragte Menge, sondern stellt damit auch die Weichen für zukünftige Bestellungen.	Das lockt den Verkäufer, noch besser anzubieten.
Wir reden jetzt zwar nur über eine kleine Stückzahl, ausgehend davon wird jedoch die Entscheidung getroffen, mit welchem Lieferanten wir langfristig kooperieren werden.	Damit erhalten Sie den Preis der größeren Menge bereits für die kleine Stückzahl.

Die jetzigen Angebote haben Signalfunktion für weitere Bereiche!	Heute bestellen Sie für Abteilung 1, morgen vielleicht schon für die Abteilungen 2 und 3.
Die Angebotspreise des Wettbewerbs kann ich Ihnen selbstverständlich nicht nennen. Was ich Ihnen jedoch sagen kann, ist, dass Sie mit dem jetzigen Preis raus wären. Dennoch haben Sie reelle Chancen, wenn Sie preislich einen klaren Schritt nach unten machen.	Die ist eine etwas ausführlichere Kombination aus Lockstoff und Konsequenz.
Bei dem jetzigen Preis werden wir allerhöchstens zwischen 200 und 300 Stück abnehmen. Wenn Sie Ihren Preis deutlich senken, ist eine Abnahmemenge von bis zu 1.000 Stück realistisch.	Wenn es keinen glaubhaften Wettbewerb gibt, könnte das eine Alternative sein! Bei dieser Konsequenz und diesem Lockstoff arbeiten Sie, ohne auf Wettbewerber einzugehen. Die abzunehmende Menge hängt vom Entgegenkommen des Verkäufers ab. Hat dieser ein Interesse an der höheren Absatzmenge, wird er vermutlich Entgegenkommen zeigen.
Uns beiden ist klar, dass ich diese Bestellung bei Ihnen platzieren muss. Wenn Sie uns jedoch preislich nicht entgegenkommen, werde ich weitere Anbieter für die Zukunft qualifizieren.	Sie müssen bei diesem Lieferanten kaufen, zeigen jedoch langfristige Konsequenzen auf.
Leider komme ich bei der jetzigen Bestellung nicht um Ihr Unternehmen herum. Ich sage Ihnen aber auch ganz klar, dass unsere Geschäftsführung hellwach auf diesen Fall schaut. Mit einem zu hohen Preis werden Sie also auf jeden Fall eine Reaktion auf höchster Ebene auslösen.	Sie müssen bei diesem Lieferanten kaufen und nehmen die bedrohliche Aufmerksamkeit der Geschäftsleitung mit hinein.

Bei einem besonders günstigen Preis kann der Gewinner dieser Ausschreibung sogar kurzfristig mit einem deutlichen Umsatzzuwachs rechnen.	Erweiterung um den kurzfristigen Liefertermin, wenn wir vermuten, dass die Lieferanten auf schnelle Umsätze (vor Quartals-/ Jahresende) scharf sind.
Mit dem jetzigen Auftrag setzt der Gewinner ein klares Signal am Markt, was sicher zu Folgeaufträgen aus der gesamten Branche führt.	Den Blick weit fassen und die branchenweite Auswirkung als Lockstoff verwenden.
Wir sprechen jetzt zwar nur von 300 Stück. Zugleich gilt: Wenn Sie hier erst mal den Fuß in der Türe haben, können Sie sicher mit weiteren Aufträgen rechnen.	Den Zutritt zur Zukunft als Lockstoff einsetzen. Vorsicht: Singular in der Aussage!
Bisher haben wir treu bei Ihnen bestellt. Aber ganz klar: Bei den jetzigen (zu schlechten) Konditionen verschaffen Sie Ihrem Wettbewerb Zutritt zum bisherigen Geschäft. Und wenn die erst mal Fuß gefasst haben, kann ich Ihnen nicht sagen, wie weit sich das auf Ihre gesamte Auftragsbasis auswirken wird.	Die Gefahr, Wettbewerbern Zutritt zum ehemals sicheren Kunden zu ermöglichen, bringt viele Verkäufer konditionell ins Wanken.
Uns allen ist klar, dass wir hier keinen Mischmasch von verschiedenen Produkten im Unternehmen wollen. Auch wenn ich Ihnen hier keine Bestellung für die zukünftigen Mengen versprechen kann, so	Allein die Logik sagt dem Verkäufer, dass hier noch viel mehr zu holen ist. Das führt zu einem für Sie besseren Preis.

ist doch klar, dass der Gewinner des Auftrags mit dem jetzigen Angebot ein Zeichen setzt, das auf lange Zeit hin festlegt, mit welchem Lieferanten wir kooperieren.	
Wenn wir rückwirkend schauen, haben Entscheidungen über einen Lieferantenwechsel generell für fünf Jahre gehalten. Indirekt entscheiden Sie heute mit dem Auftragsgewinn also nicht nur für die jetzt anstehende Menge, sondern für das Gesamtvolumen innerhalb der kommenden fünf Jahre.	Sie geben keine feste Zusage für langfristige Zusammenarbeit; dennoch zeigt diese Formulierung in der gelebten Praxis Wirkung.
Sollten wir uns tatsächlich für einen Lieferantenwechsel entscheiden, so werden wir nicht direkt in der nächsten Periode wieder zurück zu Ihnen wechseln. Ihr jetziges Angebot entscheidet also wahrscheinlich über die nächsten Jahre und nicht nur über den jetzigen Auftrag.	Damit fürchtet der aktuelle Lieferant den Wettbewerb doppelt.
Sie wissen, dass uns der Lieferantenwechsel Geld kosten wird. Diesen Wechsel werden wir also nicht jedes Jahr neu ins Auge fassen. **Das bedeutet für Sie: Sind wir erst mal weg, sind wir für längere Zeit weg.**	Wechselkosten hindern üblicherweise den Wettbewerb, einzudringen: So drehen Sie den Nachteil zu einem Vorteil.

Wissen Sie, ich persönlich würde ja gerne weiterhin bei Ihnen einkaufen. Nur wenn ich durch den Preis dazu gezwungen bin, doch zum Wettbewerb zu wechseln, dann kostet das unser Haus erst einmal eine ganze Stange Geld. Dann wird es mir natürlich schwerfallen, in den nächsten Perioden nochmals Wechselkosten durchzusetzen, um zu Ihnen zurückzukehren. Ich bitte Sie daher in unser beider Sinne …	Und das Gleiche nochmals herzlich formuliert.

Übung: Wechsel aufgrund von Wechselkosten erschwert

„Hilfe, ich habe weder Lockstoff noch Konsequenzen, mit denen ich arbeiten kann!" Kennen Sie diesen Hilferuf? Ab und zu erscheint es uns, als gäbe es weder Lockstoff noch Konsequenzen. Wenn ich in der Praxis mit derartigen Situationen konfrontiert bin, prüfe ich, welche Informationen mir zu dem Lieferanten vorliegen. Im Prinzip lässt sich dann fast immer eine vernünftige Forderungsbegründung entwickeln.

Nehmen wir an, Ihr Unternehmen hat über fünf Jahre hinweg bei immer demselben Lieferanten zum gleichbleibenden Preis bestellt. Seit letztem Monat sind Sie für den Lieferanten verantwortlich. Ein Wechsel zu einem anderen Lieferanten würde hohe Kosten bedeuten.

Beantworten Sie in Ihrem Notizheft die Frage: Welchen Lockstoff oder welche Konsequenzen können Sie allein aus dem Aspekt „seit fünf Jahren derselbe Lieferant" entwickeln?

Hier nun einige Anregungen für Konsequenzen und Lockstoff:

- „Wie Sie ja erkannt haben, haben wir die letzten fünf Jahre unverändert bei Ihnen bestellt. Bei entsprechend guten Konditionen wäre ich bereit, dies bei Ihnen fortzuführen."
- „Wir haben hier im Unternehmen ein ungeschriebenes Gesetz, nach dem spätestens alle fünf Jahre der Lieferant gewechselt werden soll. Eine Ausnahme entsteht, wenn wir von diesem Lieferanten besonders gute Konditionen erhalten. Dann können wir auch die Zusammenarbeit fortsetzen."
- „Wir haben einige Lieferanten, bei denen ein Wechsel zum Wettbewerb aufgrund der Wechselkosten nicht sinnvoll ist. Daher holen wir uns dann auch nicht bei jeder Bestellung neue Angebote ein. Im Fall Ihres Artikels haben wir jetzt seit längerer Zeit wieder eine Wettbewerbsabfrage durchgeführt. Von den Preisen her zeigt sich ein Wechsel zu anderen Lieferanten als durchaus attraktiv, besonders dann, wenn wir für eine längere Zeit beim Wettbewerber bleiben. Sie entscheiden mit Ihrem Angebot also nicht nur darüber, ob wir die kommende Bestellung beim Wettbewerb platzieren, sondern aufgrund der hohen Wechselkosten auch darüber, ob wir für lange Zeit zu einem treuen Kunden Ihres Mitbewerbers werden. Sie haben also einerseits die Chance, uns weiterhin langfristig als Kunden zu sichern, oder andererseits das Risiko, dass wir lange Zeit nicht mehr zusammenarbeiten können."

Baustein 5: Zeitraum, in dem die Entscheidung wirken wird

In der Regel wird für den Verkäufer ein wichtiger Punkt sein, für welchen Zeitraum der Vertrag abgeschlossen wird. Denn eine längerfristige Vereinbarung bedeutet für ihn und sein Unternehmen Planbarkeit und Sicherheit. Ihr Verhandlungspartner wird also in den meisten Fällen ein Interesse daran haben, nicht nur ein Spot-Geschäft, sondern eine längerfristige Vereinbarung zu treffen. Nutzen Sie diesen Verkäuferwunsch zur Erreichung Ihrer eigenen Ziele!

Praxistipp: Auch hier gilt wieder: Regen Sie den Appetit des Verkäufers an, ohne schon die Katze aus dem Sack zu lassen. Sprechen Sie von einer möglichen längerfristigen Bindung, ohne die Anzahl der Tage, Monate oder Jahre anzugeben.

Oft erhalte ich in der Praxis Vorgaben von Fachstellen, dass Verträge eine bestimmte Laufzeit haben müssen. So gab mir ein Fachbereichsleiter neulich vor: „Wir schließen generell keine Verträge mit Laufzeiten länger als zwölf Monate ab! Das Risiko ist uns zu hoch!“ Doch selbst dann deute ich in der Gesprächseröffnung Verhandlungsbereitschaft zu diesem Punkt an. In den meisten Praxissituationen prüft man dann bei entsprechend günstigen Konditionen eine Vertragsverlängerung. So auch hier: Nachdem der Fachbereichsleiter von erheblich besseren Konditionen bei 36 Monaten Laufzeit erfuhr, war er gerne bereit, darüber zu sprechen. Sein Einwand „Risiko“ bezog sich auf befürchtete Preisschwankungen am Markt. Nachdem wir diese Preisschwankungen für die Zukunft durch eine Anbindung des Angebotspreises an einen Marktindex relativieren konnten, gab er grünes Licht für eine langfristige Bindung.

Eine feste Laufzeit vorzugeben, ist zielführend, wenn es einen zwingenden sachlogischen Grund gibt. Etwa wenn die Laufzeit faktisch endet: Beendigung der Produktion, Ende eines Projekts, finale Erreichung des Ziels. Wenn man also sicher ist: Darüber brauchen wir nicht nachzudenken.

Lassen Sie in der Startrampe bereits durchblicken, dass in Abhängigkeit von einem besonders hohen Entgegenkommen der Lieferanten eine längerfristige Vereinbarung in Aussicht steht. Nennen Sie noch nicht die absolute Laufzeit in Jahren oder Monaten. Behalten Sie die Anzahl der Jahre oder Monate als Verhandlungsmasse in der eigenen Hand.

Baustein 5: Zeitraum der Wirkung

Formulierung	Bemerkung
Bei der Vertragslaufzeit sind wir offen. Je nach Angebot richten wir uns gerne nach den Lieferantenwünschen.	Signalisiert Verhandlungsbereitschaft.
Grundsätzlich bin ich (sind wir) bereit, auch längerfristig zu unterschreiben.	Ebenso.
In Abhängigkeit der Angebotspreise (der verschiedenen Anbieter) ist mir freigestellt, auch für einen längeren Zeitraum verbindliche Verträge abzuschließen.	Der Einkäufer ist der Entscheider, was die Laufzeit angeht. Das macht dem Verkäufer Appetit auf eine lange Laufzeit und gibt dem Einkäufer die Macht, darüber zu entscheiden.
Bei besonders attraktiven Preisen wären wir bereit, uns auch für die kommenden Perioden an Sie zu binden.	Das kann man gut nutzen, wenn man aktuell vom Lieferanten abhängig ist.

Ansonsten würden wir uns für potenzielle Wettbewerber lieber offenhalten und von Periode zu Periode neu entscheiden.	
Das ist ein klares „Fuß in die Tür bekommen"-Projekt. Wenn Sie hier erst mal Ihre Duftmarke gesetzt haben, werden Sie noch lange davon profitieren.	Ein zugkräftiges Argument, insbesondere für neue Lieferanten, ohne tatsächliche Verpflichtung, für eine bestimmte Zeit einkaufen zu müssen.
Ich werde mit demjenigen Lieferanten, der gewinnt, auch offen über die Laufzeit sprechen. Bei fairen, günstigen Vereinbarungen bin ich gerne bereit, auch langfristig zu denken.	Unverbindlich und doch lockend.
Grundsätzlich schließen wir Verträge nur über zwölf Monate ab. Gleichzeitig: Wenn wir wissen, dass Sie uns heute einen top Preis bieten, werden wir gerne auch im nächsten Jahr wieder mit Ihnen zusammenarbeiten.	Sie geben dem Verkäufer einen weiteren Grund für dessen Entgegenkommen. Von Ihrer Seite gehen Sie keine Verpflichtung ein.

Baustein 6: Einwände vorwegnehmen

Haben Sie diesen oder einen ähnlichen Satz schon mal in Ihren Verhandlungen gehört? „Unser Produkt können Sie nicht direkt mit dem Wettbewerb vergleichen! Da ist schon klar, dass unser Preis höher ist!"

In der Praxis begegnet mir immer wieder die folgende Situation: Der Einkäufer erklärt dem Verkäufer, dass er sich verschiedene Produkte von verschiedenen Herstellern angesehen und getestet hat. Weiter sagt er ihm, dass alle Produkte, die jetzt im

Wettbewerb stehen, für ihn vergleichbar sind. Daraufhin entgegnet der Verkäufer, dass sein Produkt genau nicht vergleichbar ist. Die Verhandlung gerät aufgrund dieses Einwands ins Stocken.

Bei genauer Überlegung fallen Ihnen sicher einige Einwände ein, die nicht nur einmal, sondern häufiger vorkommen. Dann lohnt es sich, bereits in Ihre Startrampe eine vorweggenommene Einwandbehandlung einzubauen.

Für unsere Beispiel-Startrampe gehen wir auf den häufigsten Einwand der Vergleichbarkeit ein und bieten Ihnen die passenden Formulierungen an.

Gerade bei der Einwandbehandlung werden Sie bei jeder Verhandlung neu dazulernen. Optimieren Sie Ihre persönliche Formulierung, wird sich Ihre Erfolgsquote der gelungenen Einwandvorwegnahme deutlich erhöhen.

Baustein 6: Einwände vorwegnehmen

Formulierung	Bemerkung
Wir haben mehrere Produkte von verschiedenen Lieferanten ausgewählt, die für uns vergleichbar sind.	Damit stellen Sie die Produkte auf einen Level. Diese Formulierung passt, wenn die Produkte tatsächlich vergleichbar sind.
Mehrere Produkte von verschiedenen Lieferanten sind nun in die finale Auswahl gekommen. Da, wo wir Leistungsunterschiede zwischen den einzelnen Produkten erkannt haben, haben wir diese für den Vergleich berücksichtigt.	Sie gestehen den einzelnen Produkten Unterschiede zu, machen gleichzeitig deutlich, dass die Leistungsunterschiede berücksichtigt sind. Damit nehmen sie dem Verkäufereinwand den Wind aus den Segeln.
Leistungsunterschiede sind, soweit sie für uns relevant sind, im Vergleichspreis berücksichtigt.	Ergänzend zur vorherigen Formulierung wird die Relevanz der Unterschiede betont.

Alle in der Endausscheidung stehenden Produkte sind vom Fachbereich fachlich freigegeben. Über Qualität, Leistung und Ähnliches brauchen wir heute also nicht mehr zu sprechen.	Die Freigabe des Fachbereichs wird als Messkriterium der Vergleichbarkeit schlicht abgehakt.

Baustein 7: Entscheidungskriterium benennen

Ihre Startrampe ist bald vollständig. Ergänzen Sie sie jetzt um einen weiteren Baustein, und zeigen Sie dem Verkäufer mit diesem Baustein deutlich, was aus dessen Blickwinkel notwendig ist, um den gewünschten Auftrag zu erjagen.

Nochmals zur Erinnerung: Für dieses Praxisbuch haben wir ja entschieden, den Preis als zentrales entscheidendes Kriterium festzulegen. In Ihrem Verhandlungsalltag ersetzen Sie „der Preis" bitte durch das aktuell entscheidende Element, das Ihnen in Ihrer Verhandlung wichtig ist. Aber bleiben Sie bei einem einzigen Kriterium!

Praxistipp: Das entscheidende Kriterium Ihrer Verhandlung sollte in der Regel genau ein einziges Element sein. Sobald Sie mehrere Elemente zur Wahl geben, wird sich der Verkäufer das aus seinem Blickwinkel einfachere auswählen und die Verhandlung in den kommenden Minuten daraufhin ausrichten.

Baustein 7: Entscheidungskriterium benennen

Formulierung	Bemerkung
Entscheidend für die endgültige Auswahl des Lieferanten ist, welchen Preis die einzelnen Wettbewerber in der jetzigen Runde abgeben.	Klar und deutlich
Entscheidend für die Auswahl des Lieferanten ist der Preis, der in der jetzigen finalen Verhandlung abgegeben wird.	Alternative Formulierung
Nachdem nun Technik und Qualität abgehakt sind, ist der Preis das letzte entscheidende Element.	Stellt nochmals klar, dass Technik und Qualität nicht das Gesprächsthema sind, wenn es um die Auftragserteilung geht.
Nachdem wir nun die Freigabe für mehrere Produkte haben, ist allein der Preis entscheidend dafür, welcher Lieferant den Auftrag erhält.	Alternative Formulierung mit deutlichem Wettbewerbshinweis

Schauen wir uns dazu eine typische Praxissituation an: Der Einkäufer sagt: „Für uns ist daher entscheidend, welchen Preis und welche Lieferzeit Sie uns anbieten können." Der pfiffige Verkäufer wird das unliebsame Element des Preises ausklammern und versuchen, über das Thema „Lieferzeit" den Auftrag zu gewinnen. Er reagiert etwa mit: „Wann genau brauchen Sie das Produkt? Gesetzt den Fall, ich schaffe es, bis zu diesem Zeitpunkt das Produkt für Sie bereitzustellen, sind wir dann auch im Geschäft?"

Damit lenkt der Verkäufer sehr geschickt über den Liefertermin direkt in den Vertragsabschluss hinein. In einer hitzigen Verhandlung kann es passieren, dass wir als Einkäufer dann zu leicht einlenken. Besser lösen Sie diesen Fall, indem Sie die

Lieferzeit getrennt erfragen, etwa vor der Verhandlung, in der ersten Anfragemail oder auch nachdem der Preis vereinbart ist.

Dazu eine Frage, Herr Altmannsberger!

Was mache ich in einem Fall, in dem der Liefertermin das Allerwichtigste ist?

Urs Altmannsberger: Wenn der Liefertermin das alles entscheidende Kriterium ist, rückt der Preis in den Hintergrund. Am besten, Sie wählen dann die folgende Formulierung: „Primär ist entscheidend, wer den Liefertermin einhalten kann. Danach entscheidet der Preis innerhalb der möglichen Kandidaten." Oder auch: „Zugangsvoraussetzung ist, dass die jeweiligen Lieferanten den Liefertermin einhalten können. Innerhalb des dann feststehenden Lieferanten-Pools wird dann der Preis über die Vergabe entscheiden." In der Praxis kommen solche Eilbestellungen häufiger vor, als man vermutet. Machen Sie sich dann klar, dass in diesem Moment Ihre zentrale Aufgabe die rechtzeitige Beschaffung des Produkts ist. Befreien Sie sich von dem Stress, dann gleichzeitig Weltrekordpreise zu erreichen.

Baustein 8: Rahmen der Verhandlung abstecken

Für die Geschwindigkeit und das Vorankommen innerhalb einer Verhandlung sind die gesetzten Rahmen entscheidend. Wissen die Lieferanten beispielsweise, dass die Verhandlung in mehreren Runden ablaufen wird und wir uns vielleicht erst in der Runde eins von fünf befinden, wird der Verkäufer in dieser Runde noch kein finales Angebot abgeben. Er wird vielmehr seine verhandelbare Masse, seinen Spielraum auf die erwarteten weiteren Verhandlungen verteilen und erst in der finalen entscheidenden Verhandlung Farbe bekennen.

Baustein 8: Rahmen der Verhandlung abstecken

Formulierung	Bemerkung
Wir geben jedem Lieferanten die gleichen fairen Chancen. Daher sprechen wir mit allen genau noch einmal. Das Ergebnis, das am Ende der jeweiligen Verhandlungen auf dem Tisch liegt, kann nicht mehr verändert werden und wird so zur Entscheidungsfindung beitragen. Ein Nachbieten ist nicht möglich!	Dieser Baustein passt gut zu einer finalen Verhandlung. Sie legen ein zeitliches Limit fest und verhindern Vertagungstaktiken, die ein Ergebnis verzögern. Unter Umständen ist es sinnvoll, diese Regel bereits bei der Einladung auszusprechen, damit der Lieferant entsprechend vorbereitet zum Termin erscheinen kann.
Wir haben gemeinsam eine Stunde Zeit, Ihr finales Angebot zu formulieren. Das Ergebnis wird die Entscheidungsgrundlage sein, wenn wir am Freitag mit dem internen Entscheidergremium zusammensitzen.	Eine ähnliche Formulierung mit besonders partnerschaftlichem Anstrich. Vorsicht: Singular lässt mangelnden Wettbewerb erkennen.
Wir haben Termine mit jedem infrage kommenden Lieferanten vereinbart. Nur diejenigen Lieferanten, die zu den drei besten vom Preis her gehören, werden für die finale Entscheidungsrunde zugelassen.	Sie planen zwei Verhandlungsrunden und befinden sich in der ersten Runde. Um jetzt schon vernünftige Preisangebote zu erhalten, bauen Sie die Hürde „Nur die drei Besten kommen weiter“ ein.
Ich rufe jetzt nacheinander die infrage kommenden Lieferanten an. Jeder hat nochmals die Chance, sein Angebot zu verbessern. Danach werde ich direkt an den Bestbietenden den Auftrag erteilen.	So können Sie es in einem Telefonat formulieren.

Baustein 9: Fokusfrage zum Abschluss der Startrampe stellen

Um nun den aufgebauten zielgerichteten Druck auch tatsächlich zu nutzen, arbeiten Sie mit einer Fokusfrage. Es ist wichtig, dass Sie eine offene, zielgerichtete Frage formulieren. Das erhöht die Chance auf eine qualifizierte Antwort.

Praxistipp: Stellen Sie die Fokusfrage wirklich konkret. Die Formulierung „Was können Sie uns anbieten?" ist in vielen Fällen zu allgemein. Denn so erhalten Sie lediglich unerwünschte Antworten zum Produkt an sich oder zur Menge und vielen anderen Nebenthemen. Stellen Sie dann einfach nochmals die gleiche Frage, dann jedoch genauer fokussiert auf Ihr gewünschtes Ziel.

Baustein 9: Fokusfrage zum Abschluss

Formulierung	Bemerkung
Was können Sie uns preislich anbieten?	Klar und deutlich.
Inwieweit sind Sie bereit, beim Preis runterzugehen?	Alternative Formulierung.
Was ist der maximale Nachlass, den Sie anbieten können?	Auf Nachlass bezogen.
Wo liegt Ihr Preislimit?	Ob schon gleich mit der Limit-Frage angefangen werden soll, wird kontrovers gesehen.
Was ist das Minimum, mit dem Sie vom Preis her leben können?	Von unten betrachtet.
Was ist angesichts der geschilderten Sondersituation Ihr Angebot in Euro?	Gut, wenn zuvor eine Sondersituation als Forderungsbegründung gestellt wurde.
Welchen Wert werfen Sie in den Entscheidungshut?	Etwas bildhafter formuliert.

Was sehen Sie unter Berücksichtigung der Opportunitätskosten als faires (maximales) Angebot? Welchen Preis sind Sie bereit zu bieten?	Hochtrabende Formulierung, wenn alle anderen Lösungen den Verkäufer teuer zu stehen kämen. Ergänzt um eine weitere Fokussierung auf das gewünschte zu verhandelnde Element.

Praxistipp: Noch ein Tipp zur Limit-Frage: Schon zu Beginn der Verhandlung nach dem Limit zu fragen, wird kontrovers beurteilt. Einige Einkaufs-Verhandler sehen sich damit in die Ecke getrieben. Hat der Verkäufer schon zu Beginn den Limitwert ausgesprochen, fällt es – deren Meinung nach – schwer, weitere Forderungen zu stellen. Aus meiner Sicht aber ist das kein Hindernis. Mit der Frage „Wie weit sind Sie bereit, dieses Limit noch nach unten zu korrigieren?" öffnen Sie die vermeintliche Sackgasse wieder.

Baustein 10: Zepter in der Hand behalten

Ein Skispringer würde bei einem sportlichen Wettbewerb sicher nicht auf halber Strecke der Sprungschanze anhalten, ein kurzes Interview geben und danach weiterfahren, um eine Topweite zu erreichen. Sein Schwung ginge durch die Unterbrechung zwangsläufig verloren. Unterbrechungen nehmen Ihnen den Schwung!

So verhält es sich auch mit dem Schwung Ihrer Startrampe.

Lassen Sie sich nach Möglichkeit nicht unterbrechen. Je häufiger Ihre Startrampe zwecks Erklärungen oder Einwänden unterbrochen wird, umso mehr verliert sie an Gesamtschwung.

Im schlimmsten Fall bringt Sie der Verkäufer derart von Ihrem Plan ab, dass Sie Ihren roten Faden verlieren und nicht mehr wissen, was Sie ursprünglich sagen wollten. Für das Ergebnis Ihrer Verhandlung hätte das entsprechend dramatische Konsequenzen. Legen Sie sich daher eine der folgenden Formulierungen zurecht, die Sie ohne größeres Nachdenken bei allen möglichen Einwänden und Unterbrechungen nutzen können.

Baustein 10: Zepter in der Hand behalten

Formulierung	Bemerkung
Komm ich gleich noch zu.	Mit einer sehr kurzen Formulierung wischen Sie Einwände und Rückfragen beiseite. Machen Sie sich nicht den Stress, sich den Einwand zu merken. Das würde Sie zu sehr aus dem Konzept bringen. Der Verkäufer wird den Einwand sicher nochmals wiederholen.
Gehe ich gleich drauf ein.	Alternative Formulierung
Da sag ich gleich noch was zu.	Alternative Formulierung
Frau Schmidt geht im Anschluss darauf ein.	Alternative Formulierung mit Verweis auf einen späteren Beitrag einer anderen Person

Praxistipp: Zusätzlich rate ich Ihnen, mit klaren kommunikativen Mitteln dafür zu sorgen, nicht unterbrochen zu werden: In anspruchsvollen Verhandlungen hat sich bewährt, vor der Startrampe einen Monolog anzukündigen. Etwa indem Sie sagen: „Wenn es für Sie in Ordnung ist, würde ich, wie bei allen anderen Lieferanten auch, zu Beginn unseres Gesprächs die aktuelle Situation darstellen."

Stehen Sie dann auf und sprechen Sie Ihre Startrampe im Stehen. Auch das macht deutlich, dass Sie jetzt gerade am Zug sind und nicht unterbrochen werden wollen. Wenn Sie jetzt noch zur Unterstützung und Visualisierung das Flipchart nutzen, binden

Sie die Aufmerksamkeit auf der Vertriebsseite besonders gut. Überlegen Sie sich vorher, wie Sie durch einfache Zeichnungen Ihre Argumentation wirkungsvoll unterstützen können.

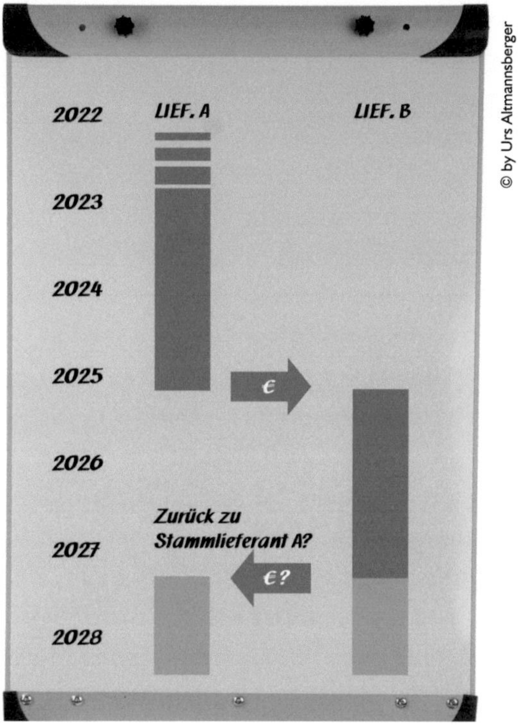

Abbildung 14: Mit Flipchart-Einsatz Startrampe optimieren

So können Sie zum Beispiel das nebenstehende Flipchart in Abbildung 14 mit diesem Wording begleiten (Einkäufer spricht mit Lieferant B): „Bis 2025 haben wir bei Lieferant A eingekauft. Aufgrund des Preises haben Sie es geschafft, den Auftrag für inzwischen zwei Jahre auf Ihre Seite zu ziehen. Aktuell bietet Ihr Wettbewerber A top Preise und versucht, damit den Auftrag zurückzugewinnen. In der kommenden Woche werden wir entscheiden, mit wem wir ab 2027 kooperieren werden. Dabei wird der Preis das entscheidende Element sein. Wir können uns vorstellen, entweder mit dem ursprünglichen Lieferanten A oder auch weiter mit Ihnen zu arbeiten."

3.3 Praxisbeispiel für Ihre Umsetzung: So bauen Sie Ihre Startrampe

Jetzt haben Sie alle Bausteine beisammen, nun sollte es Ihnen leichtfallen, für eine anstehende Verhandlung in der Praxis eine starke Startrampe aufzubauen. Mit dem folgenden Praxisfall zeigen wir Ihnen, wie das finale Zusammensetzen der Bausteine funktioniert. Ihr Vorteil: Im Prinzip brauchen Sie nur noch durch einige Füllwörter und verbindende Sätze Ihren ganz persönlichen Verhandlungsstart zu kreieren.

Und darum geht es in dem Beispiel: Einkäuferin Frauke Wild soll für den internen Bedarf in einem Bürogebäude 300 Bürodrehstühle einkaufen. Der Fachbereich hat bereits entschieden, dass der Bürodrehstuhl PURE3 vom Hersteller Sitz & Lieg der richtige ist. Die Bürodrehstühle sollen innerhalb von sechs Wochen geliefert werden. Der Lieferant besucht den Einkäufer Wild am Mittwochnachmittag.

Frauke Wild wählt die folgenden Bausteine für seine Startrampe aus:

So setzen Sie die zehn Bausteine aneinander:

Baustein	Ausgewählte Formulierung
1. Begrüßung	„Guten Tag, Herr Sales! Wie geht es Ihnen? Nehmen Sie doch bitte Platz. Was kann ich Ihnen zu trinken anbieten?"

2. Verhandlungsgegenstand	„Wir hatten vorletzte Woche bei zahlreichen Anbietern nach einem geeigneten Bürodrehstuhl für unseren neuen Gebäudekomplex gefragt. Je nachdem, welche Preise aufgerufen werden, wird sich die Stückzahl zwischen 200 und 500 Stühlen bewegen. Derjenige Lieferant, der gewinnt, hat damit die Chance, kurzfristig eine interessante Menge an Stühlen zu verkaufen.“
3. Wettbewerb	Aus dem Baustein 3 nimmt Wild gleich zwei Formulierungen heraus und ergänzt diese, damit es sich rund anhört: „Aus der ursprünglich zweistelligen Anbieterzahl haben wir inzwischen eine kleinere Zahl ausgewählt, mit denen wir die finale Verhandlung angehen.“ „Sie sind einer von diesen Lieferanten, die für uns infrage kommen.“ Wild ergänzt: „Aus Ihrem Sortiment steht der PURE3 als möglicher Stuhl im Wettbewerb.“
4. Lockstoff und Konsequenzen	„Die Angebotspreise des Wettbewerbs kann ich Ihnen selbstverständlich nicht nennen. Was ich Ihnen jedoch sagen kann, ist: Mit dem jetzigen Preis wären Sie raus. Dennoch haben Sie reelle Chancen, wenn Sie preislich einen klaren Schritt nach unten machen.“
5. Zeitraum, in dem die Entscheidung wirken wird	Jetzt pumpt Wild das Volumen nochmals auf, indem sie den langfristigen Aspekt beleuchtet: nämlich die besten Chancen, auch den Rahmenvertrag für die gesamte Büroausstattung auf seine Seite zu ziehen.“

	„Uns allen ist ja klar, dass wir ein einheitliches Bild in den Büros haben möchten. Daher werden wir – wenn wir uns erst einmal für einen Lieferanten entschieden haben – vermutlich auch lange Zeit das gleiche Produkt abrufen."
6. Einwände vorwegnehmen	„Alle in der Endausscheidung stehenden Produkte sind vom Fachbereich fachlich freigegeben. Über Qualität, Leistung und Ähnliches brauchen wir heute also nicht mehr zu sprechen."
7. Entscheidungskriterium	„Entscheidend für die Auswahl des Lieferanten ist der Preis, der in den jetzigen finalen Verhandlungen abgegeben wird!"
8. Rahmen der Verhandlung	Hier nutzt Wild die erste Formulierung des Bausteinkastens fast 1 : 1. Lediglich passt sie einige Worte auf ihren Sprachgebrauch an: „Wir geben jedem Lieferanten die identischen fairen Chancen. Daher sitzen wir mit jedem Anbieter genau noch einmal zusammen. Das Angebot, das am Ende des jeweiligen Gesprächs genannt wird, ist unveränderbar und wird so zur Entscheidungsfindung beitragen. Nachbieten ist dann nicht mehr möglich!"
9. Fokusfrage am Ende der Startrampe	„Was ist angesichts der Sondersituation Ihr Angebot in Euro?"
10. Zepter in der Hand behalten	Wild wählt hier die erste Alternative: „Komm ich gleich noch zu!"

Fertig ist die Startrampe.

Ihr Zeitbedarf: unter drei Minuten. Das nenne ich effektiv und eine schnelle und gute Vorbereitung. Sicher haben Sie bemerkt, dass Frauke Wild einige taktisch kluge Entscheidungen gefällt hat.

So verrät sie beispielsweise dem Lieferanten nicht, dass der Stuhl PURE3 bereits vom Fachbereich fix vorgegeben ist. Genauso lässt sie den Lieferanten über die finale Stückzahl im Unklaren, um sich dieses verhandelbare Element für die weitere Verhandlung offenzulassen. Um den Auftrag noch schmackhafter zuzubereiten, bringt sie außerdem die langfristige Sichtweise mit ins Spiel.

Frauke Wild ist klar: Hat sich der Fachbereich erst einmal auf ein Stuhlmodell eingeschossen, wird sie vermutlich auch weitere Bestellungen bei diesem Lieferanten platzieren müssen. Aus diesem vermeintlichen Nachteil formuliert sie geschickt einen Vorteil.

Übung: Bauen Sie Ihre Startrampe

Jetzt habe ich eine Umsetzungsaufgabe für Sie: Welche Verhandlung steht bei Ihnen in den nächsten Tagen an? Bauen Sie Ihre dafür optimal ausgerichtete Startrampe. Notieren Sie Ihre Startrampe, und gehen Sie dabei strukturiert Baustein für Baustein und mithilfe der von mir vorgefertigten Formulierungen vor, die Sie natürlich Ihren Gegebenheiten anpassen können.

Nachdem Sie alle Formulierungen aneinandergereiht haben, überdenken Sie die Startrampe. Was sollte und kann für den Einzelfall optimiert werden? Muss zur besseren Verständlichkeit die Reihenfolge verändert werden? Ist es sinnvoll, an der einen oder anderen Stelle Füllwörter oder Füllsätze einzubringen?

Gehen Sie das sorgsam durch: der Erfolg bei Ihrem Verhandlungseinstieg ist es wert!

Fazit:

Überprüfen Sie Ihre Startrampe immer wieder hinsichtlich der folgenden Punkte:

- Neutrale, höfliche Begrüßung gewählt
- Verhandlungstaugliche Stimmung hergestellt
- Verhandlungsgegenstand/-inhalt für alle Beteiligten transparent gemacht
- Tatsachen ergebnisstützend formuliert
- Wettbewerb glaubhaft inszeniert und mehrfach in Szene gesetzt
- Plural statt Singular ist zwischen den Zeilen erkennbar
- Konsequenzen und Lockstoff deutlich gemacht
- Spielraum offengehalten (finale Menge, finale Termine ...)
- Zielgerichtete Entscheidungskriterien kommuniziert
- Konkrete Abschlussfrage führt direkt auf den Weg zum Ziel

Loten Sie aus! So finden Sie die situative Schmerzgrenze der Gegenseite

Was Ihnen dieses Kapitel konkret bringt:

Nach der Vorbereitungsphase und der Sagephase, in der Sie mit Ihrer Startrampe Schwung geholt haben, geht es nun in die Fragephase mit vier Elementen.

- Sie erfahren, ob es die Schmerzgrenze gibt, also ein optimales Verhandlungsergebnis.
- Durch Ausloten erreichen Sie leichter bessere Ergebnisse.
- Sie erkennen den Vorteil, mit Fragen auszuloten anstatt fixe Werte zu fordern.
- Sie erlernen damit eine grundsätzliche Haltung, wie Sie zukünftig Ihre Forderungen stellen sollten.

Reden wir Klartext: Die Schmerzgrenze steht für das optimale Ergebnis, das Sie erreichen können. Ob der Begriff „Schmerzgrenze" nun gut klingt, oder ob es besser ist, einen weicheren Ausdruck zu nutzen, ist nebensächlich. Entscheidend ist: Wir wollen erfahren, inwieweit der Verhandler bereit ist, uns entgegenzukommen. Dabei geht es nicht darum, dem anderen wehzutun, sondern darum, seine Bereitschaft des Entgegenkommens möglichst positiv und umfassend für uns zu nutzen.

Nur eine kurze Rekapitulation: Zum leichteren Verständnis bleiben wir auch in diesem Kapitel beim gängigsten Verhandlungsgegenstand, dem Preis. Natürlich behalten wir im Hinterkopf, dass es sich bei Ihren Verhandlungen nicht allein um den Preis dreht. Dort sind sicher auch andere Aspekte von elementarer Bedeutung, etwa die Lieferzeit. Ihr Vorteil: Meine Formulierungsvorschläge können Sie direkt übertragen: Sie ersetzen dann in den Beispiellösungen einfach das Element „Preis senken" durch den wahren Verhandlungsgegenstand. So wird aus „Wie weit können Sie den Preis senken?" ein „Wie weit können Sie die Lieferzeit verkürzen?"

4.1 Der Kampf um die Schmerzgrenze

Lassen Sie uns in drei Schritten Ihr neues Instrument aufbauen, das den Namen „Relativ ausloten!" trägt. Es ist wichtig, dass Sie die Hintergrundmechanik nachvollziehen und erkennen können, warum das der richtige Weg ist, um optimale Verhandlungsergebnisse zu erzielen. Nur wenn Sie diese Überzeugung aufbauen können, werden Sie die Methode ohne Zögern einsetzen – und erfolgreich sein. Und das sind die drei Schritte, mit denen wir uns jetzt beschäftigen:

1. Zuerst beleuchten wir die These „Es gibt keine fixe Schmerzgrenze!"
2. Danach betrachten wir die andere Seite der Medaille, die Antithese. Wir versuchen genau das Gegenteil zu beweisen – also: „Es gibt eine feste Schmerzgrenze!" Gelingt uns das nicht, stützt dies unsere obige Ausgangsthese.
3. Danach erläutere ich Ihnen die Technik, das bestmögliche Ergebnis durch relatives Ausloten zu erreichen – es folgt also die Synthese.

These: Es gibt keine fixe Schmerzgrenze – der beste Preis ist ein Knallfrosch

Beschäftigen wir uns also zunächst mit der These: Ich sage Ihnen, es gibt keine fixe Schmerzgrenze! Sie ist variabel. Eben noch scheitert die Verhandlung an einer Grenze bei zehn Prozent. Einige Augenblicke später könnten Sie aber doch zwölf Prozent erreichen oder scheitern gar früher, bei acht Prozent. Es gibt also keine verlässliche Grenze, die Sie

- ablesen können,
- errechnen können,
- aus Erfahrung der früheren Verhandlungen kennen können,
- aus einer hierarchischen Stellung ableiten können oder
- über Wettbewerbsausschreibungen erfahren.

Denn das jeweilige Optimum variiert situativ, steht heute hier, morgen da! Fühlen Sie sich auch an einen springenden Knallfrosch erinnert? Richtig – der beste Preis ist ein Knallfrosch, der seine Position ständig wechselt. Dabei wechselt er permanent die Richtung – er ist unkalkulierbar!

Die folgenden Beispiele zeigen, wie stark die Preisgestaltung von unerwarteten Einflussfaktoren abhängt. Eine fixe Schmerzgrenze – etwa in Form der errechenbaren Herstellungskosten – ist nur ein Punkt von vielen möglichen.

Beispiel 1: Ein Hersteller eines Fahrwerkbauteils ist über die Kapazitätsgrenze hinaus ausgelastet. Ein Automobilhersteller fragt Preise für dieses Fahrwerkbauteil an. Aufgrund der guten Auslastung erlaubt sich der Hersteller des Bauteils, zu überhöhten Preisen anzubieten, und zeigt sich auch unwillig, den Preis zu senken. Die Verhandlungen ziehen sich über mehrere Wochen. Noch während dieser Zeit bricht dem Lieferanten ein sehr großer Auftrag eines anderen Automobilherstellers weg. Die Auslastung der Fabrik sackt schlagartig ab. Eben noch im Luxus der Vollauslastung, ist jetzt dringend Auftragsnachschub gefordert. Um in dieser Situation den Auftrag des weiteren Automobilherstellers nicht zu riskieren, signalisiert die Vertriebsleitung Zugeständnisse.

Erkenntnis: Die Auftragslage kann sich sekündlich verändern und bewegt bzw. verschiebt damit die Schmerzgrenze.

Beispiel 2: Es gab (und gibt) nur eine begrenzte Anzahl an Unternehmen, die innerhalb überschaubarer Zeit Impfstoffe in bedeutender Menge entwickeln und herstellen können. Dann breitet sich ein noch unbekannter Krankheitserreger zu Beginn der 2020er-Jahre dieses Jahrhunderts pandemisch aus. Die Produkte dieser Unternehmen sind plötzlich weltweit gefragt, die Preise rangieren auf Höchstniveau. Umgekehrt rauscht zum selben Zeitpunkt die Nachfrage für Reisen, für Hotelübernachtungen, für alle Arten von Events und vielem mehr in den Keller. Wir wissen alle, wie sich dadurch die

Nachfrage nach den Produkten und damit auch der Preis verändert hat.

Erkenntnis: Die Umwelt kann sich sekündlich verändern und damit ganze Märkte auf den Kopf stellen.

Beispiel 3: Vor den Eingangstoren einer Model-Castingshow wechseln begehrte Eintrittskarten weit über dem normalen Verkaufswert die Besitzer, für etwa 200 Euro. Eine Stunde später: Eine Bombendrohung beendet das Finale vorzeitig. Die Kartenbesitzer erhalten das Geld zurück. Aber nur bis zum ursprünglichen Preis von 50 Euro. Der Preis von 200 Euro war schlagartig zu teuer geworden.

Erkenntnis: Der Gegenwert, den wir einem Gut beimessen, kann sich unvorhergesehen in Luft auflösen.

Dazu habe ich aber einen Einwand, Herr Altmannsberger!

Wenn ich die Kalkulation eines Lieferanten kenne, kann ich doch seine Herstellkosten berechnen. Dann ist nur noch der Gewinnaufschlag eine unbekannte Variable, die ich aber durchaus abschätzen kann.

Urs Altmannsberger: Sie haben einen großen Vorteil, wenn Sie alle Werte kennen, um die Kalkulation Ihres Lieferanten nachvollziehen zu können. Tatsächlich lässt sich daraus ein Grenzpunkt errechnen – oder zumindest relativ genau vorherbestimmen. Sie haben damit aber nur einen einzelnen – lassen Sie uns bei der Metapher bleiben – Ruhepunkt, von dem der Knallfrosch jedoch gleich wegspringen wird. Die Gründe für den nächsten Sprung können vielfältig sein: Vielleicht hat der Lieferant die Rohstoffe zu einem früheren Zeitpunkt zu einem ganz anderen Preis kaufen können. Dann passt Ihr kalkulierter Preis nicht. Oder der Lieferant hat eine sehr hohe Auslastung: Er wird also von Kundenaufträgen überschwemmt und nimmt folglich nur noch Aufträge mit fettem Gewinn entgegen. Dann könnten Sie ihm vorrechnen, was seine Kalkulation ist, und trotzdem würde der Lieferant nicht darauf anspringen. Lieber bedient er einen lukrativeren Kunden, als Ihnen im Preis entgegenzukommen. Sie sehen: Jeder der genannten Einflüsse verändert die „Schmerzgrenze".

Antithese: „Es gibt doch eine fixe Schmerzgrenze!"

Einige Verhandler vertreten die Antithese: „Stelle fixe Forderungen, um das Optimum zu erreichen." Oder auch: „Fordere das Unmögliche, um das Mögliche zu erreichen!" Ich halte das für gefährlich, bin aber dennoch bereit, mich kritisch damit auseinanderzusetzen. Begleiten Sie mich dabei. Lassen Sie uns zunächst versuchen, die Antithese anhand eines Praxisfalls zu stützen. Scheitert der Versuch, so stützt das meine These „Es gibt keine Schmerzgrenze!".

Die Ausgangslage: Um eine konkrete Forderung „soundsoviel Euro" stellen zu können, errechnen wir den optimalen Preis.

Nun der Praxisfall: Wir wollen ein Hotelzimmer für eine Person und einen Tag inklusive Frühstück buchen.

- Wissen wir damit schon zweifelsfrei, wo die Schmerzgrenze liegt, was der beste Preis wäre? Nein, natürlich nicht. Es kommt ja darauf an, in welcher Region oder

Stadt das Hotel sein soll. Also fixieren wir diese Variable: München – 2 km rund um den Marienplatz.

- Wissen wir damit schon zweifelsfrei, was die Schmerzgrenze ist? Nein, natürlich immer noch nicht. Es kommt ja darauf an, welche Hotelklasse es ist! Gut, also fixieren wir auch diese Variable: drei Sterne.
- Wir verkürzen den Prozess: Es kommt darauf an, ob Oktoberfestzeit ist, eine große Reisegruppe gebucht hat, ein Werktag oder Wochenende ist, das Zimmer ohne oder mit Minibar gewünscht wird. Und: Gibt es Sauna, Schwimmbad, Whirlpool, Parkplatz oder Tiefgarage, wie teuer ist die Reinigung des Zimmers, wie ist die Kalkulation für den Bau des Hotels, wie weit ist der Grundstückspreis inzwischen gestiegen (das würde das Zimmer ja verbilligen), sind Sie Mitarbeiter einer Firma, die Sonderkonditionen hat …?

Jetzt nehmen wir optimistisch an, all das wissen Sie und können daher kalkulieren, dass die Schmerzgrenze rechnerisch bei genau 57,50 Euro liegt. Da wir ja die Antithese beweisen wollen, stellen wir also eine absolute Forderung, eine Forderung mit einem fixen Wert. Oft wird diese Art der Forderung als Ankertechnik bezeichnet. Betrachten Sie dazu die drei wichtigsten Möglichkeiten, die Forderung zu stellen, einen Anker zu setzen und die Auswirkung auf Ihr vermutetes Ergebnis (siehe folgende Tabelle).

Sie werden sehen: Einerseits können Sie genau den errechneten Wert fordern. Der geht Ihnen durch das Feilschen aber gleich wieder verloren. Ihr Gesprächspartner erwartet Zugeständnisse. Das sagt die jahrhundertelang geübte Verhandlungstradition. Andererseits können Sie einen niedrigeren Wert fordern. Es ist aber extrem schwer, durch gegenseitiges Austauschen von absoluten Forderungen „40-90-45-85 …" zu unserem errechneten Wert zu gelangen.

Analyse: Sind absolute Forderungen zielführend?

Absolute Forderung wird gestellt	Analyse
Wir fordern das, was wir errechnet haben: „Sehr geehrter Hotelier, wir haben nachgerechnet. Ihre Zimmer kosten gar nicht 99 Euro, sondern 57,50 Euro. Daher sind wir auch nicht bereit, mehr zu zahlen. Einverstanden?"	Schlecht: Nehmen wir an, der Hotelier steigt in die Verhandlung ein und feilscht um den Preis. Dann wird man sich zirka in der Mitte treffen. Sagen wir, bei 75 Euro. Sie haben also die Schmerzgrenze nicht erreicht. Das bringt uns zur zweiten Möglichkeit.
Wir fordern einen deutlich niedrigeren Preis, damit wir uns bei 57,50 Euro als Mitte treffen: „Wir sind bereit, 30 Euro für das Zimmer zu zahlen!"	Schlecht: Der Hotelier blockiert die Verhandlung. 30 Euro sind indiskutabel, er fühlt sich auf den Arm genommen. Ergebnis: kein Ergebnis und, schlimmer noch, kein Zimmer! Das bringt uns zur dritten und etwas milderen Möglichkeit.
Wir fordern knapp unter dem errechneten Ergebnis: **„Wir bieten Ihnen 45 Euro für das Zimmer!"** **Hotelier: „45? Das liegt unter meinen Kosten! Allerhöchstens bin ich bereit, auf 95 zu gehen."** **Wir: „95? Ist immer noch zu viel. Ich komme Ihnen auf 50 entgegen."** **Hotelier: „90!"** **Wir: „55!"** **Hotelier: „85!"** **Wir: „60!"**	Schlecht: Wir können dem Hotelier nur mit kleinen Schritten entgegenkommen, erwarten aber von ihm große Schritte. Auf genau 57,50 Euro zu kommen, fällt sehr schwer. Auch werden wir schnell zu hören bekommen: „Das ist ja wie auf dem Basar!" Das Scheitern ist in vielen Fällen vorprogrammiert.

Wir fragen uns also hilfesuchend: Mit welchem Wert soll man denn dann anfangen? Die 57,50 Euro können wir ausschließen. Gehen Sie zu weit runter, blockiert der Hotelier oder betrachtet Ihr Vorgehen als „dreist oder dumm". Gehen Sie dagegen knapper an den Wunschpreis, schießen Sie am Wunschpreis vorbei. Hinzu kommt noch: Je nach Kulturraum gibt es ganz unterschiedliche Entfernungen vom Wunschpreis, die akzeptiert werden. In Norwegen ist schon bei 5 Prozent Schluss, im arabischen Raum sind 50 Prozent oft kein Problem. Ein wahres Dilemma!

Dazu eine Frage, Herr Altmannsberger!

Ich könnte doch genauso 57,50 Euro fordern und darauf beharren. Was meinen Sie, was passiert bei dieser Alternative?

Urs Altmannsberger: Stur auf dem errechneten Wert beharren kann funktionieren, wenn Sie die größere Macht haben. Etwa wenn der Lieferant von Ihnen abhängig ist. Aber dann ist die „Macht" der Motor Ihrer Verhandlung – nicht die Verhandlungstechnik. Wir erinnern uns: Solange Sie die Macht haben, brauchen Sie gar nicht zu verhandeln.

Und was passiert, wenn ich nicht die Macht habe und auf 57,50 Euro beharre, während der andere mir entgegenkommen soll?

Urs Altmannsberger: Das führt dann schnell zur Missstimmung.

Sie machen Ihr Gegenüber sauer. Daran scheitert dann die Verhandlung. Die Verhandlung wird wohl so ablaufen:

Einkauf: „57,50"
Hotelier: „Ich komme auf 90 entgegen."
Einkauf: „Nein, ich will 57,50!"
Hotelier: „Ok, gut, 88. Aber dann ist Schluss."
Einkauf: „Nein, 57,50!"
Hotelier: „Letztes Wort: 85!"
Einkauf: „Nein, 57,50."
Hotelier: „Sie können mich in Ruhe lassen!"

Wir fassen unseren Ausflug in die Technik der absoluten Forderungen zusammen:

1. Es ist sehr schwer, die momentane Schmerzgrenze zu kalkulieren. Zu viele Faktoren haben Einfluss auf den Preis.

2. Selbst wenn wir diesen Wert erkannt (theoretisch berechnet) haben, treffen wir auf die nächste Hürde. Absolute Forderungen, auch Basar-Feilschen genannt, bauen auf unrealistischen Werten auf. Beide Gesprächspartner starten mit überzogenen Forderungen und nähern sich dem Mittelwert. Wozu haben wir dann erst die Schmerzgrenze aufwendig berechnet?

3. Wenn wir den Wert machtvoll durchsetzen, gefährden wir die Beziehung zum Lieferanten.

4. Sicher hat die Methode ihre Daseinsberechtigung, jedoch nicht, wenn Sie ein optimales Ergebnis mit wiederholbarer Methode auf leichtfüßigem Weg erreichen wollen.

Wirkung absoluter Forderungen

Forderung	Auswirkung
Überzogene Forderung	Unrealistisch. Abbruch
Schwache Forderung	Suboptimales Ergebnis
Genau richtige Forderung	Schwer durchzusetzen, wird eine Machtfrage

Absolute Forderungen sind problematisch. Den richtigen Wert für die Forderung zu finden, ist schwer. Oft werden unbefriedigende Ergebnisse erreicht, weil die Chance auf ein besseres Ergebnis verpasst wird.

Aus diesem Grund rate ich Ihnen, sich durch relative Forderungen der Schmerzgrenze dem Optimum zu nähern.

Damit Sie bei der Suche nach den Schmerzgrenzen der Verkäufer fündig werden, sollten Sie überlegen, welche typischen Schmerzgrenzen es gibt. So sensibilisieren Sie sich dafür und sind eher in der Lage, sie zu erkennen. Beginnend mit dem Listenpreis, zeigt Abbildung 15 eine Auswahl typischer Schmerzgrenzen.

Praxistipp: Allein die Zahl der vielen verschiedenen möglichen Schmerzgrenzen macht deutlich: Es gibt nicht die eine richtige Schmerzgrenze! Es gibt verschiedene Stufen, hinter denen je ein Denkmuster steht. Also beispielsweise: „Wir wollen Gewinn machen!" oder „Wir wollen Marktanteile hinzugewinnen!" Selbst wenn Sie als Einkäufer die Kalkulation des Lieferanten kennen, sind Sie also nur einen Schritt näher dran an Ihrem Optimum. Sie könnten jetzt zwar Druck machen. Aber eben nur bis zur Höhe der Herstellkosten (plus eines fairen Gewinnaufschlags). Darunterliegende Schmerzgrenzen – etwa der strategische „Fuß in die Tür"-Preis – wären noch unberücksichtigt. Und genau hierin steckt weiteres Potenzial.

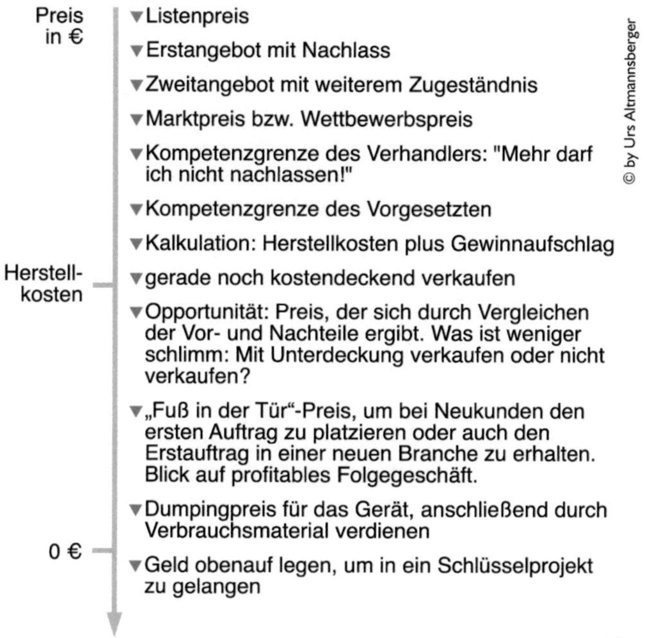

Abbildung 15: Zahlreiche Schmerzgrenzen im Verlauf eines stetig sinkenden Preises

PS: Die Abbildung 15 zeigt nur eine Auswahl von Schmerzgrenzen. Tatsächlich kommen wir leicht auf 20 und mehr unterschiedliche Möglichkeiten, wo die situativ bestimmte Schmerzgrenze liegen kann – zur Verdeutlichung: Zwischen Kfz-Herstellern und -Händlern werden Umsatzschwellen vereinbart. Übertrifft der Kfz-Händler diese Umsatzschwelle, erhält er x Prozent auf alle bisher verkauften Fahrzeuge. Steht der Händler am Ende einer Periode kurz vor der Schwelle, erreicht sie aber nicht durch echte Verkäufe an Kunden, so verkauft er sich lieber selbst die Fahrzeuge, als den Bonus zu verlieren. Als Kunde sehen Sie diese Fahrzeuge dann als „Tageszulassungen" auf den Höfen stehen. Das bedeutet rein rechnerisch: Bekäme der Händler vom Hersteller bei 200 verkauften Autos ein Prozent Extrabonus und hätte er bisher aber nur 199 Fahrzeuge verkauft, so wäre selbst das Verschenken des 200. Autos besser, als den Bonus zu verlieren.

Mein Tipp: Stehen Sie genau in dem Moment beim Verkäufer auf der Matte!

Alles ist relativ – das gilt in der Verhandlung für den Preis und auch für alle anderen Forderungen. Es gibt zahlreiche situative Schmerzgrenzschwellen, jedoch nicht die eine fixe Schmerzgrenze. Wenn Sie die Herstellkosten Ihres Lieferanten kalkulieren, überspringen Sie damit nur die oberen Schmerzgrenzschwellen (von Listenpreis bis Herstellkosten, wie Abbildung 15 gezeigt hat). Strategische Grenzen, bis hin zu Subventionierung, bleiben damit unberücksichtigt.

Synthese: Nähern Sie sich der situativen Schmerzgrenze an, loten Sie relativ aus

Wenn es keine fixe Schmerzgrenze gibt, müssen Sie versuchen, sich der situativen Schmerzgrenze anzunähern. Nutzen Sie dazu die relative Verhandlungsführung: Arbeiten Sie mit den Techniken des Fragens und Nachbohrens. Dabei müssen Sie es vermeiden, sich selbst festzulegen oder festlegen zu lassen, also eine Position zu beziehen, auf die Sie der Verhandlungspartner festnageln kann. Damit würden Sie sich nur selbst eine unnötige künstliche Preisuntergrenze schaffen.

Definition absolute versus *relative Forderung*

Bei absoluten Forderungen gilt: Die Forderung hat einen Wert als Zahl oder beschreibt eine Zahl deutlich:

1. Sie müssen zehn Prozent runter im Preis!
2. Maximal zahle ich 3,20 Euro für das Bauteil!
3. Ihre Wettbewerber verlangen nur die Hälfte!
4. Wir wollen den Preis vom letzten Jahr!

Bei relativen Forderungen geben Sie nur die Marschrichtung an, nicht den Betrag – die folgenden Formulierungen zeigen, wie Sie die genannten vier absoluten Forderungen auch relativ formulieren können:

1. Sie müssen deutlich vom Preis runter!
2. Zu Ihrem Angebotspreis erhalten Sie keinen Zuschlag!
3. Sie sind noch nicht mal in Reichweite vom Wettbewerb!
4. Wie weit unter den Preis des Vorjahres können Sie kommen?

Auch Verkäufer loten relativ aus. Kennen Sie diese Fragen der Verkäufer?

- „Wo müssen wir denn preislich hin?"
- „Welche Preisvorstellung haben Sie?"
- „Welches Budget haben Sie?", und in der Fortsetzung: „Wie weit dürfen wir das Budget maximal überschreiten?"

Warum stellt der Verkäufer diese Fragen? Nun, er weiß ebenfalls: Auch Sie haben keine fixe errechenbare Schmerzgrenze!

Und darum versucht auch er, sich Ihrer Preisvorstellung anzunähern. Nehmen wir an, Sie benötigen ein Produkt besonders eilig: Dann sind Sie bereit, einen höheren Preis zu zahlen. Hauptsache, es kommt rechtzeitig.

Und noch ein Aspekt ist dem Verkäufer wichtig. Wenn Sie Ihr Budget nennen, orientiert er sich daran mit seinem Angebot. Nehmen wir an, Sie haben ein Budget von 15.000 Euro für eine Umbaumaßnahme im Bürotrakt vorgesehen. Der Verkäufer hat insgeheim kalkuliert und kommt auf einen Betrag von 12.500 Euro. Den wird er Ihnen natürlich nicht auf die Nase binden. Stattdessen wird er von Ihnen 16.300 Euro verlangen: „Puh, 15.000 Euro haben Sie dafür nur im Budget? Ich schätze, es wird auf 16.300 hinauslaufen!“

Sie haben sich also mit Ihrer Forderung eine situative Schmerzgrenze bei 15.000 Euro geschaffen. Der Verkäufer wird diese Grenze nicht mehr unterschreiten, selbst wenn er dazu in der Lage wäre.

Auch Verkäufer loten relativ aus, um den besten Preis für einen Auftrag zu erhaschen. Entlockt er Ihnen eine absolute Forderung, die höher als seine Kalkulation ist, nimmt er den Zusatzverdienst mit. Durch diese selbst geschaffene höhere Schmerzgrenze verlieren Sie Einsparpotenziale.

Dazu wieder eine Frage, Herr Altmannsberger!

Was konkret meinen Sie mit „Ausloten“? Wo kommt der Begriff her?

Urs Altmannsberger: Ausloten bzw. loten kenne ich aus der Schifffahrt. Der Rhein mag inzwischen ein biologisch sauberes Gewässer sein, trotzdem lässt er sich nicht auf den Grund schauen. Will der Kapitän wissen, wie tief das Wasser ist, nutzt er ein Lot. Früher war das ein Senkblei, ein Bleiklumpen an einem meterweise markierten Seil. Man ließ das Seil in das Gewässer sinken und merkte, wenn das Gewicht auf dem Boden auflag. Aus der Länge des markierten Seils ergab sich die Wassertiefe. Genauso loten wir den Preis aus. Wir nähern uns Stück um Stück dem wahren Preislimit, der Schmerzgrenze. Das Blei liegt auf, wenn der Verkäufer nicht mehr nachgibt.

4.2 Gehen Sie auf die Suche nach dem besten Preis

„Es gibt ein AMA, das sich aus der Schnittmenge zwischen SAMA und MAMA ergibt. Sie wollen den optimalen Preis innerhalb der AMA erreichen." – Wahrscheinlich werden Sie sich über diesen kryptischen Satz zunächst wundern. „Übersetzt" bedeutet er: Es gibt ein Areal möglicher Abschlüsse (AMA), das sich aus der Überschneidung der möglichen Areale der Verhandlungspartner (SAMA und MAMA) ergibt.

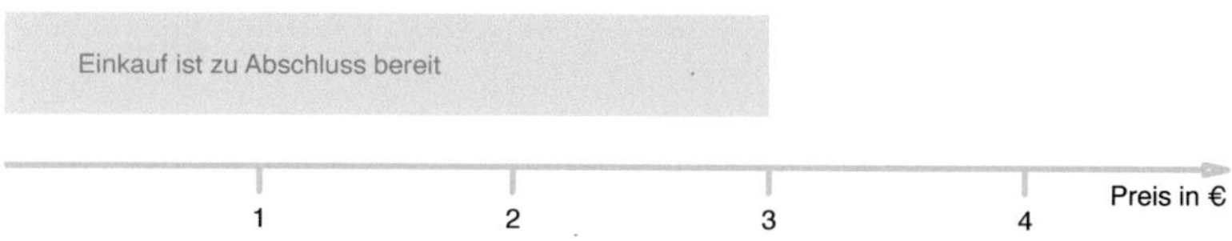

Abbildung 16: Mein Areal Möglicher Abschlüsse: MAMA

MAMA zeigt, in welchem Bereich Sie selbst zur Einigung bereit sind – in unserem Beispiel ist dies der Bereich bis zu drei Euro:

- **M**EIN
- **A**REAL
- **M**ÖGLICHER
- **A**BSCHLÜSSE

SAMA bezeichnet das Gleiche für die Gegenseite – hier beginnt der Bereich bei zwei Euro.

- **S**EIN
- **A**REAL
- **M**ÖGLICHER
- **A**BSCHLÜSSE

Verkäufer ist zum Abschluss bereit

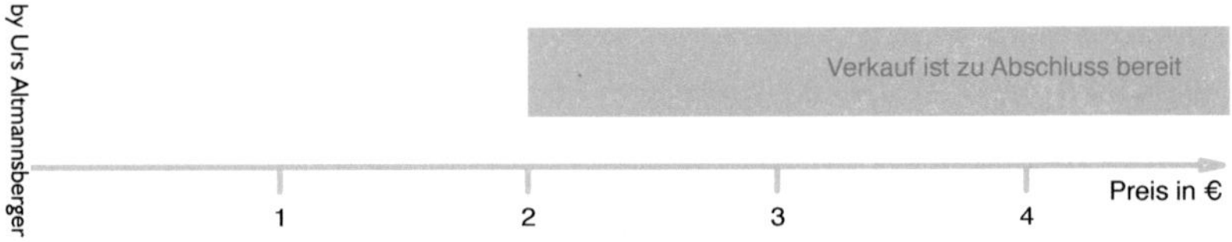

Abbildung 17: Sein Areal Möglicher Abschlüsse: SAMA

Und das Areal, das sowohl für Sie als auch die Gegenseite akzeptabel ist – wo sich also beide Areale überschneiden –, nennen wir AMA:

- **A**REAL
- **M**ÖGLICHER
- **A**BSCHLÜSSE

Im Kapitel 7 werden Sie ein weiteres Mal dem Aspekt des detektivischen Auslotens in Bezug auf das Ankern begegnen. Wir nutzen dann die hier gewonnen Erkenntisse, um sie im Altmannsberger-Anker profitabel umzusetzen.

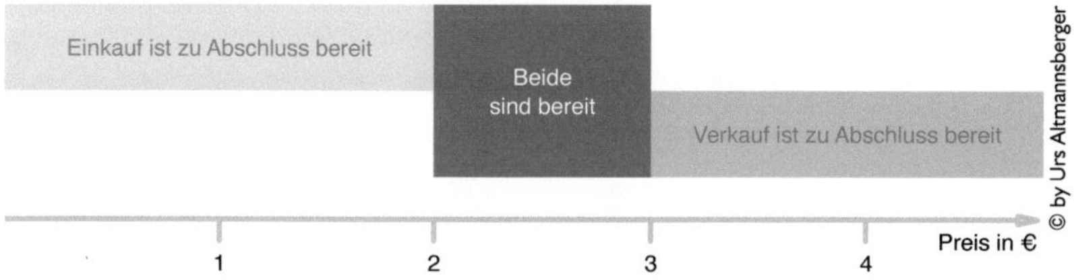

Abbildung 18: Areal Möglicher Abschlüsse: AMA

Die Abbildung 18 zeigt: Der Bereich möglicher Abschlüsse liegt bei zwei bis drei Euro. Zwei Euro sind optimal für den Einkäufer, drei Euro sind optimal für den Verkäufer.

Übrigens: AMA entspricht dem englischen Ausdruck ZOPA. Die „Zone Of Possible Agreements" bezeichnet den Korridor möglicher Einigungen in Verhandlungssituationen, also die Zone, in der die Verhandlungspartner gleichzeitig ihre Minimalziele erreichen oder übertreffen.

Fassen wir zusammen: Der Verkäufer ist bereit, ab zwei Euro abzuschließen. Der Einkäufer ist bereit, bis drei Euro abzuschließen. Da, wo sich diese Bereiche überschneiden, sind sich beide einig – ein Vertragsabschluss liegt also im Bereich des Möglichen. Das Areal möglicher Abschlüsse ist mehr als nur ein einzelner Punkt, nämlich der Bereich von zwei bis drei Euro. Was ist dann der optimale Abschluss?

Betrachten wir zuerst die Gegenseite: Welchen dieser Werte wird der Verkäufer wohl anstreben?

a) Zwei Euro, damit der Kunde besonders glücklich ist und ohne Umschweife zum Abschluss kommt?
b) Mittig zwischen den zwei und drei Euro, damit es fair für beide ist?

c) Drei Euro, damit der Verkäufer eine möglichst hohe Provision erzielt?

Je stärker der Verkäufer von der Provision abhängt, desto dringender wird er auf den egoistisch vorteilhaftesten Abschluss (drei Euro) drängen. Dort erreicht er mehr Marge und mehr Umsatz – ergo mehr Provision. Die Ausnahme: Wird der Verkäufer stärker am Umsatz als am Gewinn gemessen, könnte er auch taktieren: „Lieber bei zwei Euro sicher und schnell zum Umsatz kommen, als durch hartnäckige Verhandlungen den Kunden verlieren."

In der Regel wird ein Verkäufer drei Euro bevorzugen. Dort erreicht er die höchstmögliche Marge, ohne den Kunden zu verlieren. Das erkennen Sie schon daran, dass Lieferanten beim Erstangebot nicht sofort „die Hosen komplett runterlassen", sondern mit höheren Preisen einsteigen.

Wechseln wir auf unsere Seite: Welchen Punkt wollen Sie erreichen?

a) Drei Euro, um den Verkäufer reich und glücklich zu machen.
b) Das faire Mittel zwischen zwei und drei Euro, nach dem Motto: „Leben und leben lassen!"
c) Zwei Euro, um meinen Geschäftsführer glücklich zu machen.

Zwei Euro – das ist in den meisten Fällen die richtige Entscheidung. Denn:

Als Einkäufer vertreten Sie die Interessen Ihres Unternehmens und müssen das geforderte Produkt rechtzeitig und möglichst günstig beschaffen.

Beachten Sie die Reihenfolge: zuerst das geforderte Produkt, dann rechtzeitig und dann möglichst günstig. Wenn die ersten zwei Anforderungen erfüllt sind (und davon gehen wir in unseren Beispielen aus), wird von Ihnen der günstigste Preis erwartet! Mit anderen Worten: Von Ihnen wird erwartet, den günstigsten Punkt der Schnittmenge zwischen Verkauf und Einkauf zu realisieren. Und der liegt in unserem Beispiel hier:

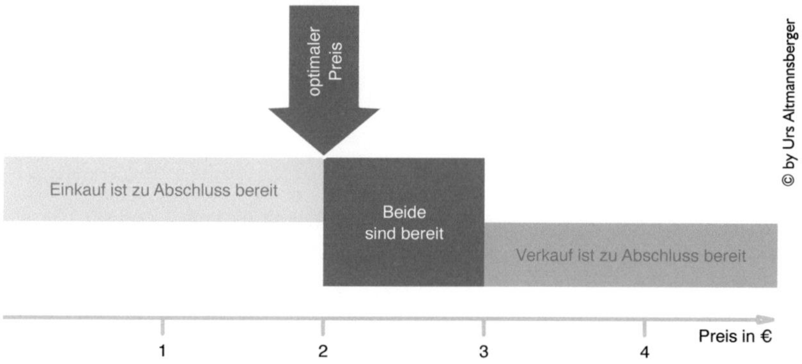

Abbildung 19: Optimaler Preis bei Überschneidung an mehreren Punkten

Dazu habe ich noch Fragen, Herr Altmannsberger!

Es kann doch auch vorkommen, dass es kein AMA gibt, weil MAMA und SAMA keine Überschneidung aufweisen. Was dann?

Urs Altmannsberger: In diesem Fall wird die Verhandlung scheitern! Selbst wenn beide Seiten guten Willens die Areale voll ausreizen, kommt kein gemeinsam akzeptabler Preis zustande. Der Einkäufer ginge bis zwei Euro, der Verkäufer kommt bis drei Euro entgegen. Es bleibt ein Gap von einem Euro. Schauen Sie sich mal die Abbildung 20 an.

Es ist zielführend, wenn die Verhandlungspartner diese Nichtüberschneidung zeitnah feststellen und zu dem Schluss kommen, dass jede investierte Zeit vergebens ist. Wie Sie das besonders schnell herausfinden, erfahren Sie im Rahmen der Mauerbrecher-Frage in Kapitel 8. Mein Tipp erst mal: Beenden Sie derartige Verhandlungen sachlich und höflich. Keiner von Ihnen ist schuld an der Situation. Vielleicht passt es ja beim nächsten Auftrag.

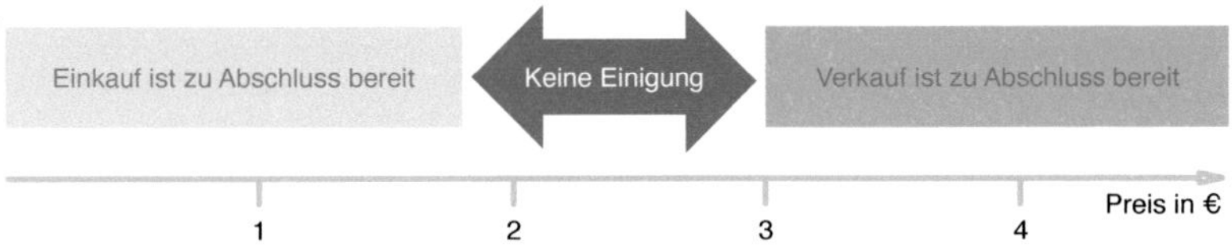

Abbildung 20: Bei Nichtüberschneidung scheitert die Verhandlung

Ich will dem Lieferanten ja auch Gewinn zum Überleben lassen.

Ist es da nicht unfair, alles rauszuholen, was möglich ist? Am Ende geht mein Lieferant pleite oder muss Mitarbeiter entlassen.

Urs Altmannsberger: Grundsätzlich rechne ich Ihnen diese Haltung hoch an, dieser Einwand ehrt Sie. In der Praxis der Businessverhandlungen erwarte ich vom Verkäufer bzw. von dessen Geschäftsführer, dass er rechtzeitig und eigenverantwortlich „Stopp" sagt. Und in unserem Beispiel wäre er auch mit zwei Euro noch einverstanden.

Der Lieferant weiß, wie viel Euro für ein Produkt erzielt werden müssen. Er muss es wissen! Wäre das nicht so, stünde es schlecht um die Zukunft dieses Lieferanten. Außerdem gibt es aus Ihrer Sicht genauso viele Gründe, den besten Preis zu erreichen – und nicht nur einfach irgendeinen.

Können Sie das näher ausführen?

Urs Altmannsberger: Zum einen erreichen Sie mehr Einsparungen, also Savings. Zum anderen macht Ihr Unternehmen mehr Gewinn und überlebt auch in umkämpften Verdrängungsmärkten. Und Sie behalten Ihren Job.

Wie das?

Urs Altmannsberger: Würde ein Kollege oder die Vorgesetzte in Ihrer Abwesenheit, etwa während Ihres Urlaubs oder einer Erkrankung, den Preis nachverhandeln, käme er resp. sie vielleicht im Handumdrehen zu einem besseren Ergebnis. Und würde sich fragen: „Nimmt der Kollege seinen Job noch ernst?" Oder noch schlimmer: „Nimmt mein Mitarbeiter seinen Job wirklich ernst? Hat er das Beste für sein Unternehmen im Blick?" Natürlich sollen Sie in der Verhandlungsführung auch ethische Gesichtspunkte bedenken. Aber zugleich dürfen Sie auf Ihrem Unternehmensauge nicht blind sein und müssen wissen: Wer keinen ökonomischen Gewinn macht, dem droht über kurz oder lang das unternehmerische Aus.

Sie wissen nun: Das beste Ergebnis ist die Schmerzgrenze des Lieferanten – der Rand seines Areals möglicher Abschlüsse. Diesen Rand kennen Sie nicht, er springt wie ein Knallfrosch. Ihr Gegenüber hat diese Information im Kopf. Ihre Aufgabe besteht also darin, durch relatives Ausloten diesen Rand herauszufinden.

Warum die absolute Forderung im arabischen Raum funktioniert

Sie haben vielleicht schon weit südlich der Alpen oder im arabischen Raum verhandelt. Dort werden Sie erleben, dass so gut wie immer mit fixen Werten, also absoluten Forderungen, gearbeitet wird. Nehmen wir an, das Gespräch verläuft – zugespitzt zur einfacheren Darstellung – so:

> **Einkäufer:** „Hey, Verkäufer, was wollen Sie für diese ‚schäbige Vase'?"
> **Verkäufer:** „Das ist eine original ägyptische Tempelvase. Da wurden schon zu Kleopatras Zeiten Blumen reingestellt. Eigentlich ist sie unbezahlbar, aber dir, mein Freund, gebe ich sie für 1.000!"
> **Einkäufer:** „1.000? Haben Sie zu lange in der Sonne gestanden? Allerhöchstens gebe ich dir zwei!"

Zwei Euro Gebot, 1.000 Euro Forderung! In unserem Kulturraum wäre das eine unmögliche Situation und direkt zum Scheitern verurteilt. Tatsächlich ist es so: Weder der Einkäufer noch der Verkäufer nehmen die Zahl zwei oder 1.000 als ernst gemeinte Forderung auf. Vielmehr ist das nur eine Variante einer relativen Forderung! Die Übersetzung lautet daher:

> **Einkäufer:** „Was wollen Sie für die Vase?"
> **Verkäufer:** „Möglichst viel!"
> **Einkäufer:** „Machen Sie mir gleich einen vernünftigen Preis, sonst wird es nichts!"

Da beide Verhandler die Forderungen des anderen jeweils nur als relative Forderungen wahrnehmen, kann sich das Gespräch fortsetzen. Beide treffen sich vielleicht bei 50 oder bei 200. Das funktioniert aber nur, weil in dieser Verhandlungskultur ein Sprung von 1.000 auf 50 nicht als ehrenrührig oder unseriös gilt.

Praxistipp: Ich wollte es genau wissen: Bei praktischen Feldversuchen im arabischen Raum haben wir die Ergebnisse in Verhandlungen mit den Methoden „feilschen“ und „relativ ausloten“ gegenübergestellt. Anstatt also mit überzogenen Forderungen wie „1.000“ und „2“ zu starten, haben wir bei verschiedenen Kaufobjekten „unsere“ Verhandlungstaktik eingesetzt. Wir konnten mit relativem Ausloten schon nach kurzer Zeit bessere Verhandlungsergebnisse als einheimische Vergleichskäufer erreichen. Für uns ist das ein Beleg dafür, dass das relative Ausloten eine Erfolgsmethode ist. Absolute Forderungen hingegen kosten im Allgemeinen Chancen auf mehr Gewinn.

Beachten Sie die Ausnahmen vom relativen Stil

Einige Ausnahmen rechtfertigen es, die Technik des relativen Auslotens dann doch auch einmal außer Acht zu lassen:

Ausnahme 1: Es geht um geringe Werte
Bei sehr niedrigen Preisen lohnt sich die taktische Arbeit, die mit dem relativen Ausloten verbunden ist, nicht. Auch ist ein womöglich suboptimales Verhandlungsergebnis dann eher zweitrangig.

Ausnahme 2: Die Methode funktioniert (zunächst noch) nicht
Der Preis des Lieferanten weicht trotz relativem Ausloten noch deutlich von den Wettbewerbspreisen ab. Sie haben ein Wettbewerbsangebot von zwei vorliegen. Der Lieferant bewegt sich

von vier Euro auf 3,99 Euro auf 3,98 Euro – er kommt also nicht erkennbar in die Region, wo es sich für Sie lohnt, weiter zu verhandeln. Was tun? Zünden Sie dann als Böller eine absolute Forderung:

- „Ihre Wettbewerber sind deutlich günstiger! Bevor Sie nicht mindestens auf zwei Euro runtergehen, brauchen wir nicht weiter zu verhandeln!"

Knickt der Verkäufer jetzt ein, wechseln Sie wieder die Taktik und loten relativ aus, wie weit er mit dem Preis noch runtergehen kann.

Ausnahme 3: Die Verhandlung steht kurz vor Ende
Sie haben sich durch relative Forderungen an das optimale Ergebnis herangetastet. Die Zugeständnis-Schritte werden immer kleiner, der Zeitaufwand immer größer. In dieser Situation können Sie annehmen, dass Sie schon sehr nahe am Ziel sind. Die Gefahr, jetzt noch Chancen zu verlieren, ist kalkulierbar gering. Sie können ausprobieren, ob es Ihnen durch eine absolute Forderung gelingt, weitere Vorteile zu erzielen. Eine typische Formulierung dafür lautet:

- „Lassen Sie uns noch auf einen glatten Betrag nach unten abrunden, dann können Sie den Auftrag noch heute mitnehmen!"

Aber Achtung: Diese Formulierung beinhaltet gefährliche Signale: Der Lieferant ahnt oder weiß, dass er inzwischen gewonnen hat und Sie bereit sind, den Preis zu akzeptieren. Überlegen Sie sich schon mal, wie Sie reagieren wollen, falls der Lieferant Ihr „Rundungs-Angebot" ablehnt: „Nein, abrunden geht nicht!"

Ausnahme 4: Anderer Kulturraum

Sie befinden sich in einem Kulturraum, der auf Feilschen im Verkaufsprozess basiert – denken Sie an das arabische Beispiel.

Fazit:

- „Die Schmerzgrenze" ist eine Fiktion – es gibt keine fixe Grenze.
- Es ist daher nicht möglich, den optimalen Preis durch Berechnung oder Marktkenntnis festzustellen. Zu viele Faktoren beeinflussen das Angebot des Verkäufers.
- Absolute Forderungen führen zum Verlust von Chancen auf einen noch günstigeren Preis.
- Mithilfe relativer Forderungen erkennen Sie Verhandlungsspielräume und Verhandlungskorridore des Lieferanten.
- Von Ihnen wird erwartet, den äußeren Rand herauszufinden.
- Geschickte Verhandler loten daher die Bereitschaft zu Zugeständnissen des Gegenübers aus und konzentrieren sich darauf, mit relativen Forderungen zu arbeiten. Nutzen Sie dazu den Altmannsberger-Anker, der Ihnen in Kapitel 7 erklärt wird.
- Durch geschicktes Fragen und Nachbohren erfahren Sie, unter welchen Umständen der Verkäufer Grenzen durch weitere Zugeständnissen doch noch überschreiten würde.

Gewinnen Sie die Führung und lassen Sie damit Ihren Plan Wirklichkeit werden

Was Ihnen dieses Kapitel konkret bringt:

- Lernen Sie, wie Sie Ihre großartigen Ideen der Vorbereitungsphase in großartige Verhandlungsergebnisse verwandeln.
- Nutzen Sie die Fragetechnik, um Ihre Planung und Vorbereitung in die Tat umzusetzen, geradlinig auf Ihr Ziel zuzusteuern und gleichzeitig dem Gesprächspartner Wertschätzung entgegenzubringen.
- Mit dem Puh-Effekt erzeugen und nutzen Sie verhandelbare Masse künftig besser.
- Sie erfahren, wie Sie in Ihren Verhandlungen die Führung übernehmen und diese vom Verkäufer zurückgewinnen, falls sie verloren geht.

5.1 Verhandlung + Führung = Verhandlungsführung

Im vorigen Kapitel haben wir festgestellt, dass die Information „bester Preis“ im Kopf des Gegenübers steckt. Da wollen wir ran! Damit dies gelingt, habe ich für Sie eine spezielle Fragetechnik entwickelt. Sie ist leicht zu erlernen und ermöglicht es Ihnen, entspannt und zielgerichtet Verhandlungen zu führen.

Erst durch Führung mit Fragetechnik lässt sich Ihre Planung realisieren!

Der beste Plan hilft Ihnen nicht, wenn Sie ihn in der Verhandlung nicht umsetzen können. Immer wieder beobachte ich Verhandlungen, die zwar sehr gut vorbereitet sind, dann aber einen ganz ungeplanten Verlauf nehmen. Die Verhandlungsführer sind dann verblüfft, wie das denn wohl passieren konnte. Die Antwort ist denkbar einfach: Der jeweilige Verhandler hatte die Führung an die andere Seite abgegeben. Damit war der andere Verhandlungspartner in der Lage, seine eigene Strategie und Planung sowie seine Ziele durchzusetzen! Damit das Ihnen nicht passiert, benötigen Sie drei Bausteine:

1. einen Plan
2. eine Vorbereitung, die dazu führt, dass Sie diesen Plan in effektiven Schritten realisieren können
3. eine VerhandlungsFÜHRUNG, die Sie zum Ziel steuert

Nur wenn Sie die Verhandlung führen, nur wenn Sie die Verhandlung in Ihrem Sinn entwickeln, können Sie Ihren Plan auch tatsächlich umsetzen. Nur wenn Sie führen, wird Ihr Plan Wirklichkeit, und dann erreichen Sie auch Ihre Ziele.

5.2 So einfach gewinnen Sie die Führung durch richtiges Fragen

Die Formel, die Sie zum Ziel führt, scheint erst einmal trivial:

Ziel + offene Frage = Zielführung

Aber der Teufel steckt im Umsetzungsdetail. Viele Verhandler beherrschen die Theorie, scheitern jedoch in der Praxis.

Mein **Praxistipp** für Sie: Sie nehmen Ihr Ziel und formulieren es als offene Frage:

- Ziel: „Preis senken." Die offene Frage dazu: „Wie weit ist das möglich?"
- Das Ergebnis: „Wie weit können Sie den Preis senken?"

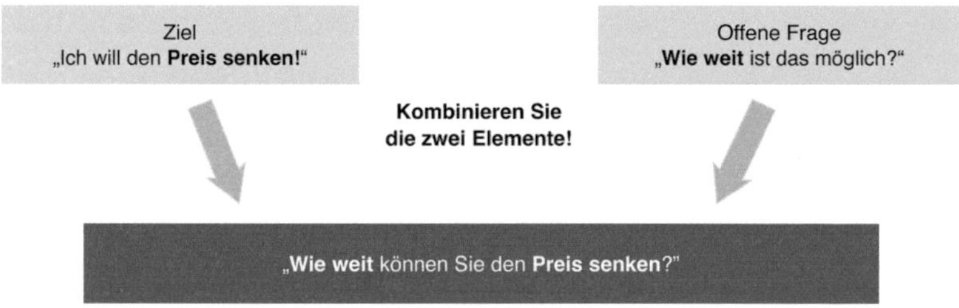

Abbildung 21: Ziel + offene Frage = Zielführung

Setzen Sie diese Technik ein! Sie klingt nicht nur einfach, sie ist auch einfach! Sie müssen sie allerdings trainieren und automatisieren, indem Sie sie wieder und wieder einsetzen.

Nutzen Sie die Macht der W-Fragen

Die Fragetechnik unterscheidet offene und geschlossene Fragen. Offene Fragen werden gerne auch als W-Fragen bezeichnet, da die verwendeten Fragewörter allesamt mit einem „W" beginnen. Beispiele sind „wer, wie, was, wie viel, welche". Mit offenen Fragen motivieren Sie Ihren Gesprächspartner, umfassend und in vollständigen Sätzen zu antworten, sodass Sie eine ausführlichere Auskunft erhalten und einen Dialog ermöglichen.

Dem gegenüber stehen die geschlossenen Fragen. Sie beginnen mit einem Verb oder Hilfsverb. Mit dieser Frageform bringen Sie Ihren Gesprächspartner dazu, mit wenigen Worten zu antworten, zumeist nur mit „Ja" oder „Nein". Beispiele sind: „Haben Sie … / Können Sie … / Ist es möglich … / Sind wir uns einig?"

Die geschlossenen Fragen haben sicher auch eine Berechtigung, bringen Sie aber in der zentralen Verhandlung nicht voran. Erst zum Ende, im letzten Drittel oder noch später, wenn es um Entscheidungen geht, ist die geschlossene Frage passend. Dann sammeln Sie nicht mehr Informationen, sondern wollen eine gemeinsame Übereinkunft fixieren: „Ich fasse zusammen, wir haben dies, das und jenes besprochen. Sind wir uns darin einig? Haben wir das gleiche Verständnis?" – „Ja."

Für eine relative Verhandlungsführung sind geschlossene Fragen ungeeignet. Nutzen Sie stattdessen offene W-Fragen.

W-Fragen haben eine erstaunliche Macht und bieten in einer typischen Verhandlung große Vorteile:

1. Sie legen die Themen fest: Mit W-Fragen bestimmen Sie, welche Themen besprochen werden. Nutzen Sie darum

diese Technik, um Ihre Lieblingsthemen in den Fokus zu rücken. Zum Beispiel Preissenkungen, Retouren von Überbeständen, Lieferterminwünsche, Qualitätssteigerung. Bitte beachten Sie: Nutzt stattdessen der Verkäufer die Führung durch W-Fragen, stehen natürlich seine Lieblingsthemen im Mittelpunkt – und Sie reden über Preiserhöhungen, Rohstoffentwicklung, neue Produkte, die er an Sie verkaufen will, noch zu bezahlende Rechnungen.

2. Sie erarbeiten sich einen Informationsgewinn: Durch geschickte Fragen entlocken Sie Ihrem Gegenüber wichtige Informationen. Richten Sie Ihre Fragen darum stets auf Ihre Ziele aus. Dann erhalten Sie besonders wertvolle Informationen. Wenn es um den Preis geht, fragen Sie zum Beispiel „Wie weit können Sie den Preis senken?" oder „Unter welchen Umständen unterschreiten Sie diese Grenze nochmals?". Und wenn es um Liefertermine geht, bieten sich die Fragen an: „Wann können Sie liefern?" und „Wie viel schneller können Sie das zur Not noch hinbekommen?"

So setzen Sie offene Fragen in der Praxis ein

Ihre Fragetechnik funktioniert, wenn Sie das Gespräch zu den für Sie wertvollen Themen führen und im Gespräch die entscheidenden Informationen sammeln, die Ihnen die Macht verleihen, Ihr gestecktes Ziel zu erreichen. Entscheidend dabei ist: Geschlossene Fragen führen Sie jeweils nur zu einem winzigen Lösungspunkt in einem Meer von Einigungsmöglichkeiten. Viele davon werden abgelehnt, was frustrierend wirkt:

Einkäufer: „Können Sie uns 15 Prozent anbieten?"
Verkäufer: „Nein!"
Einkäufer: „Können Sie uns 14 Prozent anbieten?"
Verkäufer: „Nein!"
Einkäufer: „Können Sie uns 13 Prozent anbieten?"
Verkäufer: „Nein!"

Mit offenen Fragen dagegen klappen Sie quasi den Kopf Ihres Gegenübers auf und schauen direkt in sein Hirn, in die Entscheidungszentrale der Gegenseite – dazu drei Beispiele:

Beispiel 1: der Preis

Einkäufer: „Wie viel Nachlass können Sie uns anbieten?"
Verkäufer: „Zwölf Prozent."
Einkäufer: „Und maximal?"
Verkäufer: „14 Prozent."

Beispiel 2: verhandelbare Elemente

Einkäufer: „Was können Sie statt eines Nachlasses zusätzlich anbieten?"
Verkäufer: „Einen Jahresendbonus."
Einkäufer: „Und was noch?"
Verkäufer: „Frachtfrei ab 500 Euro."

Beispiel 3: sonstige Forderungen

Einkäufer: „Unter welchen Umständen nehmen Sie die Ware zurück?"
Verkäufer: „Wenn Sie dafür Sorge tragen, dass das nicht häufiger passiert."

In allen Beispielen gewinnt der Einkäufer durch die richtige Fragetechnik deutlich mehr Informationen. Jede Antwort des Verkäufers bringt ihn klar voran. Viel weniger Frust in der Art der Kommunikation.

Geschlossene Fragen bedeuten Forderungen: „Ich will 15 Prozent! Ich will Ware zurückgeben!" Die Gegenseite muss dann mit Ablehnung oder Zustimmung reagieren. Und gerade Ablehnung vergiftet die Verhandlungsatmosphäre. Mit offenen W-Fragen hingegen lenken Sie den Fokus auf Möglichkeiten, Optionen und machbare Alternativen. Ihre Verhandlung ist dann auf das Positive gerichtet. Der Gesprächspartner fühlt sich wohl und geht wertschätzend mit Ihnen um. Die Verhandlung fühlt sich einfach angenehmer an – für alle Beteiligten.

Nähern Sie sich der besten aller möglichen Lösungen von der positiven Seite her an. Stellen Sie wo immer möglich offene W-Fragen. Gehen Sie nicht mit überhöhten absoluten Forderungen in die Verhandlung.

Die Übersicht fasst die Vor- und Nachteile offener und geschlossener Fragen zusammen.

Die Wirkung der zwei Hauptfragearten im Vergleich

Offene W-Fragen	Geschlossene Fragen
Sie bekommen umfassende Informationen, Ideen, Optionen und Alternativen genannt.	Sie erhalten nur eine digitale Rückinformation – ja oder nein.
Geringe Anstrengung. Einmal trainierte Fragen können immer wieder genutzt werden.	Hohe Anstrengung. Sie müssen zur Situation passende Ideen und Ansatzpunkte selbst finden, um sie abzufragen.

100 Prozent Trefferquote. Wenn Sie den Lieferanten fragen, unter welchen Umständen er die Preise senkt, ist jede seiner Antworten eine richtige Lösung.	Fragliche Trefferquote zwischen 0 und 100 Prozent
Freude, gemeinsam mögliche Lösungen zu sammeln	Frust durch abgelehnte Vorschläge
Annähern über mögliche Lösungen	Annähern über unmögliche Forderungen
Der Einkäufer wirkt kompetent, weil er augenscheinlich in die richtige Richtung arbeitet, da die Vorschläge ja vom Verkäufer selbst stammen.	Der Einkäufer wirkt inkompetent, wenn er unerwünschte oder fachfremde Lösungen abfragt.
Der Einkäufer entscheidet, welche Ideen gut oder schlecht sind.	Der Verkäufer entscheidet, welche Ideen gut oder schlecht sind.
Der Einkäufer entscheidet, welche Ideen weiterverfolgt werden.	Der Denkapparat des Einkäufers ist mit der Ideensuche ausgelastet. Der Verkäufer entscheidet über „gut" oder „schlecht".
Sie addieren zu Ihrem Wissen das des anderen. Ihr Wissen wächst. Und damit Ihre Macht. Sie blenden blinde Flecken aus.	Sie fragen nur Wertungen zu Ihrem Wissen ab. Es bleiben blinde Flecken, auf die Sie von selbst nicht kommen

Eine Anmerkung zu der Übersicht: „Blinde Flecken" bezeichnen Wissen, das nur die eine Seite des Verhandlungstisches kennt. Nehmen wir an, es gibt einen Nachlass, sobald die Bestellung auf fünffach gefaltetem rosa Papier gesendet wird. Diese Information hat aber nur der Verkäufer. Mit geschlossenen Fragen finden Sie das nicht heraus! Sie kommen nicht auf die Idee, fünffach gefaltetes rosa Papier abzufragen.

Sie entscheiden durch Ihre Führung, in welche Richtung die Verhandlung läuft

Zwei Beispiele zeigen, wie eine Verhandlung durch offene Fragen geführt werden kann.

Im ersten Beispiel gerät der Einkäufer in den Fragesog des Verkäufers (das ist natürlich schlecht):

> **Verkäufer:** „Jetzt haben Sie sich bei der Suche der Artikel bestimmt viele Gedanken gemacht. Was war für die Auswahl der infrage kommenden Lieferanten und Produkte ausschlaggebend?"
> **Einkäufer:** „Der Preis ist natürlich ein ausschlaggebendes Kriterium."
> **Verkäufer:** „Verstanden, der Preis ist Ihnen wichtig. Was sind über den Preis hinaus weitere entscheidende Kriterien?"
> **Einkäufer:** „Äh, die Qualität und Leistungsfähigkeit des Produkts."
> **Verkäufer:** „Preis, Qualität, Leistungsfähigkeit, was ist sonst noch wichtig bei der Auswahl des Lieferanten?"
> **Einkäufer:** „Ach ja, wichtig ist: Die Belieferung muss innerhalb von drei Wochen geschehen!"
> **Verkäufer:** „Puh! Drei Wochen? Um das zu realisieren, müsste ich die Bestellung noch heute auf dem Tisch haben. Wäre es möglich, die Bestellung jetzt schon direkt mitzunehmen?"
> **Einkäufer:** „Wenn wir uns einig sind, können Sie die Bestellung tatsächlich direkt mitnehmen."
> **Verkäufer:** „Gesetzt den Fall, ich erfülle die Qualität, die Leistungsfähigkeit und den Liefertermin, wie weit dürfen wir dann maximal über dem ursprünglichen Angebotspreis liegen?"
> **Einkäufer denkt:** Irgendwie habe ich das Gefühl, meine Verhandlung läuft schief. Hilfe!

Im zweiten Beispiel gewinnt der Einkäufer die Führung und schreitet zügig auf sein Ziel zu:

Einkäufer: „Sie sind jetzt einer von mehreren Lieferanten, die für uns technisch und qualitativ infrage kommen. Wenn Sie eine Chance gegen den Wettbewerb haben wollen, müssen Sie den Preis noch deutlich senken. Wie weit können Sie vom ursprünglichen Angebotspreis maximal runtergehen?"
Verkäufer: „Ich kann auf jeden Fall noch was machen! Wie weit müssten wir denn runtergehen?" (Vorsicht! Der Verkäufer versucht durch eine Gegenfrage, aus dem vom Einkäufer entwickelten Sog herauszukommen.)
Einkäufer: „Was wäre denn das maximal Mögliche?" (Gut gemacht, Einkäufer! Nicht geantwortet und eigene Zielfrage gestellt!)
Verkäufer: „Na ja, 10 Prozent würden schon gehen."
Einkäufer: „Nein, das kann noch nicht das Maximum sein! Was ist tatsächlich ein gutes Angebot von Ihrer Seite?"
Verkäufer denkt: Irgendwie habe ich das Gefühl, dass ich nur Federn lasse, aber keinen Fortschritt gewinne. Hilfe!

Sie sehen also:

- Sie entscheiden durch Ihre Führung, über welche Themen gesprochen wird.
- Sie steuern mit Ihrer Führung, ob Ihr Plan Wirklichkeit wird.
- Sie haben damit das Ergebnis in der Hand.

Fragen ist immer besser als Ausprobieren

Ihnen stehen zwei Wege offen, um vom Verhandlungspartner etwas Neues zu erfahren: Ausprobieren und Fragen. Allerdings:

Das Ausprobieren ist bei wichtigen Verhandlungen im Livebetrieb nicht tauglich. Es birgt zu große Risiken, dass Sie auf ganzer Linie scheitern.

Einkäufer Paul Leichtsinn berichtet: „Wir benötigten dringend ein Ersatzteil für unsere Schneidemaschine. Wir vermuteten, dass sich der Zeitdruck nachteilig für uns auf das Angebot des Lieferanten auswirkte, es war zu hoch. Um herauszufinden, ob der Lieferant wirklich am Preislimit agiert, habe ich die Verhandlungen mit den Worten ‚Dann lassen wir es eben bleiben!' abgebrochen. Leider hat der Lieferant nicht wie erwartet mit einem weiteren Nachlass reagiert, sondern das Ersatzteil für einen anderen Kunden genutzt. Der Produktionsausfall bei uns war erheblich." Besser ist es, wenn Sie in der Verhandlung Fragen stellen, um Informationen zu gewinnen. Sie wollen schlauer werden, Sie wollen Hintergründe verstehen, Sie wollen Wege zu Ihrem Ziel herausfinden:

> **Einkäufer:** „Frau Verkäuferin, wie schaffen wir es, den Preis für das Ersatzteil deutlich zu senken?"
> **Verkäuferin:** „Wir haben ein Ersatzteil-Kit, in dem neben dem eigentlichen Ersatzteil gleich die notwendigen Dichtungen inkludiert sind. So wird zwar das Ersatzteil nicht billiger, aber Sie sparen die Mehrkosten für die ohnehin notwendigen Dichtungen."

Im günstigsten Fall erreichen Sie so umfassende Transparenz. Nehmen wir an, die Verkäuferin würde sogar die Kalkulation offenlegen: „… hier ist meine Kalkulation, wie Sie sehen, können wir 12,2583 Prozent nachlassen".

Im widrigsten Fall erfahren Sie, dass „nichts mehr möglich" ist, behalten aber gleichzeitig die Führung und können Ihren Plan weiter vorantreiben.

Würde der Einkäufer in dem Beispiel die Fragetechnik nicht nutzen, würde er:

- keine Informationen bekommen und auch noch
- in die Richtung des Ziels des Gegenübers gelenkt werden.

Er würde also keine Informationen zu besseren Preisen bekommen und stattdessen über zum Beispiel zusätzliche Eilaufschläge sprechen müssen. Klar ist also: Wer nicht fragt, hat schon verloren: keine Führung, keine Information, kein Erfolg.

Mit Fragen wichtiges Wissen erlangen – und damit Macht

Erinnern Sie sich an das zweite Kapitel, in dem es um die Optimierung der Einflussfaktoren auf das Verhandlungsergebnis ging? Da haben wir festgestellt, dass der stärkste Faktor mit der größten Wirkung auf die Verhandlungsergebnisse die Macht ist. Darum: In welchem Zusammenhang steht der Informationsgewinn mit der Macht und dann wiederum folgend mit dem Ergebnis? Schauen wir uns dazu einen Praxisfall zum Mitdenken an: Peter Lustiger will sein Fahrrad verkaufen. Ursprünglich hat das Rad 259 DM gekostet. Heute kostet ein Rad in ähnlicher Qualität 600 Euro. Peter Lustiger liegt das Kaufangebot des Nachbarn Klaus Zahn vor. Klaus wäre bereit, 100 Euro für das betagte Rad zu zahlen. Peter glaubt, dass 125 Euro angemessener wären und will schnell Platz im Schuppen für das neue Rad schaffen. Dann melden sich die Interessenten Rüdiger Methodik und Hans Dreist. Was glauben Sie: Welcher Verhandler würde nun eher das Optimum erreichen: Rüdiger Methodik, der durch Fragen innerhalb der Verhandlung alle Informationen sammelt, also auch das Angebot des Nachbarn Zahn kennt? Oder Hans Dreist, der direkt behauptet, ein ähnliches Fahrrad für 50 Euro angeboten bekommen zu haben? Rüdiger Methodik kennt die Grenzen. Er ist daher in der Lage, den optimalen Wert zu benennen. Rein auf die Zahlen bezogen sind das 101 Euro. Hans Dreist dagegen verfügt über zu wenige Informationen – und er redet lieber, statt zu fragen. Er wird mit seinem 50-Euro-Angebot scheitern. Lustiger wird sein Rad für 100 Euro an den Nachbarn Klaus Zahn bzw. für 101 Euro an Rüdiger Methodik verkaufen. Und das zeigt einmal mehr:

Wissen ist Macht!

Übung: Wissen ist Macht

Entscheiden Sie für die folgenden Situationen: Würde „wissen“ oder „nicht wissen“ das Ergebnis beeinflussen?

1. Dem Lieferanten ist ein großer Kunde weggebrochen.
2. Der Lieferant wird in zwei Wochen ein Nachfolgeprodukt ankündigen.
3. Der Lieferant bezieht wichtige Rohstoffe auf Basis des Schweizer Franken.
4. Der Inhaber erreicht nächstes Jahr das Rentenalter.

Und das sind meine Antworten:

Zu 1.: Dem Lieferanten ist ein großer Kunde weggebrochen. Daher wird sein Interesse an einem Auftrag bei Ihnen steigen. Folglich steigt die Wahrscheinlichkeit eines Rabatts, wenn Sie ihn damit direkt oder durch die Blume konfrontieren. Das Wissen verschafft Ihnen Macht.

Zu 2.: Der Lieferant wird in zwei Wochen ein Nachfolgeprodukt ankündigen. Der Abverkauf der alten Produkte ist dringend notwendig. Wenn Sie das wissen, können Sie hartnäckiger nach weiteren Zugeständnissen bohren.

Zu 3.: Der Lieferant bezieht wichtige Rohstoffe auf Basis des Schweizer Franken. Je nach Veränderung des Wechselkurses ändert sich damit die interne Kalkulation Ihres Lieferanten. Und das ist ein wichtiger Ansatzpunkt für Ihre Verhandlung.

Zu 4.: Der Inhaber erreicht nächstes Jahr das Rentenalter: Auch das verändert die Bereitschaft, bessere Konditionen abzugeben. Hat der künftige Rentner schon alle Schäfchen im Trockenen? Dann wird es womöglich schwerer. Will er das Unternehmen mit langen Kundenlisten verkaufsfähig machen? So werden Angebote womöglich attraktiver bepreist.

Also: Wissen ist Macht! Sammeln Sie darum alle relevanten Informationen, und Sie werden mächtiger. Und der Mächtigere gewinnt. Wer fragt, gewinnt die Verhandlung. Dazu gleich noch ein Praxistipp, mit dem Sie Ihre Grübeleien in konstruktive Fragen umwandeln: Oftmals grübeln wir in Verhandlungen: „Wie komme ich denn jetzt weiter?“

Darum: Kleiden Sie Ihre Grübelei einfach in eine Frage:

Fragen statt grübeln!

Grübeln über …	Frage an Ihr Gegenüber …
„Wie komme ich denn jetzt weiter?"	„Wie kommen wir denn jetzt weiter?"
„Wie schaffe ich es, den Preis noch mal zu verbessern?"	„Unter welchen Umständen können Sie den Preis noch verbessern?"
„Mit dem Ergebnis wird mein Chef unzufrieden sein. Was mache ich nur?"	„Mit diesem Ergebnis werden Sie keinen zufriedenen Kunden haben. Was können Sie anbieten, damit es attraktiver wird?"

Sprechen Sie Fragen, die Sie quälen, einfach aus. Raus aus Ihrem Kopf, rüber auf die Gegenseite. Der Verkäufer soll die Antwort finden.

5.3 Informations-Asymmetrie: Geben Sie keine Informationen heraus und verschaffen Sie sich einen Informationsvorsprung

Wenn Informationsgewinn bedeutet, mächtiger zu werden, heißt das auch: Sie dürfen nichts sagen und keine Informationen herausgeben, die es Ihrem Verhandlungspartner erlauben, seine Macht zu stärken. Stellen Sie sich eine Verhandlung vor, in der einer der Gesprächspartner keine Informationen preisgibt. Dann hätten wir die perfekte Informations-Asymmetrie.

Informations-Asymmetrie in der Verhandlungsführung bedeutet, dass der besser informierte Gesprächspartner sich sicherer und leichter bewegen kann und damit die Verhandlung gewinnen wird. Derjenige, der den Weg durch das Labyrinth kennt, findet leichter heraus. Derjenige, der einen Informationsvorsprung hat, gewinnt.

Lassen Sie sich nicht ausfragen. Damit Sie in der Verhandlung eine Informations-Asymmetrie zu Ihren Gunsten aufbauen können, sollten Sie so viele Informationen wie möglich sammeln. Stellen Sie als Einkäufer dafür eine Frage nach der anderen:

- „Welchen Preis bieten Sie an?"
- „Wie weit gehen Sie von diesem Preis runter?"
- „Unter welchen Umständen gehen Sie noch weiter runter?"
- „Was wäre der minimal mögliche Preis?"
- „Unter welchen Umständen würden Sie diese Grenze nochmals unterschreiten?"

Bam, bam, bam: Eine Frage nach der anderen prasselt auf den Verkäufer ein. Antwortet der Verkäufer, wird die Informations-Asymmetrie mit jeder Frage größer – zu Ihrem Vorteil. Ihr Vorsprung wächst und wächst. Die Chance, die Verhandlung zu Ihren Gunsten abzuschließen, vergrößert sich immer mehr.

Allerdings darf Ihr Versuch, möglichst wenig preiszugeben und Informationen zurückzuhalten, nicht dazu führen, dass zum Beispiel der Verhandlungsgegenstand unklar bleibt, wie es dieses – freilich überspitzte – Beispiel verdeutlicht:

Einkäufer: „Na, Herr Verkäufer, was glauben Sie denn, warum ich Sie zum Gespräch gebeten habe?"
Verkäufer: „Ähhh, vermutlich wegen der Wurst, die wir an Sie liefern?"

Einkäufer: „Nehmen wir an, es wäre so: Was könnte ich dann wohl von Ihnen fordern?"
Verkäufer: „Nun, vielleicht einen besseren Preis? Oder mehr Menge? Dickere Scheiben? Keine Ahnung!"

Nun, da fehlen eindeutig Informationen, um die Verhandlung erst einmal in Gang zu bringen. Beachten Sie darum: Bestimmte Informationen sind nun einmal nötig, um eine Verhandlung in die richtige Richtung zu starten. Ich sage bewusst „starten"! Denn diese Informationen senden Sie bewusst und geplant zu Beginn der Verhandlung aus.

Betrachten Sie dazu unseren Ablaufplan. Dort hatten wir vier große Phasen festgelegt:

- Phase eins: „vorbereiten" (das zählt noch nicht zur Verhandlung)
- Phase zwei: „sagen"
- Phase drei: „fragen"
- Phase vier: „entscheiden"

Die Phase, in der Sie Informationen preisgeben, steht direkt am Beginn der Verhandlung. Die Sagephase ist die erste Phase, die innerhalb der Verhandlung stattfindet, nämlich unsere Startrampe. In der Startrampe geben Sie bewusst ausgewählte Informationen, und zwar vorteilhaft zurechtgerückt und sorgfältig formuliert. Anders ausgedrückt: Diese Informationen zielen darauf ab, uns einen günstigen und vorteilhaften Gesprächseinstieg zu ermöglichen und zu verschaffen.

Informationen in der Startrampe helfen uns. Informationen außerhalb der Startrampe hindern uns.

Beleuchten Sie Fragen des Verkäufers kritisch

Fragt Sie der Verkäufer nach etwas, so steht dessen Frage natürlich mit dessen Zielerreichung in einem direkten Zusammenhang! Wenn er eine Frage stellt, will er durch die Antwort seinem Ziel einen Schritt näher kommen. Machen Sie sich das bewusst, auch mithilfe der Beispiele.

Beispiel „Verkäufer“: Der Verkäufer sammelt Informationen.

Verkäufer: „Wann würden Sie die Blechwinkel denn abnehmen?“ Einkäufer: „In sechs Wochen würde die Abnahme starten und dann im Wochenrhythmus weitergehen.“
Verkäufer: „Und in welcher Stückelung würde die Abnahme erfolgen?“
Einkäufer: „So circa 10.000 Stück pro Woche.“
Verkäufer: „Puh. Dann kann ich Ihnen 0,73 Euro pro Blechwinkel anbieten.“

Beispiel „Einkäufer“: Der Einkäufer sammelt Informationen.

Einkäufer: „Unter welchen Umständen können Sie den Preis für die Blechwinkel senken?“
Verkäufer: „Wenn wir mindestens fünf Wochen Vorlaufzeit haben.“
Einkäufer: „Was würde den Preis noch positiv beeinflussen?“
Verkäufer: „Wenn pro Abruf mindestens 7500 Stück laufen.“
Einkäufer: „Puh. 7500 Stück und fünf Wochen Vorlaufzeit? Gesetzt den Fall, ich drücke das für Sie intern durch, welchen Preis könnten Sie mir anbieten?“
Verkäufer: „Dann kann ich Ihnen 0,68 Euro pro Blechwinkel anbieten.“

Im Beispiel „Verkäufer“ geht der kalkulatorische Prozess im Kopf des Verkäufers vor sich. Das Problem: Der Einkäufer (er-)kennt die Rechenschritte nicht. Allein das Endergebnis wird ausgesprochen. Würde man den Einkäufer fragen: „Ist das denn jetzt gut/mittel/schlecht, dass du 10.000 Stück pro Woche abnimmst?“, so würde er mit den Schultern zucken. Er weiß es nicht! Folge: Kein Wissen – keine Macht!

Im Beispiel „Einkäufer“ dagegen erfährt der Einkäufer sehr viel mehr! Statt den versteckten Rechenprozessen im Kopf des Verkäufers ausgeliefert zu sein, lernt er die Stellschrauben für einen guten Preis kennen. In seinem Kopf sammelt sich das Know-how! Er weiß nun, dass bereits 7500 Stück Abnahme gut sind. Und er kann die Vorlaufzeit von ca. fünf Wochen zu seinen Gunsten nutzen. Folge: Viel Wissen – viel Macht!

Das heißt: Gehen Sie mit Informationen, die Sie preisgeben, sehr sorgfältig um. Kitzeln Sie wertvolle Informationen geschickt aus dem Verkäufer heraus.

Also, Herr Altmannsberger, dazu habe ich einen Einwand!

Wenn aber der Verkäufer seinerseits ebenfalls diese Technik anwendet, um von uns Informationen zu erhalten, dann bringt das doch gar nichts. Dann steht Frage gegen Frage und keiner kommt voran!

Urs Altmannsberger: Doch, das bringt schon was! Der Bessere gewinnt! Vergleichen Sie die Situation mit einem Tennismatch. Der eine Spieler nimmt den gelben Filzball, wirft ihn in die Luft und drischt ihn über das Netz. Auf der Gegenseite gilt es, den Ball zu erreichen und dann auf die Gegenseite zurückzuschlagen. Das setzt sich weiter fort.

Klick-klack-klick-klack … immer hin und her.

Ja und?

Urs Altmannsberger: Ihrem Einwand zufolge würde das zu einem endlosen Hin und Her führen, letztendlich zu einer Pattsituation. Aber selbst bei einem so simplen Spiel wie Tennis setzt sich eine Seite durch. Einer gewinnt! Wir haben dazu Tests durchgeführt: Wie oft wird eine Frage von einer Gegenfrage gekontert, die erneut gekontert wird usw.

Und das Ergebnis?

Urs Altmannsberger: Zwei- bis dreimal Pingpong, dann setzt sich gewöhnlich einer durch. Probieren Sie es im Kollegenkreis spielerisch aus! Sie werden erkennen, nach wenigen Fragen geht einem der Partner die Luft aus. Selbst wenn man es darauf anlegt, immer wieder eine Gegenfrage zu stellen.

Erkennen Sie die Fragen des Verkäufers als Antworten

Sind Sie damit einverstanden, die Fragen des Verkäufers nicht zu beantworten, um ihm keine machtsteigernden Informationen zukommen zu lassen? Nennen wir das die Methode 1.0. Ich biete Ihnen zusätzlich die Methode 2.0 an. Sie hilft Ihnen, nicht nur die automatische Reaktion „Antworten!“ zu verhindern, sondern geht einen Schritt weiter: Hören Sie die Antwort in der Frage des Verkäufers! Richtig: Die Frage ist eine Antwort! Erkennen Sie künftig, in welchem Zusammenhang die Frage des Verkäufers, die eigentlich zu dessen Ziel führt, mit Ihrem eigenen Ziel steht. Dazu ein verdeutlichendes Beispiel:

Der Einkäufer beendet seine Startrampe mit der Frage nach dem Preis. Damit hat er grundsätzlich die Führung. Er hat das Thema Preis festgelegt. Herzlichen Dank an alle Verkäufer, die dann auch sofort mit der ersten Preissenkung reagieren! Allerdings: In der Realität folgt statt einer Antwort oft eine Gegenfrage des Verkäufers.

Einkäufer: (mit kleiner Startrampe) „Sie sind einer von mehreren Lieferanten, die technisch für uns infrage kommen. Über Technik und Qualität brauchen wir so weit nicht mehr zu sprechen, das ist intern abgehakt. Allein der Preis wird jetzt das Zünglein an der Waage sein, welcher Lieferant den Auftrag für sich sichern kann. Betrachten wir Ihren jetzigen Preis, wären Sie draußen. Wie weit sind Sie bereit, im Preis runterzugehen?"
Verkäufer: (statt Antwort folgt Gegenfrage) „Wann würde denn die Bestellung erfolgen?"

Anstatt auf die Frage nach dem Preis zu antworten, reagiert der Verkäufer mit der Gegenfrage nach dem Bestellzeitpunkt. Die nun folgende Reaktion des Einkäufers ist ganz entscheidend für den weiteren Verlauf der Verhandlung. Welche Reaktion schlagen Sie vor?

a) Der Einkäufer soll herausfinden, was der Bestellzeitpunkt mit seiner Frage nach dem Preis zu tun hat: „In welchem Zusammenhang steht Ihre Frage nach dem Bestellzeitpunkt mit dem Preis?"
b) Der Einkäufer soll auf Beantwortung seiner Frage bestehen, indem er die Frage nochmals vehementer stellt. „Solange Sie keinen besseren Preis abgeben, gibt es ohnehin keine Bestellung! Wie weit können Sie im Preis runtergehen?"

c) Der Einkäufer soll die Regeln klarstellen: „Wenn ich Ihnen eine Frage stelle, haben Sie zu antworten!"

Natürlich sollte der Einkäufer erkennen, dass die Frage des Verkäufers eine bestimmte Aussage in sich trägt, nämlich: Wenn der Einkäufer den Preis als Thema aufruft und der Verkäufer vor der Antwort noch weitere Informationen erfragt, so hängen diese Informationen mit der Preisgestaltung zusammen.

In dem Beispiel hängt der Preis vom Bestellzeitpunkt ab. In dem Fall ist es also besonders wichtig, dass der Einkäufer diesen Sachzusammenhang mit aller Konsequenz versteht. Reaktion „A" wäre also die richtige! Das Gespräch würde sich dann wie folgt fortsetzen:

Einkäufer: „In welchem Zusammenhang steht Ihre Frage nach dem Bestellzeitpunkt mit dem Preis?"
Verkäufer: „Wenn Sie noch vor Ende der nächsten Woche bestellen, kann ich einen um drei Prozent besseren Preis anbieten als danach."

Die richtige Reaktion – also die Methode 2.0 – hat zwei wesentliche Vorteile:

1. Sie behalten die Führung, diese wechselt nicht zum Vertrieb.
2. Sie gewinnen Informationen über mögliche Wege zu Ihrem Ziel.

Haben Sie es auch erkannt? Hätte der Einkäufer mit einer direkten und konkreten Antwort reagiert, wäre sowohl die Information als auch die Führung verloren gegangen. Weder hätte er erfahren, dass Ende nächster Woche ein kritischer Bestellzeitpunkt ist (davor günstig, danach teuer), noch hätte er das Gespräch weiterführen können.

5.4 Die „Puh-Technik": Sag niemals „Kein Problem!"

Nun kommen wir zu einer enorm wichtigen Technik, die entscheidend für Ihren Verhandlungserfolg ist. Wir nutzen das vorangegangene Beispiel mit dem Bestellzeitpunkt, um uns den „Puh-Effekt" zu verdeutlichen:

- Der Einkäufer hat seine (kurze) Startrampe genutzt, um Verhandlungsdruck aufzubauen, und mit der Frage nach dem Preis das Wort an den Verkäufer gegeben.
- Der Verkäufer stellt daraufhin die Gegenfrage nach dem Bestellzeitpunkt.
- Anstatt den Bestellzeitpunkt zu verraten, behält der Einkäufer dieses Wissen für sich und fragt seinerseits nach dem Wunsch-Bestelldatum des Verkäufers.
- Daraufhin erfährt der Einkäufer „Ende nächster Woche" als nachlasskritischen Zeitpunkt.

Nehmen wir zusätzlich an, die Bestellung soll sowieso kurzfristig erfolgen.

Würde der Einkäufer jetzt fortsetzen mit: „Ende nächster Woche? Kein Problem! Die Bestellung sollte eh diese Woche raus!", so würde er wertvolle verhandelbare Masse verspielen. Hier setzt die Puh-Technik an:

- Geben Sie keine verhandelbare Masse ohne Gegenleistung aus der Hand.

- Sagen Sie niemals: „Kein Problem! Können wir gerne machen."
- Machen Sie es der Gegenseite schwer.
- Kontern Sie mit einem „Puh! Das wird schwer!".
- Lassen Sie sich erst durch Zugeständnisse zu einer Einigung bewegen.

In der Praxis und in unserem Beispiel führt dies zu dem folgenden Gesprächsverlauf:

> **Einkäufer:** (mit besorgter Miene) „Puh! Bestellung noch vor Ende nächster Woche? Das wird knapp! Dann müsste ich das per Express durch die Organisation boxen! Puh! … Gesetzt den Fall, ich bekomme das für Sie durch, wie weit gehen Sie dann über drei Prozent hinaus?"

Der Einkäufer verbindet die verhandelbare Masse „Bestellung noch diese Woche" geschickt mit seinem Ziel „Preissenkung". Anstatt die verhandelbare Masse ohne Gegenleistung zu verschenken, legt er sie als zusätzliches Gewicht in die Waagschale.

Finden Sie Ihr persönliches Puh!

Wichtig ist: Ihr „Puh" soll und muss authentisch wirken. Schlimm wäre es, wenn es sich theatralisch oder auswendig gelernt anhört. Vielleicht dient Ihnen ein Querschnitt durch verschiedene „Puhs" als Anregung, um zu Ihrem ganz persönlichen „Puh-Schatz" zu gelangen – einige Beispiele finden Sie im Bereich der kostenfreien zusätzlichen Erklärvideos unter www.altmannsberger-verhandlungstraining.de/profitabler-einkauf-buch-kostenlose-downloads

1. **Körpereinsatz:** Eben noch vorgebeugt auf die Antwort des anderen wartend, fallen Sie plötzlich und heftig mit einem leisen „Puh" zurück in den Stuhl.
2. **Mimik:** Sie ziehen die Luft scharf ein, gleichzeitig die Augenbrauen nach oben.
3. **Kopf:** Sie schütteln leicht den Kopf, blasen dabei die Backen auf.
4. **Sprache:** Sie unterstützen das Puh (das eignet sich auch gut für Ihre Verhandlungen am Telefon) mit „Mann, Mann, Mann!" oder „Oha, das wird schwer!"

Übung: „Auf der Suche nach dem Puh"

Sammeln und entwickeln Sie vier verschiedene, für Sie authentisch wirkende Versionen Ihrer ganz persönlichen Puh-Reaktion. Notieren Sie Ihre Puhs in Ihrem Notizheft.

Praxistipp: Üben Sie die „Puh-Technik" im privaten Bereich ein, beispielsweise (etwas zugespitzt): Stellen Sie sich vor, Mann und Frau fahren jeden Sommer in den Urlaub. Beide haben noch nicht über den Urlaub des kommenden Jahres gesprochen. Keiner von beiden kennt den gewünschten Zielort. Ohne es voneinander zu wissen, wollen beide an die Algarve:

Frau: „Lieber Mann, wohin willst du nächstes Jahr in Urlaub fahren?"
Mann: „Liebe Frau, ich würde gerne an die Algarve reisen!"
Frau: „Oh, wie herrlich! Da merkt man wieder, dass wir Seelenverwandte sind! Auch ich will an die Algarve!"

Und so leben sie glücklich und zufrieden bis an ihr Lebensende! Allerdings könnte der Mann ein weiteres Stück glücklicher sein, indem er die Puh-Technik einsetzt:

Frau: „Lieber Mann, wohin willst du nächstes Jahr in Urlaub fahren?"
Mann: (er stellt eine Gegenfrage, anstatt zu antworten, und verhindert eine nachteilige Informations-Asymmetrie). „Bestimmt hast du dir schon Gedanken gemacht! Wohin würdest du denn gerne reisen?"
Frau: „Ich habe an die Algarve gedacht." (Wir erkennen: Durch seine geschickte Gegenfrage ist es nun an der Frau, die Algarve zuerst zu nennen!)
Mann: „Puh, Algarve?! Das ist aber ganz schön weit weg und ziemlich heiß da! Und Deutsch sprechen sie dort auch wenig, zumindest weniger als auf Mallorca. Gesetzt den Fall, ich lasse mich darauf ein, was wäre dann deine Gegenleistung?"
Frau: „Dann wäre es auch okay für mich, wenn du mit deinen Kumpeln eure heiß ersehnte Motorradtour machst."
Mann: „Oh, wie herrlich! Da merkt man wieder, dass wir Seelenverwandte sind! Genau darum wollte ich dich bitten."

Und so leben sie glücklich und zufrieden bis an ihr Lebensende, und der Mann unternimmt zusätzlich die Motorradtour mit seinen Kumpeln. Sie sehen, Verhandlungsmethoden sind im Großen und Kleinen einsetzbar – wobei in dem Beispiel oben natürlich auch die Frau die „Puh-Technik" für sich nutzen kann.

Gewinnen Sie mit der Puh-Technik die Führung vom Verkäufer zurück

Wir haben uns weiter vorn mit dem Einwand beschäftigt, dass auch der Verkäufer die Fragetechnik nutzen kann, denn auch Verkäufer werden oft auf „wer fragt, der führt" geschult. Was also können Sie tun, wenn der Verkäufer die Führung hat, wie können Sie das Pingpong zu Ihren Gunsten verändern?

Beispiel „Verkäufer“: Der Verkäufer ist in der Führung.

Verkäufer: „Um welches Produkt geht es denn?“
Einkäufer: „Um den Bürodrehstuhl 741.“
Verkäufer: „Welche Menge brauchen Sie denn davon?“
Einkäufer: „So rund 500 Stück.“
Verkäufer: „Puh, 500 Stück. Muss es denn unbedingt der 741 sein, geht nicht auch der 731 oder der 751?“
Einkäufer: „Nein, der Fachbereich hat sich den 741 gewünscht.“
Verkäufer: „Und wann möchten Sie die 500 geliefert haben?“
Einkäufer: „Ich bräuchte sie relativ dringend. In drei Wochen startet der Betrieb im neuen Gebäude.“
Verkäufer: „Puh, 500 Stück in drei Wochen … das wird teuer!“

Das Problem an diesem Gesprächsverlauf ist:

- Der Verkäufer stellt die Fragen.
- Der Einkäufer antwortet – und gibt damit Informationen preis.
- Der Informationsgewinn für den Einkäufer ist null – während der Verkäufer fleißig Informationen sammelt.
- Der Verkäufer erhöht die verhandelbare Masse mit dem Puh-Effekt.

Wie lässt sich der Fragen-Teufelskreis durchbrechen?

1. Wenn Sie eine Frage gestellt bekommen, folgen Sie nicht Ihrem Reflex! Antworten Sie zunächst einmal nicht.

2. Entscheiden Sie, ob eine Antwort Ihre Situation verbessert und Sie zu Ihrem Ziel führt. In der Regel ist das nicht der Fall.
3. Prüfen Sie, ob in der Frage eine zielführende Antwort steckt – Sie wissen ja inzwischen, wie Sie die Frage eines Verkäufers als Antwort identifizieren.
4. Stellen Sie Ihre (vorbereitete) zielführende Frage (= Gegenfrage).

Damit kommen wir zum Beispiel „Einkäufer" – der Gesprächsverlauf sieht so aus:

Verkäufer: „Um welches Produkt geht es denn?"
Einkäufer: (denkt: Eine Antwort ist sinnvoll. Diese Information hätte ich auch selbst gegeben, allerdings so formuliert, dass Wettbewerb auftaucht. Sagt) „Wir haben mehrere Stühle verschiedener Lieferanten in der engeren Wahl. Aus Ihrem Sortiment ist es der Bürodrehstuhl 741."
Verkäufer: „Welche Menge brauchen Sie denn davon?"
Einkäufer: (denkt: Eine Größenordnung muss im Raum stehen. Die genaue Menge mache ich aber als verhandelbare Masse von meinem Ziel abhängig. Und dann gehe ich mit meiner vorbereiteten Frage in Führung. Sagt) „Das kommt sehr stark auf die Preise der einzelnen Wettbewerber an. Je nach Preis werden wir zwischen 300 und 1.000 Stühle abnehmen. 300 sind Neubedarf, der Rest Ersatzbedarf für vorhandene Stühle."
Einkäufer: (fragt) „Wie weit sind Sie denn bereit, im Preis runterzugehen?"
Verkäufer: „Bei der Menge kann ich auf jeden Fall noch was machen. So zehn Prozent sind in jedem Fall drin."
Einkäufer: (sagt) „Was? Zehn Prozent? Puh! Das reicht nicht! Wie weit gehen Sie noch?"

Verkäufer: Wenn Sie noch bis Ende des Quartals bestellen, kann ich auf 20 Prozent gehen."
Einkäufer: (fragt) „Wie könnten Sie von 20 Prozent noch mal deutlich weiter runterkommen?"

Und so weiter.

Führung zurückgewinnen heißt: nicht antworten + Gegenfrage in Zielrichtung stellen.

5.5 Fragen Sie nicht nach dem Warum

Wir stellen Fragen, um zielgerichtet Informationen zu sammeln: Informationen über Möglichkeiten, wie wir an unser Ziel gelangen. Die Warum-Frage ist dafür nicht geeignet. Denn sie führt dazu, dass wir die Führung des Verkäufers annehmen und über dessen Themen diskutieren. Dennoch werden Warum-Fragen sehr häufig gestellt – Grund genug, einmal in Ruhe darüber nachzudenken, und zwar mithilfe des folgenden Dialogs, bei dem es um eine Preiserhöhung geht:

Verkäufer: „Die neuen Preise steigen um sieben Prozent."
Einkäufer: „Warum steigen die Preise um sieben Prozent?"
Verkäufer: „Die Rohstoffe sind im Preis gestiegen ...die Energiekosten höher ... Steuerbelastung ... Standortkosten ..."

Ist das ein von Ihnen gewünschter Gesprächsablauf? Überlegen Sie einmal: Steht Ihr Wunschthema im Fokus? Sammeln Sie so für Sie wertvolle Informationen? Bewegen Sie sich in Richtung Ihres Ziels? Stellen Sie zielführende Fragen?

Vielleicht teilen Sie meine Überlegungen dazu: Als Thema steht der Preis im Fokus. Abgehakt! Wir nehmen an, dass das auch unser Thema wäre. Und: Sammeln Sie wertvolle Informationen, bewegen Sie sich in die Richtung Ihres Ziels? Nein! Sicher ist es nicht Ihr Ziel, über eine Preiserhöhung zu sprechen! Auch die Informationen, die eine Preiserhöhung begründen, sind von Ihnen wohl nicht gewollt, da sie die Position des Verkäufers stärken statt schwächen.

Dazu, Herr Altmannsberger, habe ich noch einen Einwand!

Wenn ich weiß, warum die Preise angeblich erhöht werden, kann ich diese Argumente angreifen!

Urs Altmannsberger: Das stimmt. Für diese alternative Herangehensweise gelten jedoch Einschränkungen:

- Sie müssen die Wahrheit auf Ihrer Seite haben. Nur wenn der Verkäufer mit falschen Begründungen die Preiserhöhung rechtfertigt, haben Sie Eingriffsmöglichkeiten.
- Sie müssen sich gut auskennen! Nur wenn Sie den Beschaffungsmarkt des Lieferanten mindestens so gut kennen wie dieser, können Sie sich messen.
- Sie bewegen sich auf einem Feld, das der Verkäufer sicher gewissenhaft vorbereitet hat. Vermutlich saß er mit seinen Kollegen und internen Kalkulatoren stundenlang zusammen, um eine sichere Argumentationskette für die Preiserhöhung zu entwickeln. Sind Sie genauso gut vorbereitet? Haben Sie die Zeit, bei Ihren zahlreichen Lieferanten überall den Überblick zu behalten? Überspitzt gesagt: Der Verkäufer muss nur eine (in Ziffern: 1) Preis-

erhöhung bei vielen Kunden begründen, während Sie als Einkäufer bei hundert Lieferanten gegenhalten müssten (in Ziffern: 100).

100 : 1 – das ist ein ungünstiges Verhältnis, um dagegenzuhalten.

Urs Altmannsberger: Sie sagen es. Und darum sollten Sie nicht nur in diesem Beispiel die Warum-Frage vermeiden.

Mit der Warum-Frage steuern Sie also oft in die falsche Richtung. Schauen wir uns dazu nochmals eine klischeehaft übertriebene Eheszene wie die obige an. Dieses Mal will der Mann nach Ägypten reisen, seine Frau jedoch nach Italien:

Mann: „Schatzi, wo willst du dieses Jahr in den Urlaub hin?"
Frau: „Hasi, am liebsten will ich nach Italien!"
Mann: „Italien? Och nööö! Da waren wir doch schon so oft! Das ist doch völlig öde! Warum willst du denn da schon wieder hin?"
Frau: „Da kann man doch so schön shoppen!"
Mann: „Warum willst du denn schon wieder shoppen? Du hast doch schon 1.000 Sachen!"
Frau: „Aber die sind doch schon alle aus der Mode gekommen!"

Besser ist es, so vorzugehen:

Mann: „Schatzi, wo willst du dieses Jahr in den Urlaub hin?"
Frau: „Hasi, am liebsten will ich nach Italien!"
Mann: (nimmt die Idee seiner Frau positiv auf. So kann er weiter fragen, statt in eine Diskussion zu geraten.) „Italien wäre ein Ziel. Verstanden. Wohin würdest du noch gerne?"
Frau: „Die Türkei könnte ich mir auch gut vorstellen."

Mann: „Ja, auch nett. Welche Ziele in Nordafrika würden dir gefallen?"

Frau: „Ägypten mit den Pyramiden wollte ich schon immer mal sehen!"

Mann: „Puh, Ägypten, gesetzt den Fall … was bietest du mir …"

Und sie leben glücklich bis an ihr Lebensende.

Sie sehen: Der Mann in unserem beispielhaften Dialog sucht nicht die Konfrontation mit seiner Frau. Er sammelt mithin keine Informationen, warum seine Frau nach Italien will – diesen Fehler macht er im ersten Beispiel. Das würde ihn nicht weiterbringen, sondern nur in ein kontroverses Gespräch führen. Denn er möchte ja nach Ägypten reisen. Es ist nicht zielführend, über etwas zu sprechen, was ohnehin nicht das Ziel ist. Pointiert ausgedrückt: Wenn ein Misthaufen im Weg steht, dann graben Sie nicht im Misthaufen nach dem Grund für sein Dasein herum. Suchen Sie einen Weg, um den Misthaufen zu umgehen.

Falsche Fragen zielgerichtet korrigieren!

Eine weitere Gefahr, die Führung zu verlieren, ist also: Sie fragen nach Argumenten, die für die Forderung des Verkäufers sprechen. Das schwächt Ihre Position. Die Übersicht zeigt, wie es besser geht.

Mit „Warum" lösen Sie Rechtfertigung aus. Sie rufen Argumente auf den Plan, die für die Position des anderen sprechen. Damit arbeiten Sie gegen Ihr eigenes Ziel.

Darum: Zielführend fragen statt „warum".

Vermeiden Sie grundsätzlich	Formulieren Sie stattdessen
Warum **Wieso**	Wie können wir dennoch (das eigene Ziel einsetzen) erreichen? Also: Wie können wir dennoch eine Preissenkung erreichen?
Weshalb **Weswegen**	Was können wir tun, um stattdessen (das eigene Ziel hier einsetzen) zu erreichen?
Was ist der Grund für ... **Womit begründen Sie ...**	Wenn Sie weiterhin Aufträge haben wollen, ist es nötig, (das eigene Ziel hier einsetzen) zu erfüllen. Wie kommen wir dahin?

Richten Sie Ihre Fragen konsequent auf Ihr Ziel aus. Beachten Sie dabei: Stellen Sie eine gut platzierte Frage nach der anderen. Mehrere Fragen in verschiedene Richtungen verwirren oder lenken Ihr Gegenüber nur ab.

Wir nähern uns dem Ende dieses Kapitels. Es ist an der Zeit, die Regeln, die Sie kennengelernt haben, anzuwenden und einzuüben.

Übung: Optimieren Sie Ihre Fragen

Aufgabe: Was ist an den folgenden Fragen und Aussagen falsch? Formulieren Sie die als falsch erkannten Fragen und Aussagen zielgerichtet(er). Und tun Sie sich selbst den Gefallen, nicht vorher bei den Lösungsbeispielen zu spinxen, schreiben Sie zuerst Ihre Formulierungen auf!

1. „Warum ist Ihr Produkt so teuer?“

2. „Ist es möglich, einen höheren Rabatt zu erhalten?“

3. „Ich will von Ihnen wissen, wie wir einen besseren Preis bekommen und wie die Qualitätsprobleme behoben werden.“

4. „Warum bekomme ich keinen Nachlass?“

5. „Früher hatten wir bessere Preise!“

6. „Ihr Chef gibt doch bestimmt einen höheren Rabatt!“

7. „Bei doppelter Menge muss doch noch was beim Preis möglich sein!“

Gut – haben Sie Ihre Lösungen in Ihrem Notizheft aufgeschrieben? Dann möchte ich Ihnen einige Lösungsvorschläge unterbreiten.

Zu 1.: „Warum ist Ihr Produkt so teuer?“

Falsch: Warum-Frage
Besser: „Wie weit können Sie den Preis senken?“
Besser: „Was kann am Produkt verändert werden, um einen besseren Preis zu erhalten, ohne die Leistung zu schmälern?“

Zu 2.: „Ist es möglich, einen höheren Rabatt zu erhalten?“

Falsch: Geschlossene Frage, die ein „Nein“ als Antwort erlaubt
Besser: „Wie weit können Sie den Rabatt steigern?“

Zu 3.: „Ich will von Ihnen wissen, wie wir einen besseren Preis bekommen und wie die Qualitätsprobleme behoben werden."

Falsch: Mehrere Fragen zu mehreren Themen in einem Zug.
Besser: Erst das eine Thema, dann das andere behandeln.

Zu 4.: „Warum bekomme ich keinen Nachlass?"

Falsch: Warum-Frage
Besser: „Unter welchen Umständen erhalte ich einen nennenswerten Nachlass?"

Zu 5.: „Früher hatten wir bessere Preise!"

Falsch: Interne Messlatte. Vergleich mit den historischen Preisen des Lieferanten.
Besser: „Im Vergleich zum Wettbewerb sind Sie zu teuer geworden. Wie weit können Sie im Preis runtergehen?"

Zu 6.: „Ihr Chef gibt doch bestimmt einen höheren Rabatt!"

Falsch: Durchschaubarer Trick, Kompetenz wird untergraben.
Besser: „Sie kennen sich doch super aus und haben persönlich Kontakt zu den höchsten Stellen. Wen müsste man in Ihrem Haus dazuschalten, um im Preis gemeinsam voranzukommen?"

Zu 7.: Bei doppelter Menge muss doch noch was beim Preis möglich sein!

Falsch: Vermuteter Bewegungsfaktor „Menge". Frustgefahr!

Besser: „Unter welchen Umständen können Sie einen besseren Preis anbieten?"
Besser: „Ab welcher zusätzlichen Menge macht der Preis noch mal einen großen Schritt nach unten?"

Fazit:

- Entwickeln Sie Strategien, Techniken und Methoden, um in der Verhandlung stets die Führung zu behalten.
- Dazu eignen sich insbesondere die Fragetechniken. Die Erfolgsformel lautet: Ziel + offene Frage = Zielführung.
- Durch die „richtigen" Fragen erhalten Sie Informationen zum Verhandlungspartner und zum Verhandlungsgegenstand – und Wissen ist in der Verhandlung Macht.
- Verschaffen Sie sich VerhandlungsMACHT durch einen Informationsvorsprung. Gestalten Sie die Informations-Asymmetrie zu Ihren Gunsten.
- Die „Puh-Technik" eignet sich, um in der Verhandlung verhandelbare Masse optimal zu nutzen oder sogar zu erzeugen.
- Um die Gegenseite nicht zu stärken, sollten Sie die Warum-Frage strikt vermeiden.

Der erste Preis ist nie der letzte Preis: So erreichen Sie Zugeständnisse ohne Gegenleistung

Was Ihnen dieses Kapitel konkret bringt:

- Sie lernen, wie Sie aus der Phase des Sagens (Startrampe) in die Phase des Fragens übergehen.
- Sie erfahren, wie Sie direkt nach der Startrampe konsequent auf Ihr Ziel zugehen und in einem ersten Schritt Zugeständnisse ohne Gegenleistung – es gibt noch einen zweiten Schritt – erreichen.
- Sie lernen, wie Sie mit dem ersten Angebot des Lieferanten richtig umgehen und locker darüber hinauskommen.
- Wir analysieren zudem die häufigsten Ausweichmanöver der Verkäufer und wie Sie diese kontern und damit konsequent auf Ihr eigenes Ziel zurücksteuern.

6.1 Mindestens ein Prozent geht immer!

Lassen Sie uns kurz schauen, wo wir stehen: Sie halten jetzt alle erforderlichen Werkzeuge in der Hand, um die Erfolge zu ernten, für die Sie in der Sagephase und insbesondere mit der Startrampe die Saat ausgelegt haben. Sie haben Ihre Forderungsbegründung definiert, die Fragetechnik verbessert, die „Puh-Technik" erlernt und damit erheblich verbesserte Ausgangsvoraussetzungen für Ihre künftigen Verhandlungen geschaffen. Jetzt können Sie die Ernte einfahren. Und auch das will gelernt sein.

Optimieren Sie den Übergang aus der Sage- zur Fragephase

In der Startrampe haben Sie ein förderliches Szenario für Ihr Ziel aufgebaut. Die Startrampe ist im Regelfall eine reine Sagephase. Sie senden bewusst ausgewählte Informationen an Ihr Gegenüber („Ansagen"), um eine förderliche Stimmung für das von Ihnen angestrebte Ziel aufzubauen.

In den jetzt folgenden Phasen verlegen Sie sich hingegen vor allem auf das Fragen und Zuhören. Konkret: Sie setzen jetzt die in den Kapiteln 4 und 5 erlernten Techniken „Relativ ausloten" und „Plan in die Realität umsetzen" ein. Sie spüren so wesentliche Informationen auf, die bisher lediglich im Kopf des Verkäufers vorhanden sind:

- Wie weit ist der Verkäufer bereit, entgegenzukommen?
- Wie lassen sich diese Grenzen nochmals erweitern, wenn wir weiterbohren und nachfragen?

- Unter welchen Umständen würde er darüber hinaus weitere Zugeständnisse machen? Um die Beantwortung dieser Frage kümmern wir uns dann im siebten Kapitel.

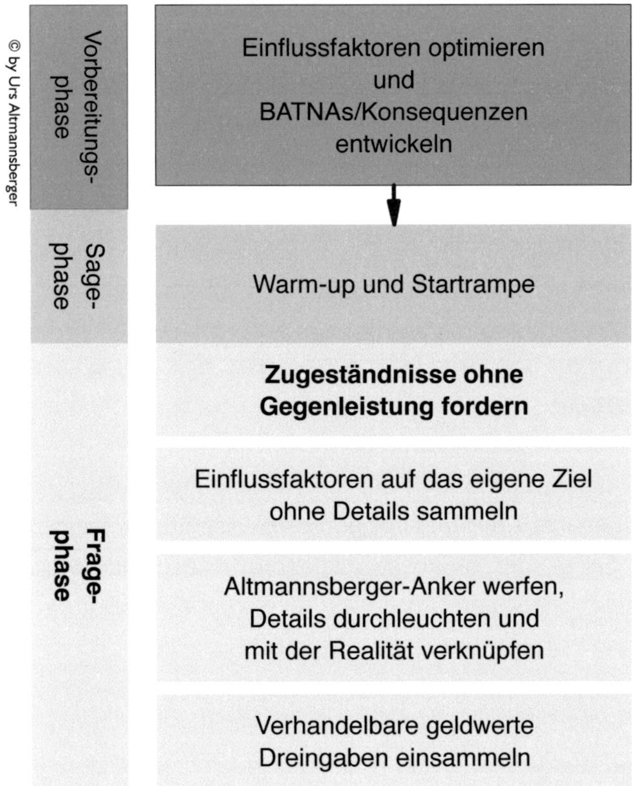

Abbildung 22: Die erste Stufe der Fragephase – Zugeständnisse ohne Gegenleistung fordern

Jetzt steht also die Aufgabe im Fokus, mit geschickten Fragen die Informationen aus dem Verkäufer „herauszusaugen", die Sie unbedingt benötigen, um ein gutes Verhandlungsergebnis zu erzielen. Die einfachste aller Fragen ist wahrscheinlich: „Wie weit können Sie den Preis senken?" Entscheidend ist: Stellen Sie Ihr

Ziel in den Fokus – öffnen Sie keine thematischen Schlupflöcher für Ausweichmanöver.

Zwei Beispiele, wie versehentlich am Fokus vorbei Schlupflöcher geöffnet werden.

In den von mir begleiteten Verhandlungen sind oft suboptimale Formulierungen zu hören, etwa: „... und jetzt wollen wir wissen, warum wir so viel für Ihr Produkt zahlen sollen!"

Zum einen ist das gar keine richtige Frage, zum anderen führt die Antwort des Verkäufers nicht zum Ziel. Denn der so fragende Einkäufer will ja gar nicht wissen, warum er für das Produkt so viel zahlen soll, sondern er will vielmehr einen besseren Preis hören. Besser wäre es also, er würde zielorientiert fragen: „Welchen besseren Preis können Sie mir nennen?"

Ebenso untauglich ist: „... und jetzt möchte ich von Ihnen wissen, wann Sie liefern können und welchen Preis wir bekommen."

Bei zwei Alternativen (Liefertermin und Preis) werden pfiffige Verkäuferinnen und Verkäufer stets das angenehmere Thema wählen – in diesem Beispiel den Liefertermin. Der Verkäufer fragt dann: „Wann wollen Sie die Ware denn geliefert haben?", und verstrickt Sie dann in ein Gespräch, das sich bereits mit dem WIE der Umsetzung des Auftrages beschäftigt. Dabei wird doch erst über den Preis entschieden, OB der Lieferant zum Zuge kommt. Die Forderung, einen besseren Preis genannt zu bekommen, verpufft. Der Lieferant hat die Preis-Frage geschickt umgangen – und damit den Preis als akzeptiert deklariert.

Verhandeln Sie erst den Preis und vereinbaren Sie den Liefertermin im Anschluss. Sie fragen also zuerst: „Was geht im Preis?“ Und wenn das geklärt ist: „Wann und wie setzen wir es um?“

Stopp, Herr Altmannsberger! Ich hätte da mal einen Einwand!

Manchmal ist doch der Liefertermin wichtiger als der Preis!

Urs Altmannsberger: Ja, richtig, das passiert gerade in Krisensituationen oft. Oder auch wenn Entscheidungen zu lange intern aufgehalten wurden und dann plötzlich – am besten gestern – umgesetzt werden müssen. In dem Fall rückt der Umsetzungstermin vor den Preis. Ähnlich wie bei einem Pannendienst. Den schicken wir auch nicht wegen ein paar Euro Preisaufschlag weg, wenn bei Schneefall auf der Autobahn der Motor streikt.

Entwickeln Sie für zentrale Fragen mehrere alternative Formulierungen

Rechnen Sie damit, nicht direkt mit der ersten Frage die gewünschte Antwort zu erhalten. Der Verkäufer hat vielleicht noch eine Gegenfrage oder lenkt schlichtweg ab. **Mein Tipp:** Halten Sie für jede zentrale Frage mehrere alternative Formulierungen bereit. Damit vermeiden Sie, sich vom Wortlaut her wiederholen zu müssen. Es klingt ungeschickt und unbeholfen, wenn Sie immer dieselbe Frage stellen: „Was geht noch, was geht noch, was geht noch ...?“ Der Lieferant gewinnt den Eindruck, Sie würden wiederholt einseitig bohren und ständig etwas fordern, ohne selbst Entgegenkommen zeigen zu wollen. Als Leser dieses Buches haben Sie es leichter – hier finden Sie zahlreiche Formulierungen für Ihren Frage-Wortschatz:

Frageschatz für Zugeständnisse ohne Gegenleistung

Hinweis zur Formulierung	Formulierungsvorschläge
Alternative Formulierungen für die erste Frage	„Wie weit können Sie den Preis senken?“ „Welchen Preis können Sie mir anbieten?“ „Wie weit können Sie Ihr Angebot verbessern?“ „Wie weit können Sie den ursprünglichen Angebotspreis senken?“ Für bildhaft sprechende Verhandler: „Wo geht denn die Reise mit dem Preis hin?“
Fragen zum Nachhaken	„Was geht noch?“ „Das reicht nicht! Wie weit können Sie noch runter?“ „Das ist schon mal ein Schritt in die richtige Richtung, reicht aber bei Weitem nicht aus! Was wäre eine tragbare Summe darunter?“ „Was war der bisher beste Preis, den Sie für dieses Produkt abgegeben haben?“ „Mit diesem Preis können Sie sich noch nicht gegen den Wettbewerb durchsetzen! Wo liegt die Grenze?“ Es geht auch bunter, zum Beispiel: „Das ist jetzt auf der Strecke Neapel – Berlin schon mal Rom. Steigen Sie jetzt mal preislich in den Düsenjet ein, damit es schneller geht. Was können Sie deutlich besser anbieten?“

Wenn der Lieferant hartnäckig ausweicht	„Jetzt habe ich noch nicht verstanden: Was konkret können Sie mir anbieten? Sagen Sie es mir in Euro!" „Was konkret ist jetzt das Angebot?" „Jetzt haben Sie mir immer noch nicht gesagt, wie weit Sie runtergehen. Geben Sie mir Zahlen: Damit kann ich besser umgehen." Leicht genervter Tonfall: „Haben Sie denn grundsätzlich Interesse an dem Auftrag?" Verkäufer: „Ja." „Dann sagen Sie mir einen akzeptablen Preis! Was können Sie anbieten?" Bei gesteigertem Grad des Genervtseins: „Sie bewegen sich, als wären Fluglotsen, Lokomotivführer und Lkw-Fahrer gleichzeitig im Streik. Von mir aus kann ich Ihr Erstangebot als finales einloggen. Damit habe ich kein Problem. Nur laufen Sie dann Gefahr, direkt raus zu sein. Was also ist Ihr Angebot?"
Wenn der Lieferant inzwischen einen top Preis angeboten hat und Sie etwas vorsichtiger weiterbohren möchten	„Jetzt haben Sie es gerade so geschafft, in Schlagreichweite zum vorderen Anbieterfeld zu kommen. Was können Sie jetzt noch tun, um als Erster durchs Ziel zu kommen?" „Okay, ich will offen sein. Mit dem jetzigen Angebot hätten Sie es Stand jetzt geschafft und den Auftrag gewonnen. Allerdings stehen noch Gespräche an. Auch mit dem bisher Bestplatzierten. Der wird vermutlich auch noch mal einen deutlichen Schritt runtergehen. Dann wären Sie wieder weg vom Fenster, würden die Poleposition wieder verlieren. Für diesen Fall: Was würden Sie im Zweifel noch mal nachlegen?"

	„Gut, dann schreibe ich mir diesen Preis jetzt mal auf und nehme den mit in das Entscheidungsmeeting mit der Fachabteilung und der GF." Und jetzt weiter im netten Anwaltstonfall: „Für den Fall, dass dort die Entscheidung ganz knapp gegen Sie ausfällt, soll ich dann für Sie noch mal einen etwas niedrigeren Preis antesten? Nur für den Fall (noch mal wiederholen, dass es nur für den Notfall ist): Was wäre da das Äußerste Ihrer Gefühle?"

Verhandeln Sie flexibel: mit und ohne Wettbewerb

Bei Ihrer Umsetzung der beiden Bausteine „Zugeständnisse OHNE Gegenleistung verhandeln" und „Zugeständnisse MIT Gegenleistung verhandeln" werden Sie feststellen, dass es unterschiedliche Ausprägungsgrade gibt:

- In Verhandlungsrunden, bei denen Sie mehrere Wettbewerber gegeneinander vergleichen, wird die Phase „OHNE Gegenleistung" einen größeren Raum einnehmen.
- Die Phase „MIT Gegenleistung" wird dagegen stärkere Beachtung finden, wenn Sie nur mit einem Lieferanten verhandeln, etwa wenn es während einer Serienproduktion keine sinnvollen Ausweichlieferanten gibt.

Der Grund liegt auf der Hand: Solange Sie ein preislich besseres Angebot eines anderen Lieferanten über ein gleichwertiges Produkt vorliegen haben, haben Sie es nicht nötig, dem jetzigen Lieferanten entgegenzukommen. Zumindest in den ersten Schritten – dazu ein Beispiel:

Einkäuferin Stefanie Brinter hat zwei Lieferanten für Tonerpatronen. Beide liefern die identische Originalware: Lieferant A zu 75 Euro, Lieferant B zu 82 Euro. Der monatliche Bedarf variiert zwischen 60 und 120 Stück.

Lieferant B erklärt sich in der Verhandlung bereit, ihr auf 75 Euro entgegenzukommen, wenn Stefanie Brinter eine permanente Abnahme abschließt, also ein „Toner-Abo" von 100 Tonern pro Monat über zwölf Monate.

Da Lieferant A die 75 Euro auch ohne Abo-Verpflichtung anbietet, ist Brinter nicht bereit, B entgegenzukommen. Sie wird mindestens so lange weiter das Feld „Zugeständnisse OHNE Gegenleistung" bearbeiten, bis B günstiger als A anbietet.

Trotzdem ist es wichtig, den Preis im besten Falle kennen zu lernen. Diesen Aspekt behandeln wir später im Kapitel „Altmannsberger-Anker" (s. Kapitel 7).

Wechselndes Gewicht der Bausteine nach Wettbewerb

Wettbewerb mit einer oder mehreren Alternativen	Ohne Wettbewerb, ohne Alternativen
Solange Sie über einen Wettbewerber mit besseren Alternativangeboten verfügen, haben Sie es „nicht nötig", auf die Wünsche des jetzt gegenübersitzenden Lieferanten einzugehen.	Kennt der Lieferant die Situation, stellt er sich stur und weicht nur bei Gegenleistungen des Kunden vom ursprünglichen Angebot ab.

Entweder der Lieferant passt sein Angebot an die Marktgegebenheit an oder sein Wettbewerb gewinnt. **Beispiel: Der Lieferant senkt den Preis, um den Auftrag zu erhaschen.**	Sie haben keine Wahl unter mehreren Lieferanten. Ist der Lieferant nicht gewillt, das Angebot zu verbessern, so ist das „Geben und Nehmen" ein zielführender Weg zu Ihren Zielen. Versuchen Sie, „Dinge" einzutauschen, die für den Verkäufer wertvoll sind, Sie selbst aber nichts kosten. **Beispiel:** Der Lieferant senkt den Preis, wenn Sie im Gegenzug bei Bestellungen künftig die Verpackungseinheiten berücksichtigen.
So gehen Sie vor: Fordern Sie bewusst „bedingungslose" Zugeständnisse. **Fordert der Lieferant Gegenleistungen, kontern Sie: „Gerne können wir im Anschluss noch über Einsparungsmöglichkeiten auf Basis von Gegenleistungen unsererseits sprechen. Die jetzigen Wettbewerbsangebote sind jedoch schon günstiger, ohne dass wir Gegenleistungen anbieten müssen. Lassen Sie uns deswegen noch mal über den Basispreis im ursprünglichen Kalkül sprechen. Wie weit können Sie den noch senken?"**	So gehen Sie vor: Versuchen Sie zuerst, „ohne Gegenleistung" zu verhandeln. Rechnen Sie jedoch damit; recht schnell auf „mit Gegenleistung" umswitchen zu müssen. Tipps dazu erhalten Sie in Kapitel 7.

Zeit sparen und Stress reduzieren: Lernen Sie Ihre Fragen auswendig

Auswendiglernen – klingt das für Sie anstrengend? Tatsächlich jedoch lassen sich die besprochenen Fragen als immer wieder einsetzbares Werkzeug verwenden. Und gutes Werkzeug werfen wir nicht nach der Benutzung jedes Mal weg! Auswendiglernen ist daher der bequeme Weg. Sie strengen sich einmal an und setzen das Tool hundert Mal ein. Das ist effektiv, jedenfalls effektiver, als wenn Sie sich in jeder Verhandlung aufs Neue auf Ihre Intuition verlassen und die Fragen aus dem Stegreif produzieren. Darum:

Stellen Sie Ihr persönliches Fragenset zusammen, und lernen Sie es auswendig, bis Sie es im Schlaf aufsagen können.

Verhandlungen bedeuten für Ihr Hirn Stress: Sie müssen gleichzeitig reden, zuhören, denken und dabei Ihr Ziel im Auge behalten. Da ist es zielführend, die Bewältigung vorhersehbarer Situationen in einer stressfreien Zeit vorzubereiten und Ihren Denkapparat zu entlasten.

Wenn Sie die Fragen vorformulieren, brauchen Sie diese in der Stresssituation nur abzuspulen. Gleichzeitig haben Sie den Kopf frei für alle anderen Arbeiten und die wirklich herausfordernden Verhandlungssituationen.

Der erste Preis ist immer inakzeptabel

Verkäufer können in der Regel schwer abschätzen, wie weit sie dem Einkäufer entgegenkommen müssen, um den Auftrag zu gewinnen. Gerne nutzen sie das erste Angebot als Testballon, um die Reaktion des Einkäufers zu prüfen. Nehmen wir an, ein Verkäufer hat in Summe 15 Prozent Spielraum in seinem Angebot. Diesen Spielraum möchte er (natürlich) nicht voll ausreizen. Auf die Frage des Einkäufers hin gibt er ihm zuerst ein minimales Zugeständnis und wartet auf die Reaktion:

Verkäufer: „In diesem Falle kann ich Ihnen einen ganz besonders tollen Preis geben. Statt 100 Euro pro Stück kann ich Ihnen bei einer Bestellung bis heute Abend einen Preis von nur 98,53 Euro pro Stück einräumen."

Nun gibt es für den Einkäufer zwei Reaktionsmöglichkeiten:

Alternative 1: Der Einkäufer reagiert wie folgt: „Bis wie viel Uhr müsste denn die Bestellung bei Ihnen sein?"

Versetzen Sie sich einmal ganz kurz in die Rolle des Verkäufers. Wäre der Gesprächsablauf wie eben beschrieben, würden Sie dann einen weiteren Rabatt gewähren? Nein, Sie würden als Verkäufer keinen weiteren Rabatt gewähren, da der Einkäufer nicht weiter auf dem Preis herumreitet, sondern zum Bestellzeitpunkt wechselt. Also scheint der Preis in Ordnung zu sein!

Alternative 2: Der Einkäufer reagiert wie folgt: „98,53 Euro? Dass passt gar nicht!"

Mein Praxistipp für Sie also: Zeigen Sie als Einkäufer eine klare Preisreaktion!
Der erste Preis ist niemals der letzte Preis. Darum: Den ersten Preis lehnen Sie ab! Egal, was passiert.

Das heißt aber auch: Wenn der erste Preis niemals der letzte Preis ist, können Sie Ihre Reaktion schon vorher festlegen. Ihre Reaktion folgt dann prompt und wirkt (mit Übung) eindrucksvoll und authentisch. Im Englischen wird für diese „theatralische Preisreaktion" der Begriff „flinch", in der Übersetzung etwa „vor Schmerz zurückzucken", verwendet – das Konzept funktioniert also international. Reagieren Sie auf mindestens zwei dieser Kanäle:

- Mimik: Signalisieren Sie Enttäuschung und Ungläubigkeit oder gar Fassungslosigkeit.
- Kopf: Schütteln Sie ablehnend den Kopf.
- Ganzer Körper: Fallen Sie zurück in den Stuhl, verschränken Sie die Arme.
- Stift (oder anderes Utensil): Legen Sie ihn beiseite, lassen Sie ihn auf den Tisch fallen oder zerbrechen Sie ihn – je nach Temperament und Einkaufswert.

Stellen Sie dann weitere Fragen aus Ihrem Fragenset „Zugeständnisse ohne Gegenleistung", um so weitere Zugeständnisse herbeizuführen.

Dazu, Herr Altmannsberger, habe ich eine Frage!

Was mache ich aber, wenn dann doch mal der erste Preis der letzte Preis ist?

Urs Altmannsberger: Zunächst einmal: Das ist kein Grund zur Panik! Kein Verkäufer wird aufgrund Ihrer ersten Reaktion das Gespräch abbrechen. Verkäufer freuen sich diebisch, wenn ein Einkäufer auf den ersten (Testballon-)Preis eingeht. Die Ablehnung ihres Erstangebots gehört für die Verkäufer zum täglich Brot. Anstatt das Gespräch wortlos abzubrechen, wird der Verkäufer auf seinem Angebotspreis beharren. Sie verfügen dann mit der Mauerbrecher-Frage – mehr dazu im achten Kapitel – über ein weiteres Instrument, das Angebot des Verkäufers auf den Wahrheitsgehalt zu prüfen. Geht er gar nicht auf Sie zu, formulieren Sie folgendermaßen: „Gut, dann schreibe ich mir eben die 98,53 Euro als Ihr finales Angebot auf. Ich werde das mit den Angeboten Ihrer Wettbewerber vergleichen und am Montag kommender Woche die Entscheidung treffen."

Akzeptieren Sie auch weitere Angebote nicht sofort

Wie wir im vierten Kapitel zum Thema „Relativ ausloten" besprochen haben, gibt es keine fixe Schmerzgrenze. Der Preis bewegt sich situativ auf sein Optimum hin. Mein persönliches Verhandlungsmotto lautet:

Mindestens ein Prozent geht immer! Und zwar auch auf partnerschaftlichem Wege – es geht immer noch was.

Bringen Sie also immer deutlich zum Ausdruck, dass Sie mit den Angeboten des Verhandlungspartners unzufrieden sind. Bleiben Sie aber trotzdem stets höflich, indem Sie zum Beispiel die folgende Formulierung nutzen: „Sie sind mir echt sympathisch, und ich erkenne Ihre Bemühung an, mir entgegenzukommen. Nur … (bedeutungsvolle Pause und sanftes Kopfschütteln) … bei dem jetzigen Preis kann ich Sie nicht mit dem Auftrag belohnen. Wie weit können Sie mir noch entgegenkommen?"

Aber Achtung: Gute Verkäufer sind Meister in der Interpretation der Einkäuferreaktionen. Daher: Gibt der Verkäufer sein erstes Angebot ab, sollten Sie folgende verräterischen Signale vermeiden und stattdessen „richtig" reagieren.

Verräterische Reaktionen vermeiden

Falsch	Richtig
Aufschreiben (signalisiert Interesse)	Stift beiseitelegen oder fallen lassen
Tippen auf dem Taschenrechner (signalisiert, dass der Wert so weit nicht abweichen kann; bei doppeltem Preis benötigt man keinen Taschenrechner, um das festzustellen!)	Taschenrechner weglegen (bei so weiten Abweichungen brauchen Sie keinen Rechner, um „Nein" zu sagen)

(unwillkürliches) Kopfnicken (Signal: Zustimmung)	Kopfschütteln
Kopf leicht neigen, Mund spitzen (signalisiert „Jaaaa, geht so, könnte man machen“)	„Tut mir leid“-Gesicht aufsetzen und passende Geste dazu machen; in kritischeren Fällen: (zum Beispiel) Heft zuschlagen
Fragender Check-Blick zum Kollegen (signalisiert „Was meinst du? Können wir das so akzeptieren?“)	Wenn Sie den Kollegen schon ansehen, soll es aussehen wie: „Wollen wir abbrechen?“ Taucher machen eine Handbewegung am Hals, Mannschaftscoachs ein „T“ für Time out. Schreiben Sie eine Ziffer auf das Angebot oben rechts und legen Sie es beiseite. Wie früher in der Schule: „Note 6, setzen!“

Dazu eine Frage, Herr Altmannsberger!

Wie viele Runden innerhalb der Phase „Zugeständnisse OHNE Entgegenkommen verhandeln“ soll ich eigentlich drehen?

Urs Altmannsberger: Sie fragen so lange nach Zugeständnissen, bis Sie das Optimum in diesem Teilabschnitt erreicht haben, bis nichts mehr vorangeht. Auf dem Weg dorthin wird der Widerstand des Verkäufers stetig steigen. Dann wechseln Sie zur nachfolgenden Phase, verhandeln Zugeständnisse MIT Gegenleistung und prüfen, unter welchen Umständen der dann erreichte Preis noch mal unterschritten bzw. Preisnachlässe überschritten werden. Es gibt aber eine Ausnahme: Wenn Sie mit dem zur Verfügung stehenden Zeitbudget an anderer Stelle mehr Profit für Ihr Unternehmen erzielen können, sollten Sie die Verhandlung vor dem Optimum beenden, um sich noch lukrativeren Verhandlungen zu widmen.

6.2 So begegnen Sie Ausweichmanövern konstruktiv und produktiv

Lassen Sie sich von Ausweichmanövern der Gegenseite künftig nicht mehr aus der Ruhe bringen. Seminarteilnehmer und Coaches klagen in diesem Zusammenhang vor allem über zwei Typen:

- über den Vielredner, der in seinem Redefluss kaum zu stoppen ist, und
- über den gegenfragenden Verkäufer, der seinerseits seinen Plan durchdrücken möchte.

Wenn der Verkäufer Redebedarf hat, statt zu antworten

Nicht immer gelangen Sie sofort zu Ihrem Ziel. In der Praxis stellen wir fest, dass Verkäufer auf die erste Frage häufig nicht antworten. Entweder ist der eigene Redebedarf noch viel zu groß und muss erst befriedigt werden oder der Verkäufer benötigt noch weitere Informationen, um ein Angebot abgeben zu können.

Sollte schlichtweg der Redebedarf des Verkäufers das Problem sein, gibt es mehrere Reaktionsmöglichkeiten. Dabei gilt: Zu erwarten, dass uns der Verkäufer zuhört, und ihm gleichzeitig quasi den Mund zu verbieten, führt auf der Beziehungsebene zur Missstimmung. Planen Sie Zeit ein, die Sie brauchen, um dem Verkäufer auch einmal in Ruhe zuzuhören. Lassen Sie sich jedoch nicht von Ihrem Plan abbringen: In der Regel wird der Verkäufer auf Ihre erste Frage hin („Wie weit gehen Sie runter?“) sein Produkt und seinen Preis verteidigen – in Einzelfällen selbst dann, wenn Sie in der Startrampe bereits deutlich darauf hingewiesen haben, dass Leistungsunterschiede zum Wettbewerb berücksichtigt sind.

Lassen Sie in solchen Fällen den Verkäufer zu Wort kommen, lenken Sie das Gespräch dann aber so, dass Sie wieder auf Ihre Zielsetzungen zusteuern können.

In der Praxis haben sich dabei einige Formulierungen als sehr effektiv erwiesen:

- „Wie ich bereits sagte, sind die Leistungsunterschiede berücksichtigt. Wenn Sie also grundsätzlich Interesse an dem Auftrag haben, müssen Sie etwas am Preis tun! Was ist konkret Ihr bestmöglicher Preis?"
- „Jetzt habe ich aber noch nicht verstanden, wie weit Sie runtergehen können. Was können Sie mir preislich anbieten?"

Wenn der Verkäufer mit Gegenfragen arbeitet

Im fünften Kapitel haben wir uns schon einmal mit dem Thema beschäftigt, dass Verkäufer gerne mit Gegenfragen arbeiten. Gegenfragen können ein taktisches Mittel des Verkäufers sein, um die Führung zurückzugewinnen. Das schadet uns an dieser Stelle jedoch nicht, denn:

Die erste Gegenfrage eines Verkäufers ist häufig schon eine Antwort auf Ihre Zielfrage.

Mein **Praxistipp** dazu lautet: Antworten Sie nicht! Wir befinden uns in der Fragephase. Geben Sie keine Information heraus, bevor Sie sich nicht sicher sind, dass dies notwendig ist, um Ihr Ziel zu erreichen.

Und: Entdecken Sie stets die versteckte Antwort des Verkäufers in der Gegenfrage! Stellen Sie so fest, was Ihnen der Verkäufer – mit der Gegenfrage – gerade sagt und mitteilt, obwohl er es als Frage formuliert. Welche Information für Ihr Ziel erhalten Sie also? Die folgende Übung hilft Ihnen dabei. Übrigens: Im fünften Kapitel finden Sie im Unterkapitel „Erkennen Sie die Fragen des Verkäufers als Antworten" (S. 203) ein entsprechendes Beispiel. Zurückblättern lohnt sich …

Übung: Entdecken Sie die versteckte Botschaft

Viele Fragen tragen versteckte Botschaften in sich. Konzentrieren Sie sich künftig stärker darauf, sie zu erkennen, statt sich eine Antwort auf die Frage zu überlegen. Welche Informationen stecken in diesen Fragen?

Ehemann: „Wann gibt es Mittagessen?"

Die Botschaft: Er hat Hunger, will etwas essen. Er ist zu Entgegenkommen bereit, wenn er den Hunger stillen kann.

Kinder im Auto: „Wann sind wir da?"

Die Botschaft: Es ist langweilig, der Hintern tut weh, wir freuen uns aufs Ziel; wenn wir schneller fahren, stellen wir das Nörgeln ein.

Und nun ab in die Verhandlungspraxis:

Verkäuferfrage: „Wann würden Sie denn bestellen?“

Die Botschaft: Der Verkäufer wird Ihnen verschiedene Preise nennen, je nachdem, wann bestellt wird. Vermutlich hängt vom Bestellzeitpunkt auch seine Provision ab. Vielleicht bekommt der Verkäufer bei Auftragseingang vor Ende der aktuellen Periode eine höhere Provision. Es könnte jedoch auch andersherum sein: Für den Verkäufer ist es besser, der Auftrag käme erst mit Beginn der neuen Periode. Darum: Finden Sie durch Nachfragen heraus, welcher Zeitpunkt für Sie bessere Preise ergibt.

Verkäuferfrage: „Welche Menge nehmen Sie denn ab?“

Die Botschaft: Vermutlich gibt es bei höheren Mengen auch bessere Preise.

Verkäuferfrage: „Wohin soll die Lieferung gehen?“

Die Botschaft: Je nach Lieferort und damit verbundenem Logistikaufwand gibt es unterschiedliche Angebotspreise.

Wenn der Verkäufer zuerst einmal Zugeständnisse MIT Gegenleistung verhandeln will

Was in der Verhandlungspraxis oft zu beobachten ist: Der Verkäufer wäre durchaus zu Zugeständnissen bereit und signalisiert dies auch durch eine Gegenfrage. Aber dazu möchte er von Ihnen auch eine Gegenleistung erreichen. Sie selbst jedoch möchten Zugeständnisse ohne eigene Gegenleistung verhandeln. Wie sollen Sie sich verhalten?

Um es konkret zu machen: Nehmen wir an, der Verkäufer hat Sie nach dem Bestellzeitpunkt gefragt, weil davon ein zusätzlicher Quartalsendebonus abhängt. Er wäre also bereit, vor Ende des Quartals einen günstigeren Preis anzubieten. Damit springt der Verkäufer in Ihrem Ablaufplan eine Stufe weiter, nämlich zu dem Thema „Einflussfaktoren auf Dein eigenes Ziel sammeln".

Anstatt mit Ihnen über den Preis OHNE Gegenleistung zu sprechen, nennt er Ihnen einen Einflussfaktor – die Bestellung vor Ende des Quartals –, der ihn motivieren würde, Ihnen im Preis weiter entgegenzukommen.

Wenn Sie diesem Weg folgen, ist das grundsätzlich in Ordnung. Lassen Sie dem Gespräch zunächst einmal freien Lauf – der Verkäufer bestimmt nun eine Zeitlang die Richtung.

Aber: Registrieren Sie den Sprung ganz bewusst!

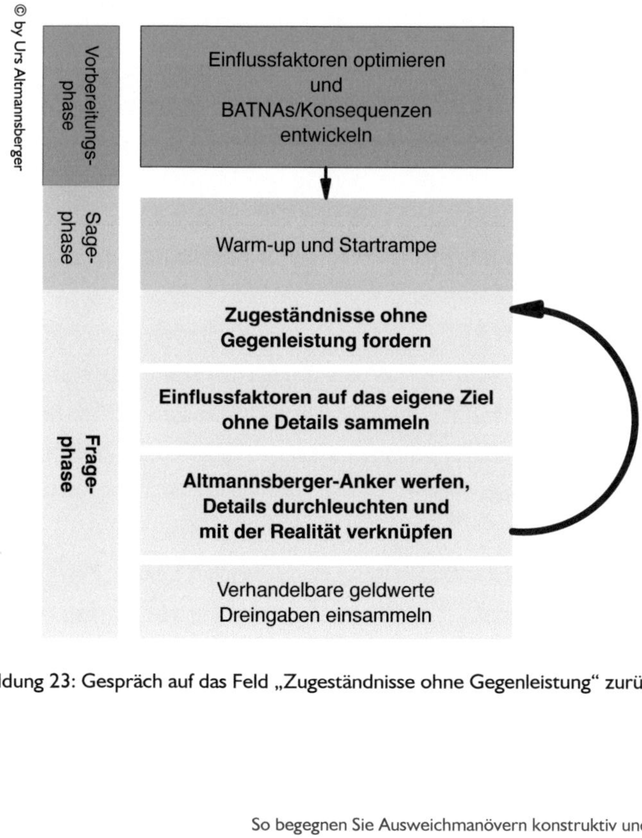

Abbildung 23: Gespräch auf das Feld „Zugeständnisse ohne Gegenleistung" zurückführen

Abbildung 23 zeigt: Später sollten Sie das Gespräch dann wieder auf Ihren Plan zurückführen und auf das Feld „Zugeständnisse ohne Gegenleistung" zurückspringen. Und so könnte das Gespräch ablaufen:

> **Einkäufer:** (beendet die Startrampe) „... damit stehen Sie im Vergleich mit mehreren Wettbewerbern. Ausschlaggebend für die Entscheidung wird am Ende der Woche der Preis sein, den die einzelnen Anbieter in den Ring werfen." (fährt fort und steigt jetzt in die Fragephase ein) „Welchen Preis wollen Sie einloggen?"
> **Verkäufer:** (stellt Gegenfrage) „Würden Sie die Bestellung noch vor Ende des Quartals schicken?"
> **Einkäufer:** „Würde das denn den Preis günstig beeinflussen?"
> **Verkäufer:** „Ja!"
> **Einkäufer:** (beschließt, zuerst die Einflussfaktoren für einen besseren Preis zu erfragen und anschließend über den Altmannsberger-Anker den dazugehörigen Rabatt in Erfahrung zu bringen) „Was neben einer schnellen Bestellung würde den Preis denn noch positiv beeinflussen?"

Es entwickelt sich ein Gespräch, bei dem der Verkäufer alle Faktoren benennt, die den Preis beeinflussen, um schließlich auch noch einen Rabatt zu gewähren. Danach leitet der Einkäufer das Gespräch zurück auf sein Thema: „Zugeständnisse OHNE Gegenleistung".

> **Einkäufer:** (stellt klar) „Jetzt haben wir über mehrere Themen gesprochen, bei denen wir auf Sie zugekommen sind, und daher einen zusätzlichen Rabatt erhalten. Zeige ich dieses Entgegenkommen auch bei den anderen Lieferanten,

erhalte ich dort die gleichen zusätzlichen Rabatte. Damit verbessern Sie zwar insgesamt das Angebot, bewegen sich jedoch im Feld der Wettbewerber nicht nach vorne." (lenkt jetzt wieder das Gespräch): „Was können Sie uns rein im Preis – ohne Gegenleistung – noch zusätzlich anbieten?"

Sie haben es mithin geschickt verstanden, kurzzeitig die Führung abzugeben, um über „Zugeständnisse MIT Gegenleistung" zu verhandeln – aber nur, um jetzt wieder die Führung zu übernehmen.

Alternativ dazu haben Sie die Möglichkeit, Ihren Plan in der vorgesehenen Reihenfolge durchzuführen. Damit behalten Sie zum einen die klare Linie bei, andererseits benötigen Sie dafür aber Kraft und Geschick und erscheinen dem Lieferanten gegenüber als sturer Verhandler, der sich nicht auf einen „Seitenweg" einlassen will. Das Gespräch läuft dann so ab:

Verkäufer: (stellt Gegenfrage) „Würden Sie die Bestellung noch vor Ende des Quartals schicken?"
Einkäufer: „Bevor wir über den Bestellzeitpunkt und andere Details sprechen, müssen wir erst mal schauen, ob Sie den Preis in Reichweite zum Wettbewerb entwickeln können. Stand jetzt liegen Sie viel zu weit weg. Wo geht denn die Reise mit dem Preis hin?"

Was der Verkäufer mit der Frage nach „Ihrer Vorstellung" bezweckt

Wahrscheinlich kennen Sie das: Der Verkäufer fragt Sie nach Ihrem Budget, Ihrer Preisvorstellung oder den Wettbewerbspreisen. Er möchte konkretere Angaben zu Ihren Vorstellungen erhalten:

- „Was haben Sie sich denn so vorgestellt?"
- „Geben Sie uns doch mal eine Hausnummer, wo wir hinmüssen!"
- „Welches Budget steht für die Lösung zur Verfügung?"
- „Was haben Sie bei Ihrem jetzigen Lieferanten bisher bezahlt?"
- „Was ist Ihr Zielpreis?"
- „Was hat der Wettbewerb angeboten?"
- „Wo müssen wir hin, um den Auftrag zu gewinnen?"

Was steckt dahinter? Natürlich: Verkäufer wollen das Beste für sich herausholen – das ist grundsätzlich legitim. Sie dürfen sich aber nicht darauf einlassen, eine konkrete Zahl, eine konkrete Angabe zu machen. Nehmen wir an, der Verkäufer könnte Ihnen im besten Falle einen Preis von 1.000 Euro anbieten, erfährt jedoch Ihre Preisvorstellung von 1.200 Euro. Jetzt wäre es unsinnig für ihn, bis an seine Schmerzgrenze mit 1.000 Euro heranzugehen. Stattdessen wird er vermutlich einen Preis rund um 1.200 Euro anbieten und behaupten, das sei das maximal Mögliche. Mit der Nennung seiner Preisvorstellung von 1.200 Euro würden Sie folglich 200 Euro Potenzial ungenutzt lassen.

Die herkömmliche Ankertechnik schreibt Ihnen vor, zuerst einen Preis zu nennen. Machen Sie das nicht! Nutzen Sie stattdessen den in Kapitel 7 beschriebenen Altmannsberger-Anker, der die psychologischen Vorteile der herkömmlichen Ankertechnik mit dem Bestreben, ein optimales Ergebnis zu erzeugen, kombiniert!

Für Sie als Einkäufer heißt das also erneut: Nicht antworten! Nicht auf den Plan des anderen einsteigen! Sonst wird es teurer als notwendig.

Lernen Sie die besten Konter für die Budgetfrage kennen – und anwenden

Generell besteht jeder Konter aus folgenden Modulen:

1. Frage des Verkäufers abfedern
2. Eigene Zielfrage stellen, um wieder die Führung auf dem Weg zum eigenen Ziel zu übernehmen

Federn Sie die Frage des Verkäufers ab, damit der jeweilige Konter nicht zu hart klingt:

- Zu hart: „Unser Budget geht Sie nichts an!“ oder „Ich stelle hier die Fragen!“
- Besser: „Letzten Endes wird der Lieferant mit dem besten Preis gewinnen. Wie weit können Sie den Preis noch senken?“

Sie können die verschiedenen Antworten auch mischen. Picken Sie die Version heraus, mit der Sie sich wohlfühlen. Suchen Sie sich Ihre optimale, authentische und zu Ihnen passende Version für Ihre Gespräche heraus. Und lernen Sie sie auswendig.

Beachten Sie überdies: Bei der Beantwortung der Budgetfrage des Verkäufers ist es wichtig, dass Sie schnell reagieren. Je prompter Ihre Reaktion erfolgt, desto unauffälliger wirkt es im gesamten Gesprächsablauf. Und je prompter Ihre anschließende Zielfrage folgt, umso leichter können Sie die Führung direkt wieder übernehmen.

Formulierungsvorschläge, um die Budgetfrage zu kontern

Frage des Verkäufers	Einkäufer
„Welches Budget steht Ihnen zur Verfügung?“	„Wissen Sie, ich könnte Ihnen jetzt das Budget nennen. Letzten Endes wird Ihnen das aber nicht weiterhelfen. Der beste Preis im Wettbewerb wird gewinnen. Was wäre der günstigste Preis, den Sie anbieten können?“ Oder auf die nachdenkliche Art: „Mhmm, welches Budget steht uns zur Verfügung … tja … Im Prinzip ist das egal. Es kommt darauf an,
	welche Angebote der Wettbewerb final abgibt. Stand jetzt würde es für Sie schon nicht ausreichen. Wie weit können Sie denn noch runter?“
„Was haben Sie sich denn so vorgestellt?“	„Dass Sie noch mal deutlich im Preis runtergehen! Wie weit können Sie maximal senken?“ „Einen erheblich günstigeren Preis als den, den Sie bisher angeboten haben. Wie weit können Sie von diesem Preis noch nach unten gehen?“
„Was verlangt der Wettbewerb?“	„Sie sind der erste von mehreren Lieferanten, die ich nach dem Preis frage. Insofern bitte ich Sie, mir gleich Top-Konditionen anzubieten. Was ist möglich?“ Oder kurz und knapp: „Weniger! Was ist von Ihrer Seite her möglich?“
„Geben Sie uns doch mal eine Hausnummer, wo wir hinmüssen!“	„Als Hausnummer kann ich Ihnen sagen, dass Sie mit dem jetzigen Preis nicht zum Zuge kommen werden. Wie weit können Sie Ihr Angebot noch verbessern?“

„Wie weit müssen wir runtergehen?“	„Mit einem kleinen Schritt wäre es nicht getan. Welchen deutlich großen Schritt können Sie denn machen?“
„Was können Sie maximal zahlen?“	„Das, was minimal im Wettbewerbsvergleich notwendig ist, um die angestrebte Lösung zu realisieren. In diesem Bereich liegt Ihr Angebot jedoch nicht. Wie weit können Sie runtergehen?“
„Was haben Sie bisher bei Ihrem jetzigen Lieferanten bezahlt?“	„Wenn wir das Angebot des bisherigen Lieferanten neben Ihres legen, würden wir auch weiterhin bei ihm kaufen. Wie weit können Sie uns denn konditionell noch entgegenkommen?“
„Welchen Wert hat Ihr Kalkulator errechnet?“	„Solange Sie mit Ihrem Preis noch derart weit entfernt liegen, lege ich Ihnen unseren Kalkulationswert nicht offen. Wenn Sie Interesse an dem Auftrag haben, liegt es jetzt an Ihnen, ein realitätsgerechtes Angebot abzugeben. Auf welchen Preis können wir uns verständigen?“
„Passt das in das Budget?“	„Ich kann Ihnen leider nur sagen, ob Sie innerhalb des Budgets liegen oder nicht. Allerdings werde ich auch nicht akzeptieren, dass Sie sich häppchenweise dem Budget nähern wollen. Was können Sie denn preislich noch tun?“

„Wie hoch ist Ihr Budget?“	„Das Budget zu nennen, wäre in der jetzigen Situation nicht klug (das wissen wir beide) und nicht nützlich und würde im Wettbewerbskampf auch keine Veränderung bringen. Wie weit können Sie mir noch entgegenkommen?“ Damit zeigen Sie als Einkaufsverhandler, dass Sie die Frage/den Trick des Verkäufers, Ihre Vorstellung konkret zu erfahren, durchschaut haben und nicht darauf reinfallen werden.
„Welches Budget haben Sie für die nachträgliche Veränderung vorgesehen?“	„Ich möchte Sie nicht in Verlegenheit bringen, daher nenne ich Ihnen unser Budget lieber nicht.“ Begleiten Sie diese Antwort mit einem leichten Augenzwinkern.

Wenn es nicht um den Preis geht: Frageformulierungen für alternative Ziele

Sicher wird immer wieder der Preis das zentrale Thema in Verhandlungen zwischen Einkäufern und Verkäufern sein. Genauso gut jedoch können weitere Themen die oberste Priorität in Verhandlungen einnehmen. Dann gilt es, alles bisher Gesagte auf dieses Thema hin umzuformulieren.

In der Übersicht finden Sie für einige gängige Themen Beispiel-Formulierungen, die Ihnen Ihren Verhandlungsalltag erleichtern. Nutzen Sie diese Beispiele und entwickeln Sie Ihren persönlichen Fragenkatalog. Fokussieren Sie die Frage stets konkret auf Ihr Ziel und formulieren Sie die Frage als offene W-Frage.

Fragen für alternative Ziele

Ziel	Darauf abgestimmte offene Zielfrage(n)
Schnellerer Liefertermin	„Wie viel schneller können Sie liefern? Wann ist der früheste Liefertermin? Wie viele Tage können Sie diesen Termin noch vorziehen?“
Preiserhöhung verhindern/verschieben	„Wie lange sind Sie bereit, zu den bisherigen Preisen weiterzuarbeiten?“ „Um wie viele Monate können Sie die Preiserhöhung nach hinten hinausschieben?“ „Inwieweit sind Sie bereit, aus der Preiserhöhungsforderung eine Preissenkung zu machen?“ „Eine Preiserhöhung ist nicht möglich. Wie gehen wir damit um? Wie können wir dennoch weiter zusammenarbeiten?“
Bessere Qualität	„Wie weit können Sie die Qualität verbessern?“
Bessere Qualität bei gleichbleibendem Preis	„Auf wie viele defekte Teile pro 1.000 Stück können Sie die Fehlerrate senken?“ „Wie weit können Sie die Qualität verbessern, ohne dass dabei der Preis steigt?“
Langfristige Exklusivitätsrechte	„Wie lang sind Sie bereit, uns Exklusivrechte an dem Produkt einzuräumen?“ „Was ist der maximale Zeitraum für die Exklusivität? Wen können wir beide in Ihrem Unternehmen ansprechen, um eine weitere Verlängerung zu erreichen? “
Zurücknahme von Überbeständen	„Welche Menge sind Sie bereit zurückzunehmen?“

Fazit:

- Nach der Startrampe arbeiten Sie vor allem mit Fragen.
- Stellen Sie Ihr individuelles Fragen-Set zusammen, mit dem es Ihnen gelingt, Zugeständnisse des Verkäufers oder Lieferanten ohne Gegenleistung zu erhalten.
- Konzentrieren Sie sich bei Ihrer nächsten Verhandlung darauf, den ersten Preis direkt abzulehnen.
- Überlegen Sie sich für die verschiedenen Herausforderungen aus Ihrem Praxisalltag mehrere alternative Frageformulierungen, die Sie auswendig lernen, um sie rasch und zielorientiert einsetzen zu können.
- Definieren Sie die Ausweichmanöver des Verhandlungspartners als Herausforderung, konstruktiv mit ihnen umzugehen – das gilt vor allem für die Budgetfrage.

Maximale Verbesserung des Angebotes erreichen: Altmannsberger-Anker, Zugeständnisse mit Gegenleistung, zusätzliche verhandelbare Elemente

Was Ihnen dieses Kapitel konkret bringt:

- Sie erfahren, wie Sie die Entscheidungslandkarte des Anbieters bis an den Rand des Machbaren erforschen können.
- Lernen Sie die besondere Wirkung des Altmannsberger-Ankers kennen, der die psychologischen Vorteile des herkömmlichen Ankers besitzt, die Nachteile jedoch umschifft.
- Mit der gewonnenen Transparenz fällt es Ihnen leicht, das Optimum für die reale Situation, in der Sie sich gerade befinden, zu verhandeln. Sie kombinieren den Rand des Machbaren mit der Realität Ihres Bedarfes.
- Nutzen Sie die verhandelbaren Elemente, um Zugeständnisse neben dem Preis zu erhalten, die sich dennoch als Vorteil für Ihr Unternehmen niederschlagen.

7.1 Zugeständnisse mit Gegenleistung – wirklich alle Einsparpotenziale nutzen

Im vorherigen Kapitel haben wir quasi die Sahne abgeschöpft: Wir haben Zugeständnisse des Lieferanten eingefordert, ohne dabei eine eigene Gegenleistung zu erbringen. Das funktioniert, wenn wir entweder durch eine Wettbewerbssituation Druck aufgebaut haben oder der Verkäufer aus Sorge, den Auftrag zu verlieren, seine Kalkulation schmaler gestrickt hat.

Solange alternative Angebote attraktiver sind, wiegt das Feld „Zugeständnisse ohne Gegenleistungen“ (Kapitel 6) schwerer. Sie sind nicht dazu gezwungen, sich mit den Wünschen des Anbieters auseinanderzusetzen. In Single-Source-Situationen bemerken Sie frühzeitiger, dass der Moment gekommen ist, sich mit den Wünschen der Gegenseite zu beschäftigen. Monopolisten werden Ihnen, ohne dass Sie Ihre Anfrage anheben (z. B. Menge erhöhen, zusätzliche Produkte abnehmen), keine Zugeständnisse anbieten.
Im Gipfel sind Monopolisten komplett stur und treten nicht zur Verhandlung an. Wir sprechen dann von „take-it-or-leave-it“-Angeboten: Kauf es zum Erstangebotspreis oder lass’ es bleiben!

Irgendwann erreichen Sie also das Limit einer sich nur auf den Preis konzentrierenden Verhandlung. Der Verkäufer ist dann nicht mehr bereit, Ihnen weiter entgegenzukommen. Doch haben wir damit tatsächlich schon das Finale unserer Verhandlungen erreicht? In der Regel nicht! Denn wir haben bisher nur einen Teil der Möglichkeiten ausgeschöpft. Im vorigen sechsten Kapitel haben wir lediglich den Verkäufer aufgefordert, auf uns zuzukommen. Nur der Verkäufer hat sich bewegt, indem er beispielsweise den Preis gesenkt hat. Das Gut, das Produkt und der Angebotsinhalt ist jedoch fixiert geblieben.

Jetzt ist es an der Zeit, dass auch wir unsere Bereitschaft erklären, Flexibilität zu zeigen. Um den Altmannsberger-Anker zu werfen, setzen wir dabei im ersten Schritt auf volle Flexibilität. Wir sind hypothetisch bereit, auf alle Forderungen des Anbieters einzugehen, die das Angebot verbessern würde. Selbst auf unsinnige – denn darin ist der Trick des Altmannsberger-Ankers verborgen. Dazu aber gleich noch mehr.

Stopp, Herr Altmannsberger! Ich hätte da mal eine Frage!

„Wie meinen Sie das? - Wir können doch nicht einfach das Produkt verändern, das wir kaufen sollen!"

Urs Altmannsberger: Das ist richtig. Allerdings: Zum einen gehen wir diesen Weg erst mal hypothetisch – also mit dem Gedanken: „Was wäre, wenn wir darauf eingingen?", zum anderen denken wir im Zuge eines späteren, nicht mehr hypothetischen, sondern tatsächlichen Entgegenkommens nicht allein über eine Veränderung des gewünschten Produktes nach: Es gibt nämlich viele weitere Stellschrauben, die es dem Verkäufer ermöglichen, sein Produkt günstiger anzubieten, die aber die erwartete Leistung nicht schmälern! Nehmen wir das Beispiel der Verpackungseinheiten: Allein durch die Tatsache, dass der Einkäufer bei seiner Bestellung auf logistisch optimale Mengen achtet, kommt Bewegung in den Preis.

Wie das? Nun, angenommen, von einem zu bestellenden Gerätegehäuse befänden sich jeweils 30 Stück auf einer Palette. Der Einkäufer würde wöchentlich bestellen und hat dabei schwankende Bedarfe. Diese Woche 44 Stück, nächste Woche 23 Stück usw. Da wäre es doch ein Leichtes, dem Lieferanten mit logistisch besser zu bewältigenden Bestellungen zu jeweils 30 Stück entgegenzukommen, wenn dabei ein akzeptabler Preisvorteil winkt. Das Produkt an sich bleibt unverändert.

Chancen auf zusätzliche Savings ausloten

Wie Sie diese Chancen auf zusätzliche Savings, also Einsparpotenziale, sicher und zielgerichtet lokalisieren, behandeln wir in diesem Kapitel. Sie erhalten konkrete Anregungen, wie Sie in den jeweiligen Situationen vorgehen. Im Detail kann das Vorgehen ganz unterschiedlich sein. Lassen Sie uns die notwendigen Schritte im Überblick betrachten:

1. Sie fragen, welche Faktoren das Angebot und den Angebotspreis beeinflussen. Sie sammeln diese Faktoren vollständig, jedoch zuerst nur oberflächlich.
2. Sie nutzen die Methode „Altmannsberger-Anker" und verführen den Verkäufer dazu, das bestmögliche Angebot abzugeben. Dazu stellen Sie alle Einflussfaktoren hypothetisch auf Optimum.
3. Anschließend betrachten Sie die Einflussfaktoren und Zugeständnisse im Detail und erhalten dabei Einblick in die Kalkulation des Anbieters. Sie analysieren zudem, ob das ausgesprochene Zugeständnis auch ohne Erfüllung der Gegenforderung durchsetzbar ist.
4. Sie entscheiden, ob und wie weit die Faktoren für Ihr Unternehmen lukrativ und umsetzbar sind, optimieren die Zugeständnisse und Gegenleistungen.

5. Sie fixieren das Zwischenergebnis so, wie es zu Ihren Zielen passt.
6. Abschließend fragen Sie nach Zugeständnissen, die außerhalb des Preises liegen. Diese Dreingaben nenne ich ‚Verhandelbare Elemente'.

7.2 Der Altmannsberger-Anker im Vergleich zum herkömmlichen Anker

Nun gehen wir auf die besondere Leistungsfähigkeit des Altmannsberger-Ankers im Vergleich zum herkömmlichen Anker ein.

Dazu eine wichtige Frage: Kennen Sie den psychologischen Vorteil eines Ankers im Rahmen von Verhandlungen bereits? Schauen wir uns die konventionellen und den Altmannsberger-Anker im Folgenden genauer an:

Die Psychologie des herkömmlichen Ankers

Dazu ein kleines Experiment: Was denken Sie, ist teurer: Eine Wohnung in München oder eine im sprichwörtlichen „Kleintupfingen"?

Sicher werden Sie sagen: „Die Wohnung in München ist teurer! Selbstverständlich!" Dabei kennen wir die Preise gar nicht im Detail. Trotzdem scheint unser Hirn in der Lage, eine Entscheidung zu treffen. Das liegt daran, dass in Ihrer Vergangenheit ein Anker geworfen wurde, der bei uns allen wirkt: „München ist eine der teuersten Städte der Welt."

Dabei ist für unser Hirn bei der getroffenen Bewertung erst mal irrelevant, ob es überhaupt vergleichbare Wohnungen sind, ob es sich um eine Riesen- *versus* eine Miniwohnung handelt, ob sie im Randgebiet oder im historischen Zentrum liegen und in welchem Zustand die jeweiligen Gebäude sind.

Ähnlich funktionieren Anker in Businessverhandlungen, beispielsweise, wenn es um den Preis geht. Jeder von uns hat bereits diverse Anker im Kopf: Gold ist mehr wert als Blech. Champagner ist teuer, Wasser ist billig. Die über Bauland wabernde Atemluft ist gratis, das darunter liegende Bauland hingegen ist teuer. Provokant darüber nachgedacht, könnte es aber auch anders sein. Gerade bei Wasser blinken schon viele Alarmlämpchen und es kann bald sehr teuer werden.

Zahlreiche seriöse Untersuchungen haben gezeigt, dass ein Anker deutliche Abweichungen in den Entscheidungen nach sich zieht. So wurden die Besucher des Exploratoriums (ein Museum in San Francisco) gefragt, wie viel Geld sie zur Rettung von Seevögeln bei einer Ölpest spenden würden.

Eine Gruppe erhielt die Ankerzahl 5, indem ihr die Frage: „Wären Sie bereit, fünf Dollar zu geben?“ gestellt wurde. Diese Gruppe wollte durchschnittlich 20 $ geben. Eine andere Gruppe erhielt den Anker 400 und wollte anschließend durchschnittlich 143 $ spenden (Quelle: https://de.wikipedia.org/wiki/Ankereffekt).

Praxistipp: In ähnlicher Art können Sie die Entscheidung der Verhandlungspartner beeinflussen. Dabei würde rein theoretisch schon ein Flipchart mit einer Zahl oder eine bestimmte Uhrzeit der Verhandlung reichen. Selbst eine relativ unbedeutende Zahl, die in der Warm-up-Phase fällt, wie „Auf dem Weg zur Arbeit hatte ich 25 Kilometer Stau!“ kann bereits Einfluss haben!

Aus diesem Grund vertreten die meisten Verhandlungsexperten den Standpunkt, es sei vorteilhaft als Erster einen Wert in einer Verhandlung zu nennen. Ich hingegen verraten Ihnen, dass Sie damit eine Vielzahl von Nachteilen in Kauf nehmen würden... Und ich würde Ihnen das natürlich nie verraten, wenn ich nicht auch schon die Lösung für das richtige Vorgehen für Sie parat hätte: nämlich den Altmannsberger-Anker.

Die Nachteile des herkömmlichen Ankers

Nachteil 1: Vorbereitung ist nötig

Wie Sie bisher in diesem Buch gelernt haben, ist die Vorbereitung einer Verhandlung mit den Altmannsberger-Methoden zu nahezu 100 Prozent möglich. Vom geplanten Justieren der Einflussfaktoren, über die Startrampe im Baukastenprinzip bis hin zu den einmal geplanten und immer wieder einsetzbaren Fragen – alles ist dauerhaft wiederverwendbar. Ein Anker-Wert im herkömmlichen Sinne ist jedoch nicht wiederverwendbar: Diese Zahl müssen Sie für jede Verhandlungssituation neu entwickeln. Mit dem Altmannsberger-Anker hingegen bleiben wir beim Credo: Alles ist vorbereitet – so kann ich selbst in plötzlich auftretenden Verhandlungen selbstsicher bis zur Entscheidungsphase navigieren.

Nachteil 2: Die Gefahr des Abschneidens von Chancen

Stellen Sie sich folgende Situation vor: Sie verhandeln mit dem Vermieter der Halle, in der Sie Ihr Wohnmobil unterstellen wollen. Das ist sehr wichtig, denn es stehen heftige Hagelgewitter bevor, die den Wert Ihres lieb ge-

wonnenen Feriendomizils auf Rädern innerhalb von Minuten um zweistellige Prozentwerte drücken könnten. Aus diesem Grund sind Sie bereit, pro laufenden Meter und Monat 20 Euro Miete zu zahlen. Bei einem sieben Meter langen Fahrzeug wären das also 140 EUR.
Da Sie wissen, dass ein Anker die Entscheidung Ihres potenziellen Vermieters beeinflusst, entscheiden Sie sich, 100 Euro als Mietobergrenze direkt am Anfang der Verhandlung auszusprechen. Verwundert reißen Sie die verhandlerischen Augen auf, als der Hallenbesitzer ohne zu zucken Ihr Angebot von 100 Euro akzeptiert und die Hand zum Einschlagen hinhält.
Analyse: Sie haben durch Ihren vermeintlich geschickt gewählten Anker ein zu hohes Angebot abgegeben. Sie hätten sicher 99, womöglich sogar 80 Euro erzielen können. Durch die Forderung von 100 Euro haben Sie eigenes Optimierungspotential abgeschnitten.

Nachteil 3: Überzogene Forderungen führen zum direkten Abbruch der Verhandlung

Aus Punkt 1 haben wir gelernt, dass unser Anker viel niedriger geworfen werden sollte, um versehentliches Abschneiden von Chancen zu verhindern. Gehen wir von der gleichen Situation „Halle, Wohnmobil, Vermieter“ aus und starten neu. Diesmal werfen wir einen Anker bei 30 Euro: „Mehr als 30 Euro zahle ich Ihnen für den Stellplatz in der Halle nicht!“ Auf dieses Angebot reagiert der Hallenbesitzer anders. Anstatt mit Ihnen in die Verhandlung über den richtigen Mietzins einzusteigen, lässt er Sie kalt stehen: „Für den Preis bekommen Sie nicht mal einen Platz für ein Motorrad!“ Der Vermieter bricht die Verhandlung ab, bevor sie in Bewegung kommt. Sie selbst erfahren keinerlei Hinweise auf den machbaren Preis (siehe dazu auch Kapitel 4.2 bezüglich SAMA, MAMA, AMA, in dem wir über mögliche Übereinkunft- und Schnittmengen sprachen).

Nachteil 4: Wir müssten den idealen Punkt treffen – das bedeutet viel Arbeit

Denken Sie daran, dass ich gerade erkläre, warum der herkömmliche Anker besser durch den Altmannsberger-Anker ersetzt werden sollte. Punkt 1 und 2 verdeutlichen, dass wir einen Anker nicht blind werfen dürfen, wenn wir ein gutes Ergebnis erreichen wollen. Abschneiden auf der einen Seite, Abbruch auf der anderen Seite. Wir müssten also den richtigen Anker errechnen oder herausfinden. Das ist nicht einfach.

Zuerst gälte es, den Markt zu untersuchen: Was ist der „richtige Preis", der am Ende der Verhandlung erreicht werden soll und wie lautet der dazu passende „Anker-Preis", den Sie zu Beginn in die Verhandlung werfen? Sie überdenken die Parameter im klassischen Einkauf: Wie haben sich Energie, Rohstoffe oder Börsennotierungen verändert, was ist der aktuelle Wert? Wie hoch sind die Lagerbestände und welchen Einfluss hat das auf den Preis?

Obendrein wäre die Auftragslage des möglichen Lieferanten ein weiterer Einflussfaktor: Hat er viel zu tun oder wartet er händeringend auf weitere Aufträge? Auch spielt eine Rolle, zu welchen Preisen er bisher Aufträge angenommen hat.

Berücksichtigen sollten Sie zudem den kulturellen Hintergrund Ihres Verhandlungspartners. Jeder Mensch hat durch seine Biografie und der damit verbundenen Erfahrung bestimmte Schablonen, eine Situation zu beurteilen. So wird ein Verhandler aus der arabischen Region hohe Unterschiede zwischen Ihrem Anker-Preis und der eigenen Vorstellung akzeptieren. Ganz andere Deltas, als sie von einem Verhandler mit schweizerischer Biografie akzeptieren würde. Dort müsste Ihr Anker-Preis viel näher an der Realität platziert werden, um ernst genommen zu werden.

Sie sehen: Den richtigen Anker-Wert zu finden, bedeutet viel Arbeit und es gehört auch eine gute Portion Glück dazu.

Nachteil 5: Knapp vor der Unverschämtheit und gerade noch zu begründen

Es gibt Experten – wie den bekannten Autor und Vortragsredner Prof. Jack Nasher (siehe auch Literaturverzeichnis), den ich sehr schätze – die die These vertreten, dass der herkömmliche Anker gut ist und Sie einen Wert als Anker werfen sollen, der am Rande der Unverschämtheit liegt, gerade noch zu begründen ist. Doch wo genau liegt dieser Rand? Wir können es natürlich nicht eindeutig wissen! Zur Begründung können wir sicher ebenfalls eine Vielzahl von Argumenten heranziehen – doch welche sind die idealen, um sich dann später in der Verhandlung in der sogenannten „goldenen Mitte" zu treffen und dabei das bestmögliche Ergebnis zu erreichen?

Ihre Begründung für den herkömmlichen Anker könnte lauten:

Begründung gegenüber dem Anbieter	Pro und Contra
„Ich habe Ihre Kalkulation nachvollzogen und bin zum Ergebnis gekommen, dass 95 der richtige Wert ist!“	Sie müssen viel Aufwand betreiben, um das Ergebnis zu erhalten. Der Aufwand würde sich rechnen, wenn Sie große Werte von leicht zu durchleuchtenden Gütern beschaffen. Für Einkäufer, die eine große Zahl unterschiedlicher Artikel beschaffen, wäre es ein sehr hoher Aufwand. Weiterer Nachteil: Sie müssen den exakt richtigen Wert verschweigen und stattdessen einen Wert fordern, der „wir treffen uns in der „goldenen Mitte“ berücksichtigt. Sie müssen also lügen (was wir eigentlich nicht wollen) und später sind Sie dann gezwungen, zuzugeben, dass Sie auch zu einem anderen Wert abschließen. Machen Sie das häufiger, wird Ihre Gegenseite sich darauf einschießen. Außerdem bewegen Sie sich in einem kalkulatorischen Umfeld, zu dem Ihrem Lieferanten viele Informationen vorliegen. Langwierige Diskussionen über die korrekte Kalkulation sind zu befürchten.

„Wir können nur 87 zahlen, weil sonst unser Endprodukt zu teuer würde!“	Schon besser! Sie greifen nicht die Kalkulation des Anbieters an, sondern stellen eigene Regeln für „den richtigen Preis“ auf. Damit verhindern Sie lange Diskussionen. Es bleiben jedoch die Hürden, den richtigen Anker-Wert zu finden und dann wird auch das notwendige Geschick benötigt, mit der „goldenen Mitte“ auch den Bestwert zu treffen.
„Die/Ihre Energiekosten sind gar nicht so stark gestiegen, wie Sie behaupten!“	Hier verbünden sich gleich zwei Schwierigkeiten gegen Sie: Zum einen nutzen Sie eine interne Messlatte. Sie vergleichen das Angebot mit einem früheren Angebot des identischen Lieferanten. Damit geben Sie indirekt zu, keine Wettbewerbsangebote vorliegen zu haben. Zum anderen steigen Sie in eine Diskussion über die Energiepreissteigerung ein. Da Sie den korrekten Wert nicht nennen können (der Anker muss ja davon ein Stück weg liegen), können Sie nur verlieren. Ihre Behauptung ist falsch und wird vom Anbieter enttarnt.

Nachteil 6: Sie müssen übertreiben, lügen und verlieren nachher das Gesicht

Damit der herkömmliche Anker seine Wirkung entfaltet, dürfen Sie nicht die Wahrheit resp. Ihre eigene Überzeugung aussprechen. Im Gegenteil: Sie werden je nach Kulturkreis des Gegenübers einen mehr oder minder weit entfernten Wert wählen. Das bedeutet in jedem Fall, dass sie von Ihrer Forderung im Laufe der Verhandlung abweichen werden, um sich mit dem Gesprächspartner in der Mitte zu treffen. Diese nun mehrmals angesprochene „goldene Mitte“ hat sich über Jahrhunderte eingebürgert. Für Sie als Verhandlungsprofi sollte das aber kein Grund sein, dieser Tradition blindlings zu folgen. Ein geometrischer Mittelwert aus zwei von Verhandlern ausgedachten Werten soll ausgerechnet die optimale Vereinbarung ergeben? Das ist in den meisten Fällen nicht zutreffend. Es wäre schon Zufall, den für Sie optimalen Punkt der AMA zu treffen.

Dazu, Herr Altmannsberger, habe ich noch eine Frage!

Was war noch mal AMA?

Urs Altmannsberger: „Die Erforschung des AMA ist die zentrale Aufgabe der Verhandler. Im Englischen sprechen wir von der ZOPA, Zone Of Possible Agreements; in meiner Version in Deutsch von der AMA, dem Areal Möglicher Abschlüsse. Ein AMA – siehe dazu auch Kapitel 4.2 – gibt es immer dann, wenn der Verkäufer bereit ist, Ihnen weiter entgegenzukommen, als es von Ihrer Seite als notwendig betrachtet wird. Dabei ist nicht Ihre Forderung der ausschlaggebende Punkt für das Idealergebnis, sondern der Rand der Bereitschaft des Anbieters. Es ist also der jeweils Ihnen am besten zusagende Wert, der auf der anderen Seite gerade noch von Ihrem Verhandlungspartner akzeptiert wird. Diesen müssen Sie herausfinden und er stellt das ideale Ergebnis Ihrer Verhandlung dar. Alle anderen Punkte des Areals Möglicher Abschlüsse stellen zwar Lösungen dar, aber eben nicht die beste aller Lösungen aus Ihrem Blickwinkel.“

Zurück zum Problem „Lüge“: Sie starten also in die herkömmliche Ankertechnik mit einem bewusst falschen Wert. Später dann einigen Sie sich auf ein wie auch immer geartetes Mittel. Beide Seiten geben damit zu: „Zu Beginn haben ich einen Wert genannt, den ich gar nicht ernst meinte.“ Schlimmer noch: Im Laufe von mehreren Verhandlungen wird dies nicht nur als Ihre bekannte Taktik aufgedeckt, sondern es wird sich auch ein typischer Faktor abzeichnen, den Sie zum Über- bzw. Untertreiben anwenden. Verhandler mit deutscher Biografie wählen auffällig oft Faktor 2 bei Nachlässen und Faktor 0,5 bei dem Preis. Wie viel psychologischer Effekt bleibt dann noch aktiv, wenn der Ablauf „Verkauf schreibt ein Angebot mit zwölf, Einkauf kontert mit sechs, man trifft sich bei neun“ so offensichtlich ist?

Fassen wir die Fakten zusammen. Diese Schwachstellen hat der herkömmliche Anker:

- Nicht endgültig vorzubereiten; jeder Anker muss neu überdacht werden
- Gefahr des Abschneidens von Chancen/Savings
- Gefahr des sofortigen Verhandlungsabbruchs bei zu weit entferntem Anker
- Der Ankerwerfer muss den „richtigen“ Anker suchen, finden, begründen – dafür ist Zeit/Aufwand/Wissen nötig
- Der Ankerwerfer muss zuerst übertreiben, lügen, dann nachgeben, sich in der „goldenen Mitte“ treffen und verliert schlussendlich das Gesicht, da er sich mit einem Kompromiss zufriedengibt
- Der Einkäufer muss sich für eigene Anker-Werte rechtfertigen und kommt zwangsläufig in Erklärungsnot, da der Anker-Wert bewusst nicht den korrekten Wert widerspiegelt
- Es ist notwendig, die verhandlerische Biografie und Kulturkreise in den Anker mit einzuberechnen

- Die „goldene Mitte“ als geometrischer Mittelwert kann nur durch Zufall das beste Ergebnis des AMA sein
- Die Taktik des Ankerwerfens ist weltweit bekannt und leicht zu entlarven. Verhandlungsgegner werden die Bandbreite der Übertreibung schnell lernen und wissen dann: „Derjenige fordert immer doppelt so viel, wie er will!“

All diese Gründe sprechen dafür, den herkömmlichen Anker nicht zu nutzen. Werfen wir die Taktik somit unwiderruflich über Bord? Nein! Bei allen Nachteilen dürfen wir den herkömmlichen Anker nicht verteufeln. Grund: Der psychologische Effekt ist unangefochten vorhanden.

7.3 Die Technik des Altmannsberger-Ankers

Sie werden sich also fragen: „Gibt es eine Verhandlungstaktik, die alle Vorteile nutzt und alle Nachteile ausradiert?“ Nun, in der Wissenschaft gibt es stets viele Ansätze, ähnliche und widersprüchliche Diskussionen, da kann man verschiedenen Schulen folgen. Ich sage klar: Ja, die gibt es: den Altmannsberger-Anker.

Der Altmannsberger-Anker kombiniert die Vorteile der herkömmlichen Ankertechnik und verhindert deren Nachteile. Wir lösen fast alle vorgenannten Probleme, indem wir keinen Anker-Wert nennen – aber den psychologischen Effekt weiterhin nutzen. Die Lösung dafür hatte ich bereits vor Jahrzehnten entwickelt und in meinem vorigen Bestseller „Profitabler Einkauf“ nachweislich mit allen Bestandteilen unter der Bezeichnung „Best-Case-Price“ mit den Beobachtungen, Erkenntnissen, direkten Anleitungen für das Verhandlungsgespräch und wörtlichen Sprachmodulen vorgestellt. Für dieses Buch habe ich den Altmannsberger-Anker nun noch um einen Baustein, die „absichtliche Hypothese", ergänzt.

Die zentrale Taktik des Altmannsberger-Ankers ist:

Wir (ver)führen die Gegenseite dazu, einen für uns vorteilhaften Anker zu werfen!

Betrachten wir Ihre zehn Vorteile, wenn Sie zukünftig den Altmannsberger-Anker anwenden:

Vorteil 1: Sie nutzen einen immer wiederholbaren Weg, um zu einem Anker-Wert zu kommen!
Sie bereiten sich einmal auf die taktischen Schritte im Altmannsberger-Anker vor. Das war's! Danach spulen Sie die Taktik immer wieder ab. Natürlich werden Sie mit der Zeit mehrere Sprachmuster gesammelt haben, mit denen Sie innerhalb der Taktik verhindern, eintönig und vorhersehbar zu werden. Einige werde ich Ihnen auf den folgenden Seiten als Anregung vorschlagen.

Vorteil 2: Sie sind sich stets sicher, korrekt vorbereitet zu sein

Das Gefühl: „Mir kann nichts Unerwartetes geschehen!", gibt Ihnen die notwendige Sicherheit für Ihr durchsetzungsstarkes Auftreten in der Verhandlung. Oft werde ich gefragt: „Was kann ich tun, um selbstsicherer zu wirken?" Die Lösung liegt im SEIN, statt im WIRKEN. Selbst wenn Sie Verhandlungen führen müssen, in die Sie mit geringen Erfolgsaussichten starten, so sind und fühlen Sie sich mit meinen Methoden sicher, die richtigen Schritte in der Verhandlung zu gehen – und dieses Selbstbewusstsein, diese Selbstsicherheit ist zu spüren. Mehr wird nicht von Ihnen verlangt. Holen Sie das bestmögliche Ergebnis raus!

Praxistipp: An der Stelle nochmals zur Erinnerung: Vermeiden Sie Verhandlungen, die Ihre Situation verschlechtern. So würde ich in der Phase steigender Energie- oder anderer zwangläufiger Kosten eine Preiserhöhungsverhandlung mit meinen Lieferanten rauszögern, soweit es von der Gegenseite ertragen wird.

Vorteil 3: Sie sparen sich viel Zeit gegenüber der bisherigen Methode, denn dieser Anker wird nicht von Ihnen, sondern von Ihrem Verhandlungsgegenüber erarbeitet

Eine probate Methodik hat immer Vorteile gegenüber einer permanenten Neubewertung: sie befreit den Erfolg vom Zufall und vom Einzelfall. Statt also (jedes Mal) viel Zeit für das Sammeln von Fakten und Argumenten aufzubringen, können Sie sich mehr auf strategische Gedanken konzentrieren. Zum Beispiel auf Gespräche mit den Bedarfsträgern, um mit alternativen Lösungen (BATNAs) ausgerüstet an den Start zu gehen.

Vorteil 4: Sie müssen den Anker nicht verteidigen

Da der geankerte Wert nicht Ihrer Berechnung entstammt, müssen Sie auch nicht dafür argumentieren. Ihre Verhandlungspartner gegenüber müssen argumentieren, denn von jenen stammt die Berechnung des Anker-Wertes. Das führt direkt zum nächsten Vorteil:

Vorteil 5: Der Anker der Gegenseite ist in deren Augen glaubwürdiger

Vergleichen wir die zwei Anker-Werte herkömmlicher Anker mit dem Altmannsberger-Anker: Angenommen im Fall herkömmlicher Anker fordert der Einkäufer zehn Prozent Nachlass, so wird der Verkäufer gegenüber denken: „Er fordert zehn, dann können wir uns bei fünf treffen." Von einem herkömmlichen Anker wird also ein großer Teil wieder zurückgeschraubt. Das ist beim Altmannsberger-Anker anders. Würde der Einkäufer tatsächlich auf alle damit verbundenen Bedingungen eingehen, würde er sogar eine Verbesserung des Wertes erreichen. Wenn der Verkäufer also sagt: „Unter Bedingung A, B und C bin ich bereit, zehn Prozent Nachlass zu gewähren.", kann der Einkäufer womöglich sogar elf oder zwölf Prozent erreichen.

Ankert der Verkäufer also mit zehn Prozent, so ist der psychologische Ankerindex – der besagt, wie stark der Anker die Reaktion der Beteiligten beeinflusst – höher, als wäre der Wert durch den Einkäufer ins Spiel gebracht worden.

Vorteil 6: Kulturelle Unterschiede und individuelle Biografien sind automatisch im Anker-Wert berücksichtigt

Nehmen wir an, Ihr Anbieter kommt mit zwei Gesprächspartnern zur Verhandlung. Der eine mit arabischen der andere mit schweizerischen Wurzeln. Mit welchem Faktor wollen Sie jetzt die realistische Zahl in einen übertriebenen Anker multiplizieren? Was mit dem herkömmlichen Anker unmöglich erscheint, wird mit dem

Altmannsberger-Anker ganz nebenbei abgehakt. Da die Gegenseite den Anker wirft, ist deren Verständnis von der richtigen Zahl gleich berücksichtigt.

Vorteil 7: Sie steuern ohne Umwege auf das bestmögliche Ergebnis zu

Bereits zu Beginn der Verhandlung liegt das optimale Ergebnis, der bestmögliche Preis auf dem Tisch. Der Nebel, der sich mit dem herkömmlichen Anker erst nach und nach lichtet, weicht sofortiger Transparenz.

Vorteil 8: Sie erhalten einen Messpunkt, wie gut Ihr Ergebnis im Vergleich zum Optimum ist

Sicher ist Ihnen auf den letzten Seiten schon der Gedanke in den Sinn geschossen: „Kann ich den optimalen Preis überhaupt für meine besondere Unternehmenssituation erreichen?" Meine Erfahrung: Viele zur Erlangung des bestmöglichen Ergebnisses genannte Bedingungen kann der Einkauf vielleicht nicht erfüllen – mit Abstrichen ist also zu rechnen. Beispiel: So wirft einem der Anbieter womöglich einen Preis von 70 Euro als Altmannsberger-Anker hin. Damit verbunden wäre jedoch eine Veränderung des Produktes oder der Leistung, die der Einkauf nicht akzeptieren oder akzeptieren will. Er kann an diesem Wert aber ermessen: Aha, 70 wäre theoretisch ein erreichbarer Wert. Tatsächlich werden dann am Ende – ohne die unzustimmbare Produktänderung – 78 erreicht. Acht Euro bleiben also als nicht nutzbares Potenzial im Raum. Normalerweise können Einkäufer sehr gut abschätzen, ob das im Vergleich ein sehr gutes Ergebnis ist.

Und es gibt ihnen für den folgenden Punkt notwendiges Know-how:

Vorteil 9: Sie erhalten Gesprächsgrundlagen für Optimierungsgespräche mit Ihrem Bedarfsträger, der Geschäftsführung oder im Speziellen mit dem Fachbereich

Das aktuell nicht nutzbare Einsparpotenzial macht deutlich, welche Anforderungen gegebenenfalls überdacht werden sollten: Ist es die 5-Sterne-Lösung, die unnötig viel Geld kostet? Jetzt können Sie es besser beurteilen und sind für interne Diskussionen gewappnet. Wieder ein – wenn auch überspitztes – Beispiel: Nehmen wir an, eine Halle in Ihrem Werk in Singapur soll laut Werksleiter frostsicher gebaut werden und wird aus diesem Grund mit einer Zentralheizung der Marke „Südpol" versehen. Die Mehrkosten betragen 20 Prozent der Baukosten. In diesem skurrilen Beispiel haben Sie sicher etwas zum Einsparpotenzial zu sagen. Der Wetterbericht schließt zumindest für die kommenden Jahre Temperaturen deutlich unter 20 Grad aus. Es müsste also schon eine weltumspannende Wetterkatastrophe zu Frost führen. Ob die Geschäftsführung bereit ist, für das Restrisiko 20 Prozent Baukosten in Kauf zu nehmen? Eher unwahrscheinlich.

Vorteil 10: Sie sind der Entscheider!

Ein großer Vorteil krönt den Altmannsberger-Anker: Bisher hat Sie der jeweilige Anbieter bei jeder Verhandlung mit Fragen zu Umsatzentwicklung, Materialstärken, Marketingaktionen, Exklusivität und vielem mehr gelöchert – Sie erinnern sich: Wer fragt, der führt. Dabei füllt der Verkäufer in seinem Kopf sein Kalkulationsschema, um schließlich ein neues Angebot auszuwerfen. Der Anbieter ist also der Entscheider für den „richtigen" Wert gewesen. Mit dem Altmannsberger-Anker wird dieses Schema aufgedeckt. Wir sind zwar von einem sogenannten Open-Book-Verfahren (Open Book Accounting) – also der Offenlegung der Angebotskalkulation – noch ein Stück entfernt, haben aber schon mal die ergebnisbeeinflussenden Faktoren präsent vorliegen.

Mit diesem Wissen können Sie eine Menge anfangen, verschiedene Rechenexempel durchdenken. Eines davon ist der eigentliche Altmannsberger-Anker: Indem Sie alle Einflussfaktoren hypothetisch auf Idealwerte stellen und dann den zugehörigen Preis abfragen, erhalten Sie Informationen über den Rand der Entscheidungslandkarte. Genauso können Sie aber auch nur einen Teil der Faktoren auf „akzeptieren wir" stellen, um realistische Werte für Ihre vorliegende Unternehmenssituation zu erhalten.

7.4 Grundvoraussetzung: die Entscheidungslandkarte der Gegenseite verstehen

Ein Angler steht an der Isar. Erstaunlicherweise befindet sich an seinem Angelhaken ein Schokoriegel. Ein verwunderter Passant fragt, was er denn da vorhat. Woraufhin der Angler antwortet: „Heute will ich einen besonders dicken Fisch fangen und der Schokoriegel ist echt lecker!" Klar, ein besonders leckerer Köder ist geeignet, um den begehrten Fisch an die Angel zu locken. Sie werden mir aber zustimmen, dass wir davon ausgehen können,

dass Fische nicht auf Schokoriegel stehen. Der Angler wird sich abends also eher an nassen, durchbohrten Schokoriegeln satt essen müssen, als an einem leckeren Fisch.
Warum ich Ihnen diese Geschichte erzähle? Weil ähnliche Situationen in der Verhandlungspraxis vorkommen, und zwar ständig: Wir versuchen unserem Verhandlungspartner zu erklären, aus welchem Grund er bestimmte Dinge zu tun hat. So auch, dass er angesichts bestimmter Umstände den Preis zu senken hat. So wie nicht jeder Köder jedem Fisch schmeckt, so ist auch nicht jedes Argument für jeden Verkäufer gleich wirksam. Zusätzlich behalten wir im Kopf, dass Argumente ohne an diese geknüpfte Konsequenzen oder Lockstoff keine Wirkung besitzen.

Individuelle Motive der Anbieter und Vertriebler erkennen

Stellen wir uns vier Verkäuferinnen und Verkäufer vor, dann erkennen wir direkt sehr unterschiedliche Motive.

Junior-Verkäufer Hans Jung: Er erklärt sich bereit, bei einem langfristigen Vertragsabschluss entsprechende Zugeständnisse zu gewähren.

Senior-Vertrieblerin Renate Rente dagegen zielt auf einen kurzfristigen Abschluss, bevor sie ihr Unternehmen in Richtung Ruhestand verlassen wird. Langfristige Vereinbarungen interessieren sie überhaupt nicht.

Verkäufer Peter Durstig hingegen hat seine Vertriebsziele noch nicht erfüllt und legt hohen Wert auf einen Geschäftsabschluss vor Quartalsende.

Seine Kollegin Rita Star schließlich ist durch einen hereingeholten Großauftrag bereits weit über ihre Zielvorgabe hinausgeschossen und würde weitere Aufträge gerne in die folgende Abrechnungsperiode schieben.

Praxistipp: Die Beispiele machen deutlich, dass bereits kleinste Unterschiede in der Motivation die Entscheidung beeinflussen, ob der Verkäufer bereit ist, einen weiteren Nachlass zu gewähren.

Zur Verdeutlichung vergleiche ich die Entscheidungsmuster der Verkäufer, der Geschäftsführer und der Unternehmen als Ganzes gerne mit Landkarten. Auf diesen Landkarten gibt es mit Sicherheit bekannte Straßen, also die großen Autobahnen, die jeder kennt. Im übertragenen Sinne sind das die großen Motivationsfaktoren der Lieferanten, die Einfluss auf das erzielbare Verhandlungsergebnis haben. Direkt fallen uns ein: größere Mengen, schnelle Abnahme, frühzeitige Zahlung …

Daneben gibt es eine unübersehbare Zahl an kleinen Straßen auf diesen Entscheidungslandkarten, die wir unmöglich alle kennen können. Diese stehen im übertragenen Sinne für die riesige Zahl an Motiven, die unser Gegenüber in der Entscheidung „Nachlass ja/nein“ beeinflussen. Diese kleinen Straßen können gute Abkürzungen sein, die zu einem weiteren Nachlass führen. Es können aber auch verschlungene Wege sein, die uns in die falsche Richtung bringen, wenn wir etwa eine zu hohe Menge abnehmen sollen, die wir gar nicht brauchen.

Lernen Sie die gesamte Landkarte kennen! Wenn Sie die Landkarte nicht vollständig kennen, muss Ihnen der Verkäufer die Wege erklären: Finden Sie also mit den vorgestellten Fragen heraus, was den Verkäufer dazu bewegt, Ihnen weitere Zugeständnisse zu machen.

Stopp, Herr Altmannsberger! Ich hätte da mal eine Frage!

Was interessiert mich, was der Lieferant will? Wenn er nicht spurt, fliegt er eben raus!

Urs Altmannsberger: Haben Sie denn einen weiteren Lieferanten, der nahtlos zu besseren Konditionen einsteigt? Und bedenken Sie die prekäre Lage mit den massiven Lieferengpässen und gerissenen Lieferketten der Pandemie- und Krisenjahre (blockierter Suezkanal, Ukrainekrieg, Dürren mit unbeschiffbaren Flüssen durch Niedrigstwasser, Sanktionen, Energie- und Logistikkrisen etc.) – da bewies sich, dass es oft besser ist, gute und stabile Beziehungen zu Lieferanten aufzubauen und zu unterhalten, auch wenn diese nicht von Anfang an die preisgünstigsten waren. Oft wurden sie aber in diesen Zeiten als „Zusatz-Lieferanten" produktionswichtig (ausführlich dazu: Mein Booklet: „Lieferkette gerissen – alles besch*ssen?!" – siehe Infoseiten hinten in diesem Buch). Sicher: Wenn Sie diese Entscheidungsmacht haben, brauchen Sie prinzipiell nicht zu verhandeln. Allein die Wettbewerbssituation als „verhandlerisches Naturgesetz" sorgt für genügend Nachlass-Druck. Wobei ich den „Preisnachlass" hier wiederum stellvertretend für alle anderen Forderungen, die Sie haben (können), nenne.

Ich vermute, jetzt kommt noch ein Aber?

Urs Altmannsberger: Richtig. Aus meiner Erfahrung heraus erreichen Sie weitere Vorteile oder Nachlässe, wenn Sie einen ergänzenden Anlauf über das „ich-bin-bereit-meine-Anfrage-auf-Lieferantenwünsche-anzupassen" starten. Und berücksichtigen Sie ebenfalls die menschliche Seite. Fühlt sich ein Verkäufer von Ihnen arrogant behandelt, blockiert er. Die Folge sind zu geringe Zugeständnisse.

7.5 So nutzen Sie den Altmannsberger-Anker in der Praxis

Nachdem wir nun die Nachteile des herkömmlichen Ankers und die Vorteile des Altmannsberger-Ankers besprochen haben, geht es in die Umsetzung am Verhandlungstisch. Für Sie gilt, sich zuerst an den genauen Wortlaut der aufeinanderfolgenden Schritte heranzutasten. Im Laufe der Zeit werden Sie dann immer stärker ihren eigenen Wunsch-Wortlaut entwickeln, mit dem Sie die positiven Effekte des Altmannsberger-Ankers mit Ihrer ganz authentischen Art und Weise in Verhandlungen verbinden.

Im Kapitel „Fragetechnik" (5.2) erkläre ich die Logik der Fragezusammensetzung, die Frageform „offene Frage" mit Ihrem Ziel zu kombinieren. In der einfachsten Version lautet das folglich „Unter welchen Umständen erreichen wir … {Ziel}?"

In die geschweifte Klammer setzen Sie das von Verhandlung zu Verhandlung unterschiedliche Ziel ein, also beispielsweise „Preisnachlass" oder „schnellere Lieferung". Aus Gründen der Deutlichkeit bleiben wir für die Beispiele wieder beim Preis als Ziel.

Schritt 1

Sie sammeln die Faktoren vollständig, jedoch zuerst nur oberflächlich:

„Unter welchen Umständen senken Sie den Preis?"

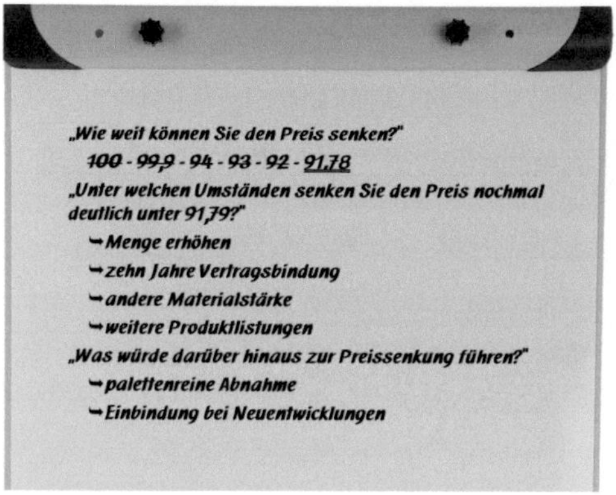

Abbildung 24: Antworten visuell sammeln

Abbildung 24 zeigt meine typische Visualisierung, wie ich sie bei Präsenzverhandlungen – wenn alle Verhandlungspartner in einem Raum sitzen – am Flipchart nutze. Das können Sie natürlich auch auf einem Ihrem Schreibblock visualisieren – Hauptsache, es ist gut lesbar für Sie und auch die Gegenseite.

Um das Beispiel zu erläutern: Zuerst stellen wir die Frage nach Zugeständnissen OHNE Gegenleistung. In dem Beispiel hat der Anbieter zuerst einen Minischritt von 100 zu 99,9 angeboten. Uns ist klar, dass wir darauf nicht eingehen werden, denn das ist nur ein Test, ob wir unerfahren genug sind, damit zufrieden zu sein. Unsere Reaktion ist also zu 100 Prozent vorbereitet schon auf der Zunge: „99,9? Nein, das langt bei weitem nicht. Was ist ein realistischer Preis?" Dabei streichen wir den eben genannten Preis durch. Daraufhin geht der Anbieter in Schritten auf 91,78. Dann folgt sein „Stopp!" Der Anbieter ist nicht bereit, unter diesen Wert zu gehen.

Jetzt setzt der zweite Teil der Fragephase ein, den wir hier im Kapitel 7 behandeln. Wir fragen im Beispiel: „Unter welchen

Umständen senken Sie den Preis noch einmal deutlich unter 91,79?" und signalisieren, dass wir bereit sind, über alle Themen zu sprechen, die das Ergebnis verbessern.

Nochmals: In diesem Schritt werden die Einflussfaktoren nur oberflächlich gesammelt. Details werden erst nach der Abfrage des Altmannsberger-Ankers durchleuchtet. Jetzt ist der Moment, einfach nur die Knöpfe an einem Schaltpult zu beschriften, um dann hypothetisch alle Knöpfe auf Optimum stellen zu können. Auf keinen Fall lehnen Sie Einflussfaktoren in dieser Phase ab. Wenn der Lieferant also andeutet, dass er im Falle eines 10-Jahres-Vertrages den Preis senkt, so nehmen wir das erst mal auf. Ihre Reaktion ist interessiert aber neutral, auf keinen Fall begeistert oder ablehnend: „Verstehe, die Vertragslaufzeit wäre etwas, was Sie zu einer weiteren Preissenkung bringt, was darüber hinaus noch?"

Mein Praxistipp: Schreiben Sie die Antworten auf und paraphrasieren Sie sie. Sie signalisieren Ihrem Gesprächspartner damit, dass Sie sich für seine Antworten tatsächlich interessieren. Das ist in dieser Phase wichtig, denn der Verkäufer wundert sich vielleicht, warum er und seine Wünsche in den Mittelpunkt rücken.

Sie sollten alle Einflussfaktoren sammeln. Dafür reicht eine Frage allein nicht aus, sie benötigen mehrere gleichgerichtete, aber unterschiedlich klingende Fragen, um detektivisch-penetrant voranzukommen. In der folgenden Tabelle finden Sie Formulierungsmuster, um Ihren Fragenschatz zu bereichern. Bedienen Sie sich gerne und entwickeln Sie auf dieser Basis Ihr eigenes, authentisches Fragenset.

So erfahren Sie die Einflussfaktoren und bereiten den Altmannsberger-Anker vor:

Standardfragen im Feld „Einflussfaktoren auf Dein Ziel ohne Details sammeln“	Bemerkungen
„Unter welchen Umständen können Sie einen besseren Preis anbieten?“	Sachlich und vielseitig einsetzbar
„Was darüber hinaus beeinflusst den Preis positiv?“	Wir sollen nicht nur einen Faktor herausfinden, sondern möglichst alle.
„Was noch?“	Das ist die generelle Frage, die wir mehrmals stellen wollen, benötigen aber Ableitungen davon, die sich unterschiedlich anhören.
„Welche weiteren Faktoren beeinflussen den Preis?“	Klare Fortsetzungsfrage
„Welche Faktoren würden den Preis günstig beeinflussen?“	Mit „günstig“ machen Sie deutlich, in welche Richtung es geht. Vielleicht ist das bei einigen Verkäufern wichtig?
„Falls all das nicht umsetzbar wäre, was wären alternative Stellschrauben, die den Preis beeinflussen?“	Sie wischen gedanklich die bisher an die Tafel geschriebenen Ideen weg und schaffen damit Raum für neue Ideen. Das ist insbesondere dann sinnvoll, wenn der Verkäufer im Geiste für jedes „Geben und Nehmen“ den Nachlass aufaddiert. Jetzt würde er die Summe nochmals auf null stellen und von vorne beginnen. Das kann durchaus neue Ansatzpunkte zutage fördern.

„Welche Alternative bietet sich noch, um den Preis zu senken?“	Immer wieder nachhaken! Je mehr Faktoren wir sammeln, umso besser wird der Altmannsberger-Anker funktionieren.
„Unter welchen Bedingungen sind Sie bereit, uns weiter entgegenzukommen?“	Weitere gute Frage, etwas eingeschränkt durch das Signalwort „entgegenkommen“, das auf eine gegenseitige Abhängigkeit der Verhandlungspartner deutet.
„Woraufhin würde Ihr Chef weitere Nachlässe freigeben?“	Ein veränderter Blickwinkel hilft, neue Ideen auf den Tisch zu bringen. Vorsicht, Kompetenz-Befindlichkeiten können geweckt werden.
„Wie setzt sich der Preis zusammen, und wie können wir das so verändern, dass es für uns bei gleicher Leistung günstiger ist?“	Obwohl die Formulierung richtig ist, erhält man recht oft Antworten, die auf eine Veränderung des Produktes zielen.
„Was machen andere Kunden, um einen besseren Preis zu erzielen?“	Noch einmal die Denkrichtung verändern.
„Was müssten wir unsererseits tun, um einen besseren Preis zu erhalten?“	Einfach mal ausprobieren, ob das weitere sinnvolle Einflussfaktoren auf den Tisch bringt. Da wir uns noch in der Vorbereitung zum Altmannsberger-Anker befinden, ist jeder Grund für eine hypothetische Ergebnisverbesserung recht.
„Was wären weitere Ansätze, zueinander zu finden?“	Partnerschaftliche Formulierung

Berücksichtigen Sie stets auch persönliche Motive

Wir haben das schon an früher Stelle hier im Buch diskutiert: Denken Sie auch stets daran, die persönlichen Motive abzufragen, die Einfluss auf den Preis haben. In Business-Verhandlungen bleiben sie leider oft unberücksichtigt.

Oftmals bekomme ich in meinen Verhandlungen dann weitere wertvolle Faktoren genannt. So wünschen sich viele Verkäufer einen direkten Abschluss „noch heute".

Viele meiner Teilnehmer aus Verkaufstrainings bestätigen die Vermutung, dass ein ruhiger Schlaf mit dem Wissen, den Auftrag in der Tasche zu haben, durchaus ein Prozent mehr Nachlass kosten darf.

Aber: Ein Prozent mehr Nachlass beutetet bei einem Unternehmensergebnis von vier Prozent, dass wir damit den Gewinn um 25 Prozent auf fünf Prozent steigern. Wenn Sie das bei allen Beschaffungen realisieren, sind Sie der wichtigste Mitarbeiter in Ihrem Unternehmen! Bleiben Sie also dran!

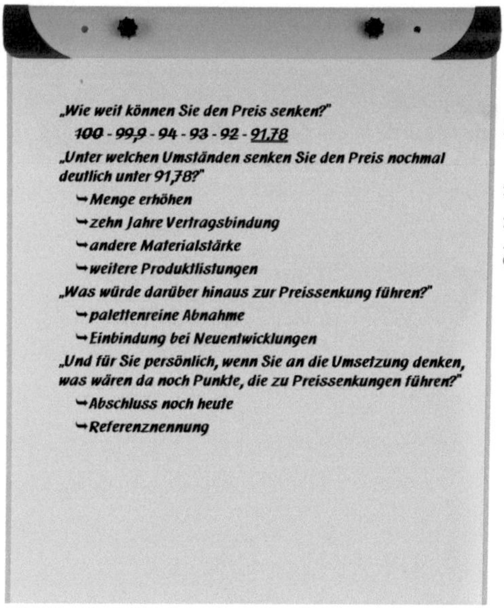

© by Urs Altmannsberger

Abbildung 25: Persönliche Motive des Verkäufers abfragen

Versuchen Sie die Zahl der Faktoren zu erhöhen, indem Sie wirklich jeden Aspekt in seine Einzelteile zerlegen und als getrennte Faktoren aufschreiben.

Ein Beispiel: Fordert der Lieferant: „Wir wollen dauerhaft einen Forecast!", dann sind das zwei Punkte in Ihrer Visualisierung: 1. Forecast und 2. dauerhaft/langfristig – und für zwei Wünsche ist eben auch ein höheres Zugeständnis nötig.

Zusätzliche persönliche Fragen im Feld „Einflussfaktoren auf Dein Ziel ohne Details sammeln"	Bemerkungen
„Und was würde Sie persönlich motivieren, den Preis weiter zu optimieren?"	Klare Frage, das „und" klärt, dass wir über ergänzende (persönliche) Motive sprechen.
„Und für Sie persönlich, wenn Sie an unsere Zusammenarbeit denken, was sind da noch Umstände, die Sie zu einem Zugeständnis bewegen würden?"	Etwas umständlich formuliert, in der Praxis jedoch erfolgsgekrönt.
„Welche persönlichen Wünsche hätten Sie?"	Vorsicht: Bei einer solchen Formulierung darf nicht der Eindruck erweckt werden, auf Bestechung zu zielen.

Wir sind bereit, auf alle Lieferantenwünsche einzugehen

Bisher wurde der Verkäufer im Beispiel von uns vor allem mit Forderungen und Argumenten konfrontiert: „Sie müssen den Preis um 1,7 Prozent senken, weil der Rohstoffmarkt sich ...!" – und nun plötzlich fragen Sie alle Wünsche ab? Das kann zu hinderlicher Verwirrung des Gesprächspartners führen. Auf keinen Fall soll die Verwunderung Zurückhaltung bei den Antworten auslösen. Machen Sie daher deutlich, dass Sie durchaus bereit sind, auf die Wünsche einzugehen. In der Tat ist das ja auch richtig.

Erst nachdem wir das Gegengewicht für die Wünsche und Forderungen kennen, können wir deren Realisierungschancen einschätzen.

Schauen wir uns dazu mal ein ausgedachtes spaßiges Beispiel und Sie urteilen selbst. Würden Sie Hula tanzen?

Mitarbeiter: (sammelt Einflussfaktoren für sein Ziel) „Chef, unter welchen Umständen bekomme ich eine Gehaltserhöhung?"

Chef: „Wenn Sie jeden Morgen im Innenhof eine Stunde Hula tanzen!"

Mitarbeiter: „Was darüber hinaus würde mein Gehalt positiv beeinflussen?"

Chef: „Wenn Sie mir alle zwei Stunden einen Kaffee ‚Wendi' vom StarDingens holen"

Mitarbeiter: „Angenommen, ich würde Hula tanzen und täglich den Luxuskaffee mitbringen, wie viel mehr Gehalt bekäme ich dann?

Chef: „Dann bekommen Sie 100-faches Gehalt!"

Wenn Sie mich fragen, ob ich das 100-fache Gehalt nehmen würde? Ich denke, den Spaß mache ich einige Monate mit und danach geht's ab in Langzeiturlaub. Mir wäre das in dem Fall also das Tanzen und den Kaffee wert.

Und so ist der Zusammenhang auch in der Business-Praxis: Erst wenn Sie den Gegenwert kennen, entscheiden Sie, ob eine Forderung lukrativ oder unsinnig und unrealistisch ist.

Greifen wir aus den „unsinnigen" Business-Forderungen exemplarisch den 10-Jahres-Vertrag raus. Es werden meistens nicht zehn Jahre, sondern eher zwei, drei oder maximal fünf Jahre gefordert. Aus Sicht des Anbieters hat die langfristige Planbarkeit klare Vorteile; so kann bei Dienstleistungen beispielsweise das Personal korrekt geplant und akquiriert werden. Die Planbarkeit wird zudem weiter gesteigert, wenn rollierend, z. B. nach der Hälfte der Laufzeit, schon die Verlängerung des Vertrages besprochen wird. Das sorgt dann beim Anbieter auch für ein dauerhaft stabiles, erfahrenes Team. Und bei einem Rohstoff, einem Gut, einem Artikel, einem (Vor-)Produkt? Auch da hilft die langfristige Zusage, Kosten zu senken, Standards zu halten und die Versorgung zu sichern.

Jetzt kommt das „Aber": Sie müssen die Voraussetzung umsetzen, dass Management und Fachbereich Ihres Unternehmens sich generell weigern, solch langfristige Vereinbarungen zu treffen: „So weit voraus gibt es keine Planung! Was wäre, wenn sich die Situation verändert? Dann wäre man im Vertrag gefangen!"

Wie gehen Sie also mit einem „unsinnigen" Einflussfaktor um?

1. Sie nutzen alle, auch die unsinnigsten Einflussfaktoren, um den Effekt des Altmannsberger-Ankers zu befeuern.

2. Nachdem Sie den Gegenwert (er-)kennen, bewerten Sie Unsinn/Sinn neu.
3. Sie stellen der Geschäftsführung vor, welches Potenzial mit vermeintlich unsinnigen Forderungen verknüpft ist.
4. Sie nutzen Einwände als Lösungsweg.

Beispiel: Ein Lieferant forderte einen 5-Jahres-Vertrag. Bei dem von mir als Verhandler 4 rent beratenem Kundenunternehmen (Abnehmer) zeigte sich, dass dieser bereits seit über 20 Jahren eine dauerhafte Lieferpartnerschaft mit diesem Lieferanten führt. Wie wahrscheinlich ist es also, dass auch weitere 20 Jahre kooperiert wird? Ich sah das optimistisch. Meinem Plan entsprechend, sammelte ich die Einwände gegen eine Laufzeit. Diese Einwände packte ich in Form von Sonder-Kündigungsrechten in meinen Vertragsvorschlag. So war eine Beendigung per Sonderkündigung dann möglich, wenn die Qualität über mehrere Wochen nicht eingehalten wird, die Produktion eingestellt wird oder die Preise gegenüber Wettbewerbern abweichen. Der Vertrag wurde so von beiden Seiten akzeptiert.

Schritt 2

Sie setzen die Methode des Altmannsberger-Ankers ein und verführen den Verkäufer, das bestmögliche Angebot abzugeben, indem Sie hypothetisch alle Faktoren auf die optimale Einstellung bringen.

„Angenommen, wir erfüllen alle genannten Faktoren, was wäre dann Ihr Angebot?"

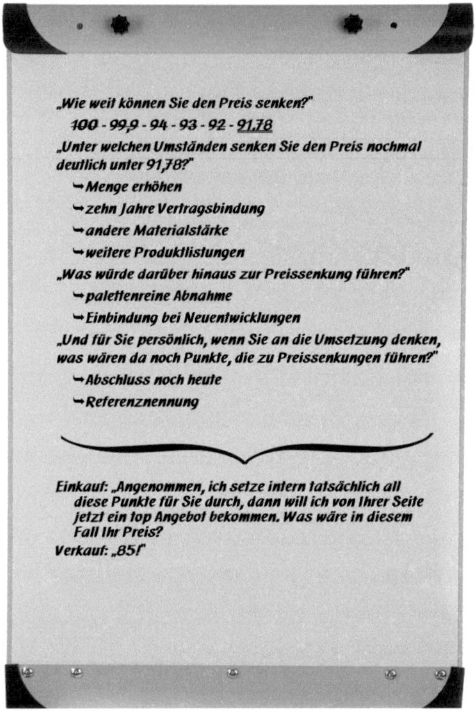

Abbildung 26: Mittels der Hypothese den Anbieter zur Nennung des idealen Anker-Werts verführen.

Nachdem Sie alle Knöpfe an der Maschine für bessere Preise beschriftet haben, stellen wir alle Knöpfe auf „100 Prozent" oder „bestmöglich". Sie erfragen den damit verbunden Preis im besten Falle (Best Case Price). Und noch mal zur Erinnerung: Auch die für uns „unsinnigen" Faktoren nehmen wir hypothetisch mit in die Betrachtung, denn sie verbessern das Ergebnis.

Wir wollen einen starken (niedrigen) Anker-Wert erzeugen. Je höher ein Nachlass, je niedriger ein Preis aus dem Mund des Verkäufers kommt, umso besser. Alle verhandlerischen Mittel, alle Faktoren sind uns dabei recht.

Praxistipp: Anhand des Flipcharts gelingt es besonders leicht. Am Telefon würden Sie alle Faktoren wiederholen, um die große Anzahl zu unterstreichen. Am Flipchart reicht es, theatralisch auf alle Punkte zu zeigen.

Die Formulierung folgt einem 3-Baustein-System:

Hypothese – Erfüllung – Ergebnis

„Angenommen, wir würden alle Punkte erfüllen, was wäre dann der Preis?" Klar, dass ich auch an dieser Stelle wieder viele verschiedene Formulierungen für Sie gesammelt habe: Greifen Sie aus der folgenden Tabelle einen Baustein aus Spalte 1, fügen ihn zusammen mit Spalte 2 und beenden die Frage mit einem Baustein aus Spalte 3. Ihr Vorteil: hundertprozentig planbar und immer wieder neu einsetzbar.

Hypothese	Erfüllung	Ergebnis	Bemerkung
Angenommen	wir würden alle Punkte erfüllen	was wäre dann der Preis?	Standardversion ohne Schnörkel
Mal den verrückten Fall vorausgesetzt,	ich würde Ihre Wünsche tatsächlich durchboxen	wie hoch wäre dann der Nachlass?	Mit starkem Konjunktiv, der die weite Entfernung der Machbarkeit und den hohen Aufwand unsererseits betont
Wenn wir	anderen Anbietern ebenfalls all diese Vergünstigen anbieten,	werden die sicher ein sehr hohes Zugeständnis bieten; wie sieht es da bei Ihnen aus?	Wenn Sie den Wettbewerb erwähnen, ist das ein zusätzlicher Trigger für einen guten Anker-Wert.

Lassen Sie uns erst mal die beste Situation anschauen.	Falls wir uns pauschal in allen Punkten zu einem O. K. durchringen könnten,	müssen wir dann überhaupt noch was zahlen, oder bekommen wir noch Geld zurück? Was wäre dann Ihr Angebot?	Spalte eins und zwei sind super. Der Scherz mit „Geld zurück" ist Charaktersache. Meine Befürchtung: Der Verkäufer lacht, anstatt richtig tief in die Tasche zu greifen.
Für den Fall,	dass wir Ihnen in sooo vielen Punkten entgegenkommen,	dann erwarten wir eine hohe Gegenleistung! Was werfen Sie in den Hut?	Andere Wortwahl und die Vokabel „entgegenkommen" aus dem Single Source-Umfeld
Bevor ich abschätzen kann,	ob wir das umsetzen wollen,	sagen Sie doch mal, was dann für uns herausspringt!	Die Hypothese als Stepstone formuliert und mit Aufforderung, statt Frage beendet.
Rein hypothetisch betrachtet,	wir würden jede dieser Forderungen erfüllen,	welchen Riesenschritt machen Sie dann im Angebot?	Die Hypothese sogar in den Satz wortwörtlich integriert. Gefällt mir gut.
Was wäre,	wenn wir all das zusagen,	Ihre Schmerzgrenze?	Bei kurzen Sätzen ist die Betonung wichtig, um das sooo große Gewicht zu transportieren.

Als Reaktion erhalten Sie den Altmannsberger-Anker-Wert

Beispiel:

Verkäufer: „In dem Fall kann ich Ihnen zwölf Prozent zusätzlichen Nachlass anbieten."

Sie erinnern sich: Beim herkömmlichen Anker hätten Sie den Anker-Wert in den Raum gestellt. Jetzt ist es der Anbieter, der – durch uns geführt – den Wert nennt.

Die zwölf Prozent aus seinem Mund sind also die Alternative zu den zwölf Prozent aus unserem Mund. Jedoch mit den ganzen bereits im Vorkapitel genannten Vorteilen wie:

- Der Einkauf kann hundertprozentig planbar vorgehen.
- Der Einkauf muss den Wert nicht suchen, finden, übertreiben.
- Der Einkauf muss den Kulturkreis nicht berücksichtigen.
- Der Einkauf muss den Wert nicht argumentativ verteidigen etc.

Anstatt diesen Aufwand zu betreiben, haben wir schlicht eine vorbereitete Frage gestellt, mehrmals wiederholt und mit der hypothetischen Abfrage den Anker-Wert aus dem Anbieter herausgekitzelt.

Da meine Methodik zu 100 Prozent planbar ist, ahnen Sie bestimmt, dass auch unsere Reaktion auf den Anker-Wert des Verkäufers eine vorher bekannte Fortsetzung hat:

- „Was?? Nur zwölf Prozent Nachlass on Top? Nein, das reicht nicht!" oder

- „Was?? Nur zwölf Prozent Nachlass on Top? Das bieten ihre Wettbewerber schon ohne jegliche Bedingung!"

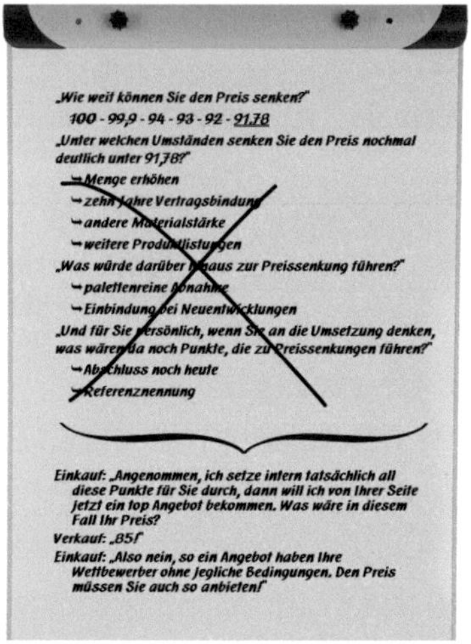

Abbildung 27: Klar visualisieren: Wegstreichen von Bedingungen

Mit der zweiten Formulierung synchron greifen Sie den Stift und streichen alle Bedingungen demonstrativ weg. Damit sind Sie am gleichen Punkt, als hätten Sie von sich aus den herkömmlichen Anker bei zwölf Prozent geworfen. Nur eben besser, leichter, glaubhafter, doppelt wirksam …

Auf keinen Fall lassen Sie sich zu einem unbedachten und von Verkäufern falsch interpretierten „O. K." hinreißen. Sie werden auf jeden Fall eine negativ-erstaunte Reaktion zeigen. Prof. Dr. Jack Nasher (siehe Literaturverzeichnis), der (zum Zeitpunkt der Drucklegung) den Lehrstuhl für Leadership & Organizational Behavior an der Munich Business School bekleidet, spricht hier von einem Flinch, einem schmerzhaften Zucken. Eine Reaktion, die zeigt, dass wir dieses Angebot nicht erwartet hätten. Nicht erwartet im Sinne von „viel zu wenig!"

Sie können mit dieser Reaktion den Altmannsberger-Anker-Wert noch mal weiter feilschen. Betrachten Sie sich aber zuerst die drei Alternativen, um dann eine Entscheidung für Ihre nächsten Schritte zu treffen. An dieser Stelle haben Sie erneut mit dem Altmannsberger-Anker große Vorteile gegenüber herkömmlichen Ankertechniken.

Schritt 3

Sie betrachten die Faktoren und Zugeständnisse im Detail und erhalten dabei Einblick in die Kalkulation des Anbieters. Sie analysieren, ob das ausgesprochene Zugeständnis auch ohne Erfüllung der Forderung erzielbar ist.

Wichtiger Vorteil: Sie können Einblick in die Kalkulation nehmen

Es ist nicht „Open Book", was wir vom Anbieter verlangen, sondern wir betrachten die Einflussfaktoren auf das gewünschte Ergebnis. Der Anbieter hat uns durch seine Wünsche/Forderungen/Bedingungen gezeigt, was ausschlaggebend für seine Preisgestaltung ist (noch mal: „Preis" steht stellvertretend für alle Ziele, die wir in der Verhandlung verfolgen). Ich rate Ihnen, zuerst die faktische Abhängigkeit zwischen Forderung und Zugeständnis zu beleuchten. Dazu ist es wichtig, die Details zu kennen. Fragen Sie zu den einzelnen Einflussfaktoren:

Beispiel 1

> **Einkauf:** „Sie sagten, dass der Preis von der Einbindung bei Neuentwicklungen abhängt. Was genau ist da Ihr Gedanke?"
> **Verkauf:** „Wir würden dann unsere Serien-Produkte schon so entwickeln, dass Sie in Ihre Geräte ohne kostenintensive Veränderung passen. Bisher mussten wir immer die Anschlüsse von einer Seite zur anderen ver-

legen. Das war zum einen in der Produktion ein hoher Aufwand, zum anderen waren die für Sie gefertigten Produkte nicht an andere Kunden verkäuflich. Das bedeutete Lagerbestände und Risiko, ob Ihr Unternehmen auch die gesamte Menge abnimmt."

Oder in Bezug auf persönliche Einflussfaktoren:

Beispiel 2

Einkauf: „Sie hatten erwähnt, dass ein heutiger Abschluss preisrelevant ist. Was steckt dahinter?"
Verkauf: „Ich habe ab morgen Urlaub und würde gerne den Deal mit Ihnen vorher in trockene Tücher bringen. Da kann ich dann im Urlaub entspannter sein."

Sobald Sie die Details und Beweggründe verstanden haben, fällt es Ihnen leicht, eine Entscheidung zu treffen:

- Ist ein Einflussfaktor wirklich fest mit dem Zugeständnis verbunden? Zum Beispiel: Wenn wir eine Ware abholen, ist es günstiger, als wenn wir diese geschickt bekommen.

- Oder ist es nur ein Komfortmerkmal, dass die Bereitschaft des Verkäufers zu einem Nachlass verbessert, aber faktisch nichts mit der Kalkulation zu tun hat? Zum Beispiel: Es ist angenehmer, heute den Auftrag sicher zu wissen. Morgen ist die Kalkulation aber noch die gleiche, nur der Verkäufer unausgeschlafen.

Einflussfaktor	Vermutung
Materialstärke vermindern	Direkter Einfluss, weil weniger Rohstoff benötigt wird
Abschluss noch heute	Indirekter Einfluss, wenn es „nur" um den ruhigen Schlaf des Verkäufers im Urlaub geht. Anders wäre es, wenn ab morgen neue Preise, Zölle, Steuern oder ähnliches gelten. Auch könnte die Verfügbarkeit eines Programmierer-Teams eine feste Verbindung mit dem Einflussfaktor ´heute´ haben.
Palettenreine Abnahme	Logistische Vorteile, wenn von jedem Artikel genau eine Palette bestellt wird. Leuchtet ein – das ist fest verbunden.
Zusätzliche Artikel listen	Das könnte einen Optimierungseffekt in der Kalkulation haben. Auf den jetzt gerade verhandelten Artikel hat es jedoch keine Auswirkung. Betrachten Sie hier die Verhältnisse zwischen bisherigem Volumen und Volumen mit dem neu gelisteten Artikel.
Ex Werk statt frachtfrei	Ziemlich sicher beeinflusst das direkt den Preis, da die Kosten und das Risiko des Transports vom Anbieter zum Abnehmer wechseln.

Auf diesem Weg arbeiten Sie sich durch die Einflussfaktoren Stück um Stück durch. In der praktischen Umsetzung werden Sie merken, ob Sie weitere Details benötigen oder eine Entscheidung „hat Einfluss auf die Kalkulation oder nicht" mit eigenem Knowhow treffen können.

Niemals leichtsinnig annehmen, zu wissen, was gemeint ist. „Don't assume!" sagen die Amerikaner, weil Sie damit „ass-u-me" einen „ass out of you and me" machen. Weil Sie damit also falsch liegen könnten und am Ziel vorbeischießen.

Ein herber amerikanischer Spruch, der aber viel Weisheit in sich trägt. Neulich bin ich selbst noch einer solchen Fehlannahme auf den Leim gekrochen: Da fragte mich der Rezeptionist im Hotel, ob ich denn die ganze Woche bliebe. Meine Annahme: Je länger desto günstiger. Da lag ich jedoch falsch. Denn ab Donnerstag war eine Reisegruppe eingebucht, folglich die Zimmer knapp und ich müsste dann die unverhältnismäßig teurere Präsidentensuite beziehen und bezahlen.

Praxistipp: Nachdem Sie einen Überblick über die Anzahl der Einflussfaktoren mit fester Bindung haben, schätzten Sie Ihre Chancen ab, den Anker-Wert als Ergebnis zu realisieren.

Fall 1 – alle Faktoren sind Komfortmerkmale

Sind alle Faktoren nur Komfortmerkmale, so können Sie mit einem Ergebnis rechnen, dass sich nah am Anker-Wert orientiert. Ich gehe sogar noch weiter: Sie könnten sogar einen Wert erreichen, der besser als der Anker-Wert ist. Sprach der Verkäufer also von zwölf Prozent, können Sie womöglich 13 Prozent oder sogar 20 Prozent Nachlass erreichen.

Vorteil gegenüber der herkömmlichen Ankertechnik: Sie haben noch keine Aussage getroffen. Wenn Sie den Eindruck haben, da geht mehr und sie gleichzeitig bereit sind die Forderungen des Anbieters umzusetzen, so werfen Sie jetzt einen herkömmlichen Anker ihrerseits.

Das Beispiel: Verkauf sagt: „Zwölf Prozent" – Einkauf: „Also nein, wenn ich mir all Ihre Forderungen ansehe und die attraktiven Angebote Ihrer Wettbewerber danebenhalte, dann ist Zwölf Prozent unrealistisch. Da sind mindestens 25 Prozent machbar!"

Fall 2 – Einflussfaktoren sind fest verbunden

Alle Einflussfaktoren sind *fest* mit der Kalkulation verbunden und Sie können *keinen davon* erfüllen.

Diese Situation ist gar nicht so selten! Fachbereiche, die ganz genaue Vorgaben auf 5-Sterne-Niveau geben, keine Wettbewerber in Sicht und ein Forecast ist schon gar nicht machbar, weil keiner den Kopf dafür hinhalten will.

In diesem Fall nutzen Sie isoliert den Ankereffekt des Altmannsberger-Ankers: Den *psychologischen Effekt*, dass eine Zahl in den Raum gestellt wird, an der sich dann die Parteien orientieren. Im Vergleich:

Herkömmlicher Anker	Altmannsberger-Anker
Einkäufer: „Ich will zwölf Prozent Nachlass!" Verkäufer: „Puh, das ist zu viel!"	Einkäufer: „Unter welchen Umständen … Nachlass? Verkäufer: „A, B, C …" Einkäufer: „Gesetzt den Fall A, B und C, was dann?" Verkäufer: „Zwölf Prozent"

Einziger Unterschied in diesem schlechtesten Fall: Der Verkäufer nennt den Wert zwölf Prozent (durch uns zum idealen Wert verführt), statt dem Einkäufer (der viel dafür tun muss, den richtigen Wert zu treffen). Aber allein dieser Unterschied ist groß in der Wirkung. Noch mal zur Erinnerung: Ein Wert aus dem Mund des Verkäufers ist für ihn gefühlt doppelt so wirksam, wie aus dem Mund seines Gegners, dem Einkäufer.

Fall 3 – Mischformen

Einige der Einflussfaktoren kommen in Frage, *andere nicht*.

Versuchen Sie in diesem Fall, möglichst alles/viel vom Altmannsberger-Anker-Wert in die realistische Situation zu verhandeln. Genau wie beim herkömmlichen Anker orientieren sich die Beteiligten nun am Anker-Wert. In unserem Beispiel also an zwölf Prozent. Zudem sparen wir uns die Diskussion über die Korrektheit des Wertes, weil er nicht von uns stammt.

Verkäufer bestätigen mir im Training, dass es schwerfällt, von ausgesprochenen Anker-Werten (wie hier zwölf Prozent) wieder runter zu kommen. Selbst dann, wenn der Nachlassgrund wegfällt bzw. wenn der Einflussfaktor nicht erfüllt wird.

Vergleichen Sie gerne eine Situation aus Ihrem direkten Umfeld: Was wird leichter sein, einem Kollegen das zu hohe Gehalt zu kürzen oder ein zu niedriges Gehalt zu erhöhen? Eindeutig – oder?

Wir haben es eben gerne sicher, konservativ und einfach, auch wenn uns das viele Chancen kostet. Gefahren wurden in der Menschheitsgeschichte schon immer stärker bewertet als Chancen. Wenn der Urmensch vor einem 100 Meter tiefen Felsspalt stand und dachte: „Der Felsspalt ist genau vier Meter breit. Ich weiß auch, dass ich bei Übungen im platten Sand in 50 Prozent der Fälle knapp 3,50 Meter geschafft habe. Ich müsste also den Rand des Felsens gegenüber mit den Händen greifen können, weil mein Sprung eine Parabelform hat und ich ja nicht senkrecht mit den Füssen landen muss, sondern mit den Händen, die ich nach oben recke. Schaut doch gut aus! Also spring ich!“ Kurz gesagt: Es haben sich vorwiegend diejenigen fortgepflanzt, die aus Sorge den langen Umweg um die Felsspalte in Kauf nahmen. Ihre und meine Ururururgroßeltern hatten das Mindset: Im Zweifel lieber vorsichtig. Das prägt heute noch unser Verhalten. Bestätigt wird das durch unseren Ruf als Vollkasko-Menschen: Wie oft ist Ihr Haus abgebrannt oder Ihre Wohnung ausgebrannt? Haben Sie es versichert? Wie oft sind Sie gestorben? Haben Sie dennoch eine Lebensversicherung? Wie oft haben Sie den Airbag benutzt? Eindeutig – oder?

Der Anker-Wert bleibt, die Bedingungen werden reduziert.

Setzen Sie das Signal: „Ich akzeptiere den Nachlass von zwölf Prozent, kann aber nur die Bedingung A und C erfüllen." Das ist der von mir bevorzugte Weg: Voller Anker-Wert, aber auf die in meiner Situation realistischen Bedingungen gekürzt. Wir gehen erst mal den für uns vorteilhaften Weg und lassen die zwölf Prozent unangetastet. Nur wenn der Verkäufer hartnäckig dagegenhält, reagieren wir. An der Stelle könnte auch ein Mauertest (siehe Folgekapitel) eingesetzt werden.

Praxistipp: Sie können an dieser Stelle taktisch vorgehen, indem sie erst mal Lieblingsforderungen des Anbieters wegstreichen, die Sie nachher (aufgrund von weiteren Zugeständnissen) wieder inkludieren. Ich spreche davon, verhandelbare Masse zu erzeugen und zu sichern. Wenn Sie also wissen, dass ein heutiger Abschluss für den Verkäufer ganz wichtig ist, lassen Sie ihn diesbezüglich zappeln.
Oder sie gehen den etwas sanfteren, partnerschaftlichen Weg mit dem Risiko, Abstriche im Ergebnis zugunsten der Fairness zu erleiden.

In diesem Fall fragen Sie, welcher Anteil der zwölf Prozent auf die realistischen Faktoren entfällt. Pfiffig fragen Sie, indem Sie sogar eine Verbesserung der zwölf Prozent bei weniger Einflussfaktoren fordern:

Einkäufer: „Sie haben ja bestimmt noch viel Spielraum. Wenn wir mal von Menge und Vertragsbindung absehen, wie weit können Sie die zwölf Prozent für die restlichen Bedingungen erhöhen?“
Verkäufer: (tappt in die Falle) „Ohne die Mengenerhöhung und Vertragsbindung kann ich nicht über zwölf Prozent hinaus gehen!“

Unterstützend dazu decken Sie am Flipchart die unerwünschten Punkte mit Ihrer Hand ab.

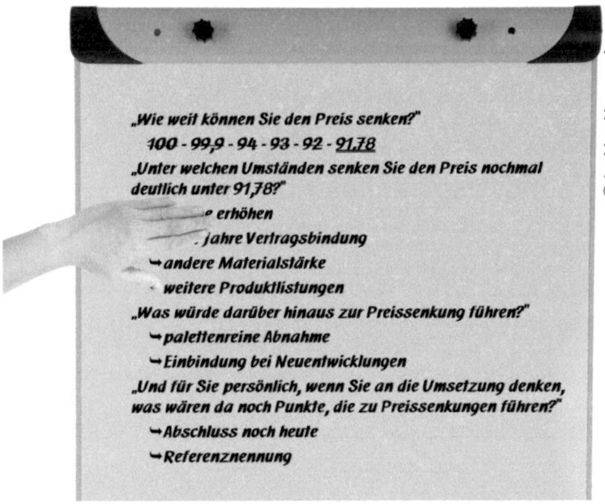

© by Urs Altmannsberger

Abbildung 28: Während der Verhandlung weiter mit Visualisierungen arbeiten

Es ist jetzt also der Moment gekommen, den Sie aus den früheren Verhandlungen kennen. Sie loten aus, wie weit Sie den vollen oder nur einen Teil des Altmannsberger-Anker-Wertes für Ihr Unternehmen sichern können.

Analog zur Verhandlung des Preises (s. Kapitel 6: Zugeständnisse ohne Gegenleistung) suchen Sie im Dialog mit dem Anbieter nach dem für Ihre Situation günstigsten Verhältnis zwischen Preis und Leistung.

Nutzen Sie dafür weiterhin

- Hypothesen, um alternative Zusammenstellungen von Leistung und Preis abzutasten
- Offene Fragen, um auszuloten, wie weit der Anbieter sein Angebot verbessert
- Frageführung: Sie fragen, der Anbieter antwortet. Sie werden schlauer, der Anbieter bleibt auf seinem Wissensniveau

Diese Phase endet dort, wo Sie für Ihre realistische Situation den besten Preis erreicht haben. Markant ist dabei die Aussage, die Weigerung des Verkäufers: „Nein, ein weiteres Senken des Preises ist nicht möglich!" Und jetzt? Wollen Sie sich damit zufriedengeben? Nein, natürlich nicht!

Nach wie vor gelten meine bekannten Sprüche: „Mindestens ein Prozent geht immer noch!" und „Jeder finanzielle Krümel, den wir jetzt einsammeln, ist sein Vielfaches in der Gewinnsteigerung wert!"

Warum noch weiter verhandeln?

Aktivität	Verbundener Aufwand	Effekt auf angenommene 4 % Gewinn
Ihr Verkauf verdoppelt den Umsatz – was recht unwahrscheinlich ist.	Es müssen doppelte Produktionskapazitäten geschaffen werden. Neues Personal muss gesucht, gefunden und eingearbeitet werden. Das Produktionsgebäude muss vergrößert werden.	Gewinn in Prozent bleibt gleich (Gewinn in Euro steigt, dafür aber auch doppelte Unternehmensgröße, Risiken ...).

	Dafür muss ein Grundstück direkt nebenan gefunden werden. Die Finanzdecke des Unternehmens muss aufgestockt werden.	
Sie holen ein Prozent mehr raus.	Ein paar Minuten Ihrer Zeit.	Gewinn steigt von vier auf fünf Prozent und damit um 25 Prozent. Kein zusätzliches Risiko.

Aus diesem Grund sammeln wir zusätzliche geldwerte Vorteile ein, die *verhandelbaren Elemente.*

7.6 Nutzen Sie die verhandelbaren Elemente, um Einsparpotenziale zu generieren

Sie sind jetzt schon sehr gut vorangekommen. Wenn Sie nach unserem Ablaufplan vorgegangen sind, sind Sie mit einer Startrampe schwungvoll in das Gespräch eingestiegen und haben dabei den Verkäufer zu weitreichenden Zugeständnissen bewegt. Danach haben Sie die Sahne abgeschöpft, indem Sie Preiszugeständnisse ohne eine Gegenleistung von Ihrer Seite erreicht haben. Mit dem Altmannsberger-Anker haben Sie den bestmöglichen Preis unter idealen Umständen erkannt und in der weiteren Verhandlung als herkömmlichen Anker genutzt, um weitere Einsparpotenziale zu heben.

Jetzt jedoch stehen Sie vor einer neuen Herausforderung. Von dem Verkäufer hören Sie Aussagen wie: „Weiter kann ich jetzt nicht mehr gehen! Unter keinen Bedingungen!"

Praxistipp: Die Übersetzung in unser Einkäufer-Deutsch heißt: „Es gibt jetzt keine Umstände mehr, die Sie nutzen können, um Zugeständnisse zu erreichen." Die überwiegende Zahl der Verhandlungen würde an dieser Stelle zum Erliegen kommen. In der Praxis steht dann lediglich die Entscheidung an, ob der Auftrag auf dieser Basis durchgeführt wird oder nicht.

Steuern Sie Zugeständnisse außerhalb des Preises an

Natürlich gehören Ihre Verhandlungen künftig nicht zu denjenigen, die jetzt beendet sind. Sie kämpfen und verhandeln weiter. Ihr Ansatzpunkt sind Zugeständnisse, die außerhalb des Preises möglich sind. Private Autokäufer würden jetzt über Fußmatten sprechen. Business-Einkäufer sprechen über die frachtfreie Lieferung. Und worüber sprechen Sie?

Wie viele verhandelbare Elemente – ich meine damit die kleinen Dreingaben die Fußmatten beim Autokauf oder gratis Lieferung bei Möbeln, die doch einen Vorteil für das kaufende Unternehmen haben - gibt es Ihrer Einschätzung nach? Setzen Sie die Liste fort, notieren Sie weitere Elemente in Ihrem Notizheft:

1. Zahlung mit Abzug von Skonto
2. Lieferung frachtfrei
3. Rücknahme zu viel bestellter Ware bis ... Prozent des Bestellvolumens zum ehemaligen Einkaufspreis
4. Garantieverlängerung um ... Monate
5. Sicherheitsbestände als Puffer beim Lieferanten
6. Proaktive Benachrichtigung, wenn Produkte demnächst schwer verfügbar sein werden
7. keine Mindermengenzuschläge
8. Zugang zu kalkulationsrelevanten Marktdaten
9. ...

Es gilt, diese verhandelbaren Elemente zu nutzen!

Stellen Sie einen Katalog mit Ihren firmentypischen verhandelbaren Elementen zusammen und aktualisieren Sie diesen Katalog regelmäßig.

So können Sie in allen Situationen die Möglichkeiten voll ausschöpfen, indem Sie stets auf einen innovativen Pool an Ideen zurückgreifen. Künftig gehören Ärgernisse nach der Verhandlung wie „Verdammt, jetzt habe ich ganz vergessen, nach dem Rückgaberecht zu fragen!" der Vergangenheit an.
Am besten, Sie gehen dabei wie folgt vor:

1. Bitten Sie alle Mitarbeitenden im Einkauf, eine Woche lang aufzuschreiben, welche verhandelbaren Elemente, welche kleinen Dreingaben, im Tagesgeschäft auftauchen.
2. Am Ende der Woche treffen Sie sich mit allen Kolleginnen und Kollegen und notieren die verhandelbaren Elemente auf Moderationskarten, die Sie an einer Pinnwand befestigen.
3. Ziehen Sie sich in kleinen Gruppen zurück und führen Sie ein 30-Minuten-Brainstorming durch, um auf Basis der bisherigen Ideen die Sammlung zu vervollständigen.

Dabei gelten die folgenden Regeln:

- Ideen sammeln, sammeln, sammeln
- Zurückhaltung jeglicher Kritik (auch nonverbale Kritik wie Naserümpfen, Augenrollen oder Kopfschütteln ist nicht erlaubt)
- jede Idee schriftlich festhalten

- auch halb fertige und ungeprüfte Ideen direkt aufnehmen
- möglichst vielfältige Gedankenwelten ansprechen
- Bewegung schaffen, Ideenspaziergänge ermöglichen, etwa: rausgehen, eine Runde um das Gebäude drehen

Praxistipp: Sammeln Sie dann wieder alle Ideen an der Pinnwand im Plenum. Achten Sie darauf, dass die Ideen verständlich formuliert sind. Verdichten Sie die Ideen in einem Kernsatz, statt nur ein Schlagwort zu notieren. Ein Kernsatz wie „Rücknahme zu viel bestellter Ware bis … Prozent des Bestellvolumens zum ehemaligen Einkaufspreis" ist besser als „Rücknahme" – das könnte zu Missverständnissen führen.

In Trainings und Coachings sammeln wir mit dieser Methode regelmäßig mehr als 100 verhandelbare Elemente, die in der Praxis der Einkaufsabteilung gewinnbringend genutzt werden. Es reicht dann, vor oder in der Verhandlung einen Blick auf die Liste zu werfen.

So verarbeiten Sie die verhandelbaren Elemente optimal in Ihrer Verhandlung

Zur Erinnerung: Noch befinden wir uns in der Fragephase! Wir senden keine Informationen aus, wie das in der Sagephase üblich ist. Das bedeutet: Auch bei der Bearbeitung der verhandelbaren Elemente lenken wir das Gespräch vor allem mit Fragen.

> **Einkäufer:** „Was ist jetzt tatsächlich das Äußerste, das Sie unter den zusätzlichen Bedingungen a, b und c bieten können?"

Verkäufer: „7,25 Prozent sind tatsächlich jetzt das Äußerste der Gefühle. Aufgrund der zusätzlichen Bedingungen konnte ich bis dahin gehen, weiter ist aber nichts mehr möglich. Ansonsten müsste ich tatsächlich den Auftrag sausen lassen."
Einkäufer: (grübelt) „Ich erkenne Ihre Bereitschaft, uns entgegenzukommen, wirklich an. 7,25 Prozent sind ja auch tatsächlich schon ein Schritt nach vorn. Allerdings reicht es so noch nicht für die Auftragsvergabe an Sie." (fährt fort und geht zu den verhandelbaren Elementen über) „Was können Sie mir neben dem Preis anbieten, das Ihr Angebot attraktiver erscheinen lassen würde?"
Verkäufer: „Ich wäre bereit, Ihnen einen Musterkoffer für Ihren Fachbereich ‚Entwicklung' bereitzustellen. Dann hätten die Ingenieure jederzeit Zugriff auf die verschiedenen Bauteile. Ihnen würde das die vielen Einzelbestellungen aus diesem Bereich ersparen."
Einkäufer: „Aha, ein Musterkoffer könnte es sein. Was noch?"

Stellen Sie jetzt immer wieder die im Kern gleiche Frage nach dem „Was noch?" in verschiedenen Formulierungen, um herauszufinden, was der Verkäufer zusätzlich zu bieten hat.

Kommt der Verkäufer nicht so recht in Schwung und zeigt an dieser Stelle kein Entgegenkommen, bietet es sich an, einmalig nach einem verhandelbaren Element zu stochern. Danach verlegen Sie sich wieder aufs Fragen:

Einkäufer: „Was können Sie mir neben dem Preis anbieten, was Ihr Angebot attraktiver erscheinen ließe?"
Verkäufer: „Keine Ahnung. Was meinen Sie denn?"
Einkäufer: „Beispielsweise eine Garantieverlängerung um mehrere Monate."
Verkäufer: (etwas skeptisch) „Jaaaa, das könnte man zur Not machen."
Einkäufer: (wendet wieder Fragetechnik an) „Was gäbe es sonst, was Ihnen leichter fällt?"

Indem Sie die Vorschläge des Verkäufers abfragen, erhalten Sie Antworten, die für Sie wiederum zu neuen verhandelbaren Elementen führen. Das heißt: Jede Verkäuferantwort stellt für Sie ein mögliches, vom Verkäufer akzeptiertes verhandelbares Element dar.

Bedenken Sie dabei: Würden Sie stattdessen Vorschläge unterbreiten, würde sich erst durch die Antwort des Verkäufers zeigen, ob Sie einen Treffer gelandet oder eine Niete gezogen haben. Besser ist es, mit Fragetechnik den Verkäufer zu motivieren, seinerseits Vorschläge zu formulieren, die Sie dann als verhandelbare Elemente nutzen.

Die Mauer: unüberwindbar oder nicht?

Es ist so weit: Sie erreichen nun eine Mauer. Diese Mauer stellt im übertragenen Sinne „die Wahrheit" dar. Sie haben – wenn bisher alles nach Plan gelaufen ist – den wahren Verkaufspreis erreicht. Sie sind am Rand des AMA auf dem für Sie günstigsten Punkt „AMA optimal" gelandet, also am untersten Rand der gemeinsamen Übereinstimmung des „Areals Möglicher Abschlüsse". Das Messkriterium dafür ist „Job erledigt!" und bedeutet:

- Es geht nichts mehr bei der puren Betrachtung des Preises.
- Es geht auch nichts mehr, wenn wir Einflussfaktoren realistisch verändern oder die psychologische Taktik des Altmannsberger-Ankers anwenden.
- Es geht nichts mehr außerhalb des Preises.

Aber stimmt das wirklich? Klare Antwort: Nein! Im folgenden Kapitel beschäftigen wir uns mit der Mauer. Ist die Mauer wirklich echt? Oder ist die Mauer nur ein Mäuerchen? Vielleicht sogar nur eine Gummimauer? Doch jetzt folgt erst einmal das Fazit zum siebten Kapitel.

Fazit:

- Mit dem Altmannsberger-Anker erkunden Sie die Ränder der Entscheidungslandkarte und nutzen gleichzeitig den psychologischen Effeklt des herkömmlichen Ankers.
- Ob Forderungen des Anbieters lukrativ oder sinnlos sind, entscheiden Sie, nachdem Sie das Gegengewicht kennen.
- „Unter welchen Umständen können sie das jetzige Angebot nochmals verbessern" und „Was wäre dann Ihr Angebot im Idealfall" – die Antworten des Vertriebsmitarbeitenden auf diese Fragen eröffnen Ihnen weitere Einsparpotenziale.
- Es ist prinzipiell möglich, weitere Einsparpotenziale zu entwickeln, indem Sie weitere Zugeständnisse mit Gegenleistungen verknüpfen.

- Dabei bereiten Sie den Altmannsberger-Anker vor, indem Sie alle Bewegungsfaktoren abfragen.

- Fragen Sie den Verkäufer, welcher Preis machbar wäre, wenn alle Faktoren optimal eingestellt sind: So kommen Sie dem „Preis im besten Falle“, dem Best-Case-Preis, auf die Spur. Mit diesem Wert setzt der Verkäufer selbst den psychologischen Anker-Wert, den Sie für den Altmannsberger-Anker nutzen.

- Sparen Sie sich mit dem Altmannsberger-Anker die „Beweislast“ für den niedrigen Zielpreis, diesen Wert hat der Verkäufer Ihnen selbst genannt.

- Erfragen und nutzen Sie alle Bewegungsfaktoren – die Faktoren, die den Verkäufer zu weiteren Zugeständnissen bewegen –, um Ihr Verhandlungsergebnis zu optimieren.

- Berücksichtigen Sie stets auch die „innere persönliche“ Motivation des Verhandlungspartners, also auch die versteckten persönlichen Ziele, die er oder sie verfolgt.

- Sammeln Sie zudem verhandelbare Elemente, sogenannte Dreingaben ein, die das Angebot für Ihr Unternehmen zusätzlich zum Toppreis attraktiver werden lässt

Durchbrechen Sie die Gummimauer – mit dem Mauerbrecher finden Sie die echte situative Schmerzgrenze heraus

Was Ihnen dieses Kapitel konkret bringt:

- Sie erhalten Hinweise, wie Sie mit dem Verkäuferstatement „Da geht nichts mehr!“ konstruktiv umgehen.
- Sie lernen verschiedene Methoden kennen, wie Sie Gummimauern durchbrechen.
- Sie erlernen Methoden, Bluff von Wahrheit und echte Mauern von Gummimauern zu unterscheiden.
- Sie erhalten Anregungen, wie Sie Ihre Verhandlungen professionell abschließen.

8.1 Gummimauer: Gibt es die EINE, WAHRE, ECHTE Mauer?

Eines vorweg: Optimaler Preis, Schmerzgrenze, Preisuntergrenze, Mauer, letztes Angebot – vergessen Sie die Diskussion um den korrekten Namen. Konzentrieren wir uns darauf, diese Grenze zu erreichen.

Der Verkäufer wird diese Grenze aus Eigennutz verstecken, um möglichst viel Gewinn zu erzielen. Das bedeutet: Er wird seinerseits versuchen, Ihre Schmerzgrenze als Kunde auszuloten. Fragen wie „Welchen Preis haben Sie sich vorgestellt? Wie hoch ist das Budget? Wie weit dürfen wir das Budget maximal überschreiten?" zielen genau darauf ab. Übrigens: Der Verkäufer wird mit Provisionen dafür belohnt, wenn er besonders hochpreisig, mit geringem oder gar ohne Nachlass verkauft. That's the game!

Mit den Methoden, die Sie bisher kennengelernt haben, konnten Sie sich Zug um Zug an die Wahrheit heranpirschen. Nach dem ursprünglichen Erstangebot haben Sie sich wie ein fleißiger Steinmetz an den wahren, harten Kern herangemeißelt. Früher oder später jedoch wird Sie der Verkäufer mit der Killerphrase „Da geht nichts mehr!" konfrontieren. Ist diese Mauer unüberwindlich? Oder trügt der Schein? Sie wissen ja nicht genau: Ist dies das wirklich letzte Wort Ihres Verhandlungspartners? Was Sie aber genau wissen: Es ist die Definition Ihres Einkäuferjobs: das (Best-)Mögliche herauszuholen.

Fragen Sie sich darum: Haben Sie Ihr persönliches Ziel tatsächlich mit dem Erreichen der Killerphrase des Verkäufers verwirklicht? In Kapitel 4 zum „relativen Ausloten" haben wir gemeinsam erarbeitet: Es gibt keine wahre, echte Schmerzgrenze. Wir können aufgrund der unzähligen Einflussfaktoren nicht genau vorhersagen, wo heute und unter den im Augenblick geltenden Umständen die situative Schmerzgrenze liegt. Mit anderen Worten: Wir haben uns zwar dem wahren situativen Kern schon deutlich genähert, können aber noch nicht zweifelsfrei beantworten, ob wir das Optimum tatsächlich erreicht haben. Darum kümmern wir uns jetzt!

Wir fassen die Situation zusammen:

- Ihr Lieferant kennt die situativ gültige Grenze.
- Er hält mit der wahren Grenze hinter dem Berg.
- Daher müssen wir ihm diese Wahrheit oder Grenze trickreich entlocken.

Mit der im nächsten Absatz folgenden *Mauerbrecher-Frage* blicken Sie hinter die Theaterkulissen des Lieferanten. Sie rufen aktiv, also durch Ihr bewusstes Zutun, klarere Signale ab. So entscheiden Sie, was an der Mauer passiert! Das ist allemal besser, als sich reaktiv mit Killerphrasen des Verkäufers herumzuschlagen.

Ob die Mauerbrecher-Frage zu einem Mauertest wird, zeigt letztlich das Ergebnis. Ihr primäres Ziel ist, weitere Zugeständnisse zu erreichen. Haben Sie dabei den wahren (in diesem Fall tiefstmöglichen) Preis erreicht, schaffen Sie es nicht mehr, die Mauer zu durchbrechen. Dann haben Sie die Mauer gestestet, sind aber nicht weiter gekommen. Ein Grund zu jubeln, denn damit haben Sie Ihren Job professionell erledigt: Sie haben das bestmögliche Ergebnis erreicht und können nun entscheiden, ob und mit welchem Lieferanten Sie abschließen.

Doch einen Schritt zurück: Sie können die Entscheidung, ob Sie in Ihrer Verhandlung das Optimum erreicht haben, erst fällen, wenn Sie wissen, ob es sich bei der Killerphrase des Verkäufers um einen Bluff handelt oder nicht. Sie müssen aktiv herausfinden, ob Sie nicht Gefahr laufen, doch noch zu früh abzuschließen. Sie müssen aktiv herausfinden, ob Sie nicht Gefahr laufen, doch noch zu früh abzuschließen, weil noch weitere Zugeständnisse möglich wären.

Mauerbrecher: So überwinden Sie künftig das „Da geht nichts mehr!"

Mit der Mauerbrecher-Frage gelingt es Ihnen rasch, sich Klarheit zu verschaffen und Bluff von Wahrheit zu unterscheiden. Um die Mauerbrecher-Frage passgenau einzusetzen, sollten Sie die Mechanik kennen und erkennen, die sich im Hintergrund bewegt. Damit sind Sie zudem in der Lage, eine für Sie ideale und authentische Formulierung zu entwickeln.

Lassen Sie uns im Folgenden von der „Gummimauer" sprechen, wenn der Lieferant blufft und noch Luft in den Konditionen hat. Dagegen soll von der „echten Mauer" in Preis oder in den Konditionen die Rede sein, wenn diese hart und unumstößlich das bestmögliche Angebot begrenzt.

Schauen Sie mit der Mauerbrecher-Frage hinter die Stirn des Gegenübers. Um die Wirkungsweise der Mauerbrecher-Frage zu verdeutlichen, nutzen wir ein einfaches Beispiel:

- Nehmen wir an, in dem Gespräch zwischen dem Verkäufer und Ihnen beläuft sich der ursprüngliche Angebotspreis auf 100 Euro.
- Mithilfe unserer Methoden der vorangegangenen Kapitel haben Sie den Angebotspreis bereits auf 80 Euro gesenkt.
- Der Verkäufer hat die Freigabe von seiner Vorgesetzten, auf minimal 60 Euro herunterzugehen.

- Sie haben ein Budget von 75 Euro.
- Die letzten beiden Werte sind den Gesprächspartnern wechselseitig unbekannt.

Bisher haben wir den Verkäufer immer näher an unser Budget herangeführt (also jene 75 Euro). Bei jedem weiteren Zugeständnis hat er sich mehr geziert. Jetzt spiegelt uns der Verkäufer eine Mauer vor. Er glaubt, mit dem jetzt angebotenen Preis von 80 Euro sein Ziel erreichen zu können, also den Auftrag zu erhalten. Wobei der Preis natürlich wieder stellvertretend für alle anderen verhandelbaren Kriterien steht. Unsere Aufgabe besteht nun darin, herauszufinden, ob die sprachliche Mauer, die sich in der Äußerung „Da geht nichts mehr“ niederschlägt, tatsächlich unüberwindbar ist.

Wir steigen also in die Verhandlung an der Stelle ein, an der der Verkäufer sagt: „80 Euro sind das Beste, was ich machen kann. Weiter runter geht es nicht! Sonst legen wir mit jedem Bauteil Geld drauf!“

Und jetzt stellen Sie die Mauerbrecher-Frage. Die Formulierung wurde auf Basis meiner langjährig eingesetzten Methode „1-Euro-Frage“ entwickelt, die ich heute noch gerne als Alternative zur Mauerbrecher-Frage einsetze und die von meinem sehr geschätzten Kollegen Tim Taxis in der Formulierung nochmals verfeinert wurde: „80 Euro sind nicht akzeptabel! Lassen SIE es jetzt daran scheitern?“

Mein **Praxistipp**: Betonen Sie dabei besonders das SIE!

Extravorteil!

Sie finden Videobeispiele zur richtigen Betonung des Mauerbrechers auf der kostenlosen Downloadseite.

Eine Mauerbrecher-Frage umfasst immer vier Bausteine, die wir uns jetzt im Einzelnen anschauen:

Baustein 1: Was geht im Kopf des Verkäufers vor?

Baustein 1 der Mauerbrecher-Frage besagt, dass Sie die folgende Frage beantworten müssen: „Befinden sich Hirn und Mund des Verkäufers miteinander im Einklang?"

Vergleichen wir dazu idealtypisch die Vorgänge im Verkäufer-Hirn. Einmal ist erst bei 60 Euro Schluss (es handelt sich dabei um den Verkäufer-Bluff, die Gummimauer), das andere Mal wäre bei 80 Euro tatsächlich die Grenze erreicht (der Verkäufer sagt also Wahrheit):

Das geht im Verkäuferkopf vor:

Gummimauer	Echte Mauer
Hirn: „80 Euro geht locker. Ich kann auf 60 Euro runter. Ich habe noch 20 Euro Luft. Meine Geschäftsführung erwartet den Auftrag auch, wenn der Einkäufer 60 Euro fordert."	Hirn: „80 Euro sind die Grenze!"
Mund: „80 Euro sind die Grenze."	Mund: „80 Euro sind die Grenze!"

Im Wahrheitsfall besteht im Kopf des Verkäufers eine Übereinstimmung zwischen Denken und Sagen, zwischen tatsächlicher und ausgesprochener Wahrheit. Bei der Gummimauer dagegen nicht.

Baustein 2: Den Verkäufer unter Stress setzen

Kommen wir zu Baustein 2 der Mauerbrecher-Frage, mit dem wir den Verkäufer unter Stress setzen, um die Wahrheit zu erfahren. Wenn Sie nun fragen, warum es notwendig ist, den Verkäufer unter Stress zu setzen, lautet meine klare Antwort: Stress ist ein Wahrheitsserum. Unter Stress reagieren wir Menschen schneller, fast schon im Affekt. Wir nutzen dann den „schnellsten“ Teil unseres Hirns, den Hirnstamm, auch „Reptilienhirn“ genannt. Es ist auf die unbewusste (vegetative) Steuerung der lebensnotwendigen Bereiche wie Atmung und Herzfrequenz und auf schnelle Reaktionen getrimmt. Es wägt nicht lange die zur Verfügung stehende Optionen ab, sondern entscheidet sich für die bisher erfolgreiche Option, die das „Überleben“ sichert: Bei Verkäufern ist dies gelernt das „Entgegenkommen, Nachlass anbieten“.

In entspannten Phasen der Verhandlung reagieren wir dagegen bedacht(er). Unser Neocortex, das rational abwägende Hirn, arbeitet und mischt sich ein, wir lassen uns mehr Zeit. Denken, reden, hören ... – für all das gibt es im entspannten Zustand viel mehr Raum. Diesen zusätzlichen, zeitlichen Raum benötigt der Verkäufer, um im Falle der Gummimauer die Wahrheit und seine ungefilterte Reaktion, nämlich „Es geht noch 20 Euro günstiger, meine Geschäftsführung hat mir bis 60 Euro die Freigabe erteilt“ in die Fiktion „Da geht nichts mehr! Bei 80 Euro ist Schluss!“ zu übersetzen.

Eine Frage dazu, Herr Altmannsberger!

Das kann doch nicht so schwer sein für den Verkäufer. Er behauptet einfach, dass nichts geht, und Punkt!

Urs Altmannsberger: Können Sie sich bei einem Horrorfilm so richtig entspannen? Oder geht es Ihnen nicht vielmehr so wie den meisten, dass Sie angespannt sind, was gleich passieren wird? Ich erinnere mich gut an den Spannungsaufbau bei dem Film „Der weiße Hai". Klar, uns als Zuschauer war bewusst: Das ist nur ein Film! Gleichzeitig jedoch knabberten wir nervös an den Salzstangen und ließen im spannendsten Moment den Mund offen stehen.

Und so geht es auch den Verkäufern?

Urs Altmannsberger: Auch die schauen im übertragenen Sinne einen Horrorfilm. Bei Wikipedia heißt es unter dem Stichwort „Vertriebssystematik": „Oft folgt dieser Prozess dem bekannten Trichtermodell, wobei aus 1.000 Adressen 100 Kontakte mit zehn Kunden werden." Demnach benötigt der Verkäufer 100 potenzielle Aufträge, um zehn wahre Aufträge zu erreichen. Der Horror für den Verkäufer: Von 100 Verhandlungen enden 90 im übertragenen Sinne im Magen des weißen Hais. Man spricht dann von einer negativen Vorkonditionierung. Der Verhandler geht innerlich bereits von einem Scheitern aus, bevor es tatsächlich passiert. Dadurch gerät er zusätzlich unter Stress.

Baustein 3: Den Preis und Wert des Verkäufers testen

Wenn Sie den Verkäufer unter Stress gesetzt haben, sind wir immer noch nicht am Ende angelangt. Denn bei Baustein 3 der Mauerbrecher-Frage wird der Wert – also der Preis von 80 Euro – des Verkäufers getestet. Wichtig ist: Greifen Sie den Wert des Verkäufers an. Also nicht den eigenen! Bedenken Sie: Da es keine fixe Schmerzgrenze gibt, sagt der Verkäufer folglich stets die Unwahrheit, wenn er äußert: „Da geht nichts mehr!" Es geht ja eben doch immer noch etwas, selbst wenn dieses Etwas nur ein Cent wäre.

Damit treffen wir den Verkäufer an einer besonders empfindlichen Stelle. Mit der Frage „80 Euro sind nicht akzeptabel, lassen Sie die Verhandlung daran scheitern?“ steht im Raum, dass 79,99 Euro vielleicht schon ein akzeptabler Wert sein könnte. Damit führen wir den Verkäufer in ein Dilemma und setzen ihn gewaltig unter Stress. Wegen eines Cents oder auch eines Euros würde er die Verhandlung doch sicher nicht scheitern lassen. Er hat ja noch Luft. Dennoch muss er jetzt Farbe bekennen. Elektrisiert von dem Schock „Lassen SIE es daran scheitern?“ wird er sich jetzt zur Wahrheit bekennen.

Andererseits gilt: Wenn wir tatsächlich die situative Schmerzgrenze erreicht haben, der Verkäufer folglich die Wahrheit sagt, dann haben wir unser Ziel ebenfalls erreicht. Der Verkäufer wird mit einem „Ja, dann scheitert es!“ reagieren. Wir wollten herausfinden, ob die Mauer echt ist. Das wissen wir jetzt. Auch ein „Ja“ ist dann ein qualifiziertes Ergebnis, mit dem Sie weiterarbeiten können. In der Tabelle „Fortsetzung der Verhandlung durch Sie“ finden Sie die richtige Reaktion darauf.

Betrachten wir noch die andere Seite der Medaille: Hätten wir unser Budget getestet – „Wir verlangen 75 Euro!“, wäre das nahezu stressfrei für den Verkäufer. Wir sagen: „Wir sind bereit, für 75 Euro abzuschließen“, und bekunden damit nochmals unseren Willen, mit dem Lieferanten zusammenzuarbeiten, und werden gleichzeitig angreifbar.

Erfahrene Verkäufer wissen: Verlangt der Einkäufer einen fixen Wert, dann übertreibt er aller Wahrscheinlichkeit nach. Er will sich ja in der „goldenen Mitte“ mit mir treffen. Stellen Sie sich vor, dieser Verkäufer fragt Sie dann: „Zu 75 Euro können wir nicht anbieten! Lassen Sie es jetzt daran scheitern?“ Dann hat der Verkäufer die Verhältnisse umgedreht – jetzt läuft Ihr Horrorfilm ab: „Wenn ich es jetzt scheitern lasse, werden mich alle als Schuldigen bezeichnen, falls die Ware eines Ersatzlieferanten zu spät kommt … wenn ich überhaupt das Ersatzteil erhalte. Und was habe ich davon, wenn ich mich jetzt in dieses Spannungsfeld begebe? Ich bekomme ja nicht einmal Provision für die Einsparungen." Das heißt: Jetzt stehen Sie gewaltig unter Stress!

Wir testen also nicht unseren Preis, sondern den des Gegenübers – das zeigt die nächste Tabelle:

Die richtige Wahl: Angebot des Verkäufers testen!

Angebot des Verkäufers	Unser Budget/ Wettbewerbspreis
Soll getestet werden, hierüber wollen wir mehr erfahren.	Kennen wir. Ein Test ist nicht nötig.
Wollen wir weiter reduzieren oder als wahre Schmerzgrenze untermauern.	Hat mit der Schmerzgrenze des Verkäufers wenig zu tun. Weder mit der situativen noch mit der behaupteten Schmerzgrenze.
Wenn sein Wert gelogen ist, ist der Verkäufer an den Folgen schuld.	Wenn unser Wert zu niedrig ist, sind wir an den Folgen schuld.
79,99 Euro liegen mit einem Cent knapp neben 80 Euro. Ist aber von uns noch nicht als möglicher Wert einer Einigung ausgeschlossen.	75 Euro sind dagegen schon erhebliche fünf Euro vom bisherigen Zugeständnis entfernt – der Preis kann vom Verkäufer als Alibi genutzt werden, nicht am Scheitern schuld zu sein.

Baustein 4: Der Verkäufer soll schuld sein

Wenn eine Verhandlung scheitert, stellt sich die Frage: „Wer ist daran schuld?" Das Schuldfragen-Szenario hat jeder schon durchlebt oder bei anderen miterlebt, sei es nun als Einkäufer oder als Verkäufer. Niemand möchte diese Erfahrung des Öfteren machen. Wir setzen diesen Baustein bewusst ein, indem

wir sinngemäß fragen: „Wollen Sie daran schuld sein, dass diese Verhandlung scheitert?"
Dieses Mal läuft im Kopf des Verkäufers das Folgende ab:

Hirn- und Körperreaktion nach der Mauerbrecher-Frage

Gummimauer	Echte Mauer
Hirn: „Ich kann auf 60 Euro runter, aber mein Mund behauptet 80 Euro. Wenn ich den Auftrag bei 80 Euro verliere, obwohl ich die Freigabe für 60 Euro habe, bekomme ich Ärger mit der Geschäftsführung. Mir wurde klar gesagt, dass wir den Auftrag dringend benötigen, und ich pokere hier leichtsinnig, um eine höhere Provision zu erhalten. Wenn das ins Auge geht! Oje!"	Hirn: „80 Euro sind die Grenze! Und mehr kann und darf ich nicht! Wenn ich den Auftrag jetzt verliere, ist die Entscheidung der Geschäftsführung daran schuld – nicht ich. Eher werde ich mich intern beschweren, dass unsere Preise nicht marktgerecht sind."
Körperreaktion: Stress.	Körperreaktion: Neutral.

Wir ziehen ein Zwischenfazit:

- Pokert der Verkäufer, steht er verstärkt unter Stress.
- Für Pokern fehlt ihm die Rückendeckung der Geschäftsführung.
- Der Verkäufer ist auf das Scheitern vorkonditioniert, er weiß: In neun von zehn Fällen scheitert er.
- Wenn er zu hoch pokert und dadurch verliert, wird er beschuldigt, Aufträge leichtfertig aufs Spiel zu setzen und damit das Unternehmen zu gefährden.

So setzen Sie die Methode ein

Die Bausteine werden zu einer Abfrage kombiniert, mit der Sie selbst gestandenen Verkäufern die Wahrheit abringen:

1. Wir schalten den Horrorfilm plötzlich und für den Verkäufer nicht vorhersehbar ein – die Botschaft: „Der Auftrag scheitert!“
2. Unsere Begründung greift den Preis des Verkäufers auf (nicht unseren).
3. Damit erzeugen wir Stress, wodurch das Hirn des Verkäufers in höchste Alarmbereitschaft versetzt wird.
4. Die Konsequenz: Es erfolgt eine natürliche, unverstellte und wahrheitsgemäße Reaktion des Verkäufers.
5. Wir prüfen den Wahrheitsgehalt dieser Verkäufer-Reaktion.

Jetzt verstehen Sie bestimmt, warum die Mauerbrecher-Frage so erfolgreich ist: „80 Euro sind nicht akzeptabel! Lassen SIE es jetzt daran scheitern?“

Verstärken Sie die Wirkung der Mauerbrecher-Frage durch eine schuldzuweisende Handbewegung in Richtung des Verkäufers. Richtig formuliert, knallig betont und durch entsprechende Mimik und Gestik unterstützt, entfaltet die Mauerbrecher-Frage eine tolle Wirkung.

Die nächste Tabelle zeigt Ihnen die verschiedenen möglichen Reaktionen des Verkäufers, die sich daraus ergebende Interpretation und die dann empfohlene Handlungsweise.

Allgemein gesprochen sind drei hauptsächliche Reaktionen möglich:

1. Keine Mauer: Der Verkäufer gibt offen zu, dass noch weitere Zugeständnisse möglich sind.
2. Gummimauer: Der Verkäufer sagt zwar, es sei nichts möglich, die Reaktion belegt jedoch das Gegenteil.
3. Echte Mauer: Der Verkäufer reagiert völlig gelassen und bestätigt, dass ein Scheitern durchaus im Rahmen des Möglichen liegt.

Die Tabelle beginnt bei „keine Mauer", zeigt dann die Gummimauer (der Verkäufer sagt „Es geht nichts", reagiert aber wie „Es geht doch noch etwas") und endet mit der „festen Mauer" (Es geht tatsächlich nichts).

Analyse und Auflösung des Mauerbrecher-Tests

Reaktion des Verkäufers	Analyse	Fortsetzung der Verhandlung durch Sie
„Na ja, nein (stottert), scheitern lasse ich es daran jetzt nicht."	**Keine Mauer.** Der Verkäufer dreht seine Aussage „Da geht nichts mehr" komplett um.	„Wie weit wären Sie im Zweifel denn bereit, noch runterzugehen?"
„Also, äh, wir scheitern zwar nicht, aber da geht nur noch was im kosmetischen Bereich."	**Mauer ist nicht hart!** Es geht was! Sie haben gute Chancen, weitere Savings zu sichern! Bohren Sie weiter auf, damit aus der Kosmetik mehr wird.	„Wie hoch ist dieser kosmetische Bereich?" Die dann folgende Antwort aufbohren: „Wie weit können Sie uns noch entgegenkommen?"
„… so hart will ich das nicht ausdrücken."	**Die Mauer ist weich!**	„Dann sagen Sie: Wie weit können Sie im Zweifel noch runtergehen?"

„Dann müssen wir aber noch mal über … reden."	Der Verkäufer springt von selbst in die geplante Schleife „Zugeständnisse MIT Gegenleistungen".	Arbeiten Sie heraus, welche Gegenleistung mit welchen weiteren Zugeständnissen verbunden ist.
„Äh, ja."	**Das erste JA zur Mauer.** Das Zögern (auch am Telefon wahrnehmbar) zeigt: Der Verkäufer musste denken. Er musste sich erst ausDENKEN, ob die Mauer hart ist. Folglich ist die Mauer weich!	Sprechen Sie das Zögern an: „Ich merke, Sie zögern noch. Was wäre im Zweifel preislich noch möglich?" Oder legen Sie direkt los: „Was könnten Sie im Falle des Scheiterns maximal noch nachlegen?" Oder: „Was würden Sie noch nachlegen, um das Scheitern zu verhindern?"
Die Augen wandern kurz aus dem Blickfeld, schauen zum Beispiel kurz nach oben rechts.	**Das ist ein Signal fürs DENKEN!** Ist die Mauer hart und vorher festgelegt, braucht der Verkäufer nicht nachzudenken! Also: Gummimauer!	Kontern Sie mit der zielgerichteten Frage: „Wie viel wäre den maximal möglich?
Hilfesuchender Blick zum Kollegen.	**Es besteht Abstimmungsbedarf** auf der Gegenseite. Der wäre nicht nötig, wenn beide wissen, dass die Mauer erreicht ist. Ergo: Der letzte Preis ist noch veränderbar.	Kontern Sie mit der zielgerichteten Frage: „Wie viel wäre den maximal möglich?

„Wie viel müssten wir denn noch runter, damit es klappt?“	**Eine Gegenfrage,** die schon signalisiert: „Lass uns weiter über den Preis reden!“	Kontern Sie mit der zielgerichteten Frage: „Wie viel wäre denn maximal möglich?“
Ohne Umschweife direkt und klar: „Ja, daran würde es scheitern!“	**Die MAUER ist HART!**	Jetzt gilt es positiv zu reagieren: „Danke für Ihre Klarheit! Dann schreibe ich mir diesen Wert als Ihr finales Angebot auf. Ich fasse zusammen: Wir haben X, Y und Z besprochen. Von Ihrer Seite steht das Angebot von 80 Euro.“ Und dann: „Wir werden bis Ende der kommenden Woche noch weitere Gespräche führen. Die Entscheidung wird also am … getroffen. Mich würde es freuen, wenn wir in die Kooperation starten können. Genaues kann ich Ihnen wie gesagt am … sagen. Bis dahin …“ Es folgt die Verabschiedung.
„Ich? SIE wollen doch den Preis nicht akzeptieren!“		

„Haha, das haben Sie wohl beim Urs Altmannsberger gelernt!"	**Keine Aussage zur Mauer.** Offensichtlich haben Sie einen klugen Verhandler vor sich, denn er hat das Training beim besten Trainer gebucht. Jetzt gilt es top zu reagieren.	Kurz und eher säuerlich: „Urs? Wer? Nein, kenne ich nicht!" Und dann nachsetzen: „Lassen Sie es jetzt scheitern?" Plus auffordernde Geste mit beiden Händen.
		Oder (auch sehr ernste Miene): „Ja! Und alles, was der Trainer sagt, trifft auf diesen Fall zu. Denn das ist der Fall, bei dem wirklich der Preis entscheidet. Also noch mal: Lassen Sie es jetzt daran scheitern?"
„Wollen Sie es denn scheitern lassen?"	**Gegenfragen-Alarm** – das ist eine wirklich gute Reaktion des Verkäufers. Antworten Sie nicht! Sie sind in einem hochklassigen Tennisspiel gelandet! Schlagen Sie den Filzball zurück.	Spielen Sie den Unbeteiligten: „Mir ist es letztlich egal, welcher Lieferant den Zuschlag erhält!" Und dann weiter mit Schleife in die Fragephase: „Was ist denn jetzt Ihr wirklich letzter Preis?" Oder mit Nachdruck: „Ich habe Sie noch nicht verstanden – lassen Sie es jetzt daran scheitern oder nicht?"

Wählen Sie Ihre authentische Formulierung

Verschiedene Situationen, verschiedene Menschen – das kann bedeuten, dass Sie von der ursprünglichen Version der Mauerbrecher-Frage abweichen müssen. Allerdings: Je weiter Sie sich von der Idealformulierung entfernen, umso undeutlicher werden die Ergebnisse. Im schlimmsten Fall kann sogar der Wahrheitsgehalt verloren gehen. Die Gefahr dafür wächst, wenn Sie mit einer abgeschwächten Formulierung auf einen professionell bluffenden Poker-Partner treffen.

Dennoch biete ich Ihnen weitere Formulierungen an. Trainieren Sie deren Anwendung in verschiedenen Situationen, und Sie werden schnell feststellen, welche Version im Wechselspiel von Wirkung und Formulierung für Sie am besten passt. Wählen Sie dazu jeweils eine Formulierung aus Teil 1 und aus Teil 2.

Teil 1: Mauerbrecher-Frage Einleitung

Teil 1: Aufgreifen der Verkäufer-Aussage	Bemerkung
„80 Euro sind nicht marktgerecht."	Zeigt, dass Sie mit den Angeboten von Wettbewerbern vergleichen.
„80 Euro sind zu hoch."	Ist selbst in Monopolsituationen anwendbar.
„80 Euro können wir uns nicht leisten."	Schon deutlich weicher und ohne Wettbewerb. Je nach Betonung auch mit Mitleidseffekt. Gerade in sehr persönlichen Beziehungen anwendbar.
„80 Euro liegen über unserem Budget."	Wenn die Konsequenz „Über Budget wird nicht bestellt" glaubhaft im Raum steht, ist die Formulierung akzeptabel. Ist das nicht der Fall, wird die Formulierung zu schwach und führt womöglich zur Gegenfrage: „Welche Leistung kürzen wir, damit es zum Budget passt?"
„80 Euro sind wir nicht bereit zu investieren."	Deutlich mit Konsequenz, ohne dass wir Wettbewerb als Druckmittel benötigen.

„80 Euro – das ist deutlich höher als der Wettbewerb.“	Achten Sie darauf, dass diese Aussage auch glaubwürdig ist.
„80 Euro – das ist deutlich höher als Ihr alter Preis.“	Gefahr: Sie vergleichen den Lieferanten mit sich selbst. Daraus kann er ablesen, dass Sie keine Alternative haben.
„Sicher ist Ihr Produkt 80 wert. Ich kann Ihnen dafür aber nicht so viel geben.“	Nochmals eine Formulierung für sehr persönliche Beziehungen, bei denen man auf Mitleid und Verständnis hofft.

Teil 2: Mauerbrecher-Frage Test

Teil 2: Scheitern-Formulierung	Bemerkung
„Wollen Sie jetzt wirklich den Verhandlungstisch verlassen?“	Eine weichere Alternative, die nicht das Scheitern der Verhandlung, sondern nur eine Unterbrechung (er kommt später zurück an den Verhandlungstisch) als Konsequenz nutzt.
„Möchten Sie es daran scheitern lassen?“	Entspricht fast dem Original, etwas sanfter formuliert.
„Müssen Sie es daran scheitern lassen?“	Dem Verkäufer wird nur eine passive Schuld gegeben. Er wäre also nicht daran schuld, wenn es scheitert. Das schwächt die Wirkung der Mauerbrecher-Frage deutlich ab.
„Scheitert es daran?“	Noch passiver formuliert.
„Sollte der Preis uns wirklich trennen?“	Der Preis ist schuld. „Ich und du sind okay!“ Das reduziert zwar den notwendigen Schock-Effekt. Wenn Ihr Gegenüber aber genauso nett ist wie Sie, wird es dennoch funktionieren.
„Wollen Sie davon das Fortbestehen unserer langfristigen Partnerschaft abhängig machen?“	Vom Inhalt her ein Treffer! Sie machen nicht nur den jetzigen Auftrag, sondern auch zukünftige von der Reaktion abhängig. Nachteil: Die Formulierung ist etwas lang und bremst damit den Knalleffekt.

„Wie machen wir denn jetzt weiter?“	Sie gehen davon aus, dass der Lieferant die situative Grenze erreicht hat? Dann ist das eine konstruktive Alternative, weiter am Preis zu bohren. Ich würde es Mauerüberwinder statt Mauerbrecher nennen.

8.2 Durchbrechen Sie Mauern: Der Mikrowert und weitere Praxismethoden

Wenn Sie die Mauer auch nur einen Millimeter (ver)schieben können, dann können Sie sie auch durchbrechen. Die „1-Euro-Frage“ stellt eine hervorragende Alternative zum Mauerbrecher dar. Anstatt des Angebotspreises nutzen Sie einen Mikrowert, also einen so kleinen Wert, dass dieser sicher nicht zum Scheitern einer Verhandlung führen wird.

Konkret: Wenn Sie über die Anschaffung einer Maschine für 100.000 Euro verhandeln, betrüge der Mikrowert beispielsweise ein Euro. Geht es stattdessen um ein Bauteil für 100 Euro, wäre einen Euro als Mikrowert zu hoch. Dann bietet sich ein Cent an.

Betonen Sie Ihre Frage – egal, ob am Telefon oder von Angesicht zu Angesicht gestellt – so, als ob Sie es selbst nicht glauben könnten. Ihre Stimme wird also sehr hoch sein und sich zum Ende der Frage hin noch weiter nach oben schrauben.

> **Verkäufer:** „Allerhöchstens kann ich auf 99.999 Euro gehen! Weniger geht nicht, sonst reißt mir der Chef den Kopf ab!“

Einkäufer: (ungläubig) „Das heißt, selbst wenn es nur um einen Euro ginge, selbst dann würden Sie das Geschäft scheitern lassen?"

Bezogen auf unser 80-Euro-Beispiel könnte Ihre Reaktion wie folgt aussehen:

Verkäufer: „80 Euro – das ist mein letzter Preis. Weiter kann ich nicht runtergehen!"
Einkäufer: „Das heißt, selbst wenn es nur um einen Cent ginge, auch dann würden Sie jetzt diesen Auftrag sausen lassen?"

Jetzt kommt es wieder auf die Reaktion des Verkäufers an – hier die zwei wichtigsten Reaktionen und Vorschläge für Ihr weiteres Verhalten:

Analyse der Reaktion nach der 1-Euro-Frage

Reaktion des Verkäufers	Analyse	Fortsetzung der Verhandlung durch Sie
„Nein, wegen eines Euros scheitert es natürlich nicht!"	**Keine Mauer!** Der Verkäufer dreht seine Aussage „Da geht nichts mehr" komplett herum.	„Jetzt habe ich einen Euro gesagt – wie viel Euro sind tatsächlich noch möglich?" Oder alternativ dazu: „Jetzt habe ich einen Euro gesagt – wo käme dieser Euro her?" Woraufhin die Antwort des Verkäufers sein könnte: „Der käme aus unserem Marketingbudget."

		Sie entgegnen darauf: „Wie viel wäre in dem Marketingbudget denn noch drin?“
„Selbst bei einem Euro würde es scheitern!“	**Echte Mauer!** Wenn der Verkäufer selbstsicher und ohne nachzudenken reagiert, scheint das Limit erreicht.	„Gut, dann schreibe ich mir 80 Euro als Ihr finales Angebot auf. Kommenden Dienstag kann ich Ihnen sagen, ob es gereicht hat.“

Nutzen Sie die „Soll ich Sie noch mal anrufen?“ – Schleife

Ich möchte Ihnen eine weitere Variante anbieten: Wenn Sie zu den eher sanften Verhandlern zählen, bietet es sich an, den Anwalt der Gegenseite zu mimen. Dabei ist Ihre Tonlage halblaut, Ihre Mimik und Gestik zielen darauf ab, Vertrauen zu wecken. Sie sagen dazu nachdenklich grübelnd: „Mhh, 80 Euro?“ Und dann in Richtung Verkäufer: „Ich werde den Betrag erst mal so zur Entscheidungsfindung notieren.“ Dann legen Sie eine wirkungsvolle Denkpause ein und äußern: „Gesetzt den Fall, bei den Gesprächen mit den Wettbewerbern kommt heraus, dass Sie ganz knapp danebenliegen, soll ich Sie dann noch mal anrufen?“

Die meisten Verkäufer antworten darauf freudig: „Oh ja! Bitte rufen Sie mich dann noch mal an!“ Schließlich eröffnen sie sich so eine Chance, den Auftrag zu retten, falls sie die Gummimauer zu früh gesetzt haben.

Jetzt aber kommt die Kröte, die Verkäufer für den angebotenen Anruf schlucken müssen: Die zweite Verhandlung startet schon direkt innerhalb der ersten. Setzen Sie fort mit: „Bis zu welchem Betrag würde der Anruf noch Sinn machen?“

Unsere Erfahrung zeigt: Obwohl doch eben angeblich nichts mehr ging, werden Sie in der Praxis oft tatsächlich das nächste Angebot erhalten – der Verkäufer sagt: „Na ja, bis 3 Prozent vielleicht noch!" Probieren Sie es einfach aus und setzen Sie die „Soll ich Sie noch mal anrufen?"-Schleife in Gang.

Fragen Sie unbedingt „soll ich Sie anrufen?" statt „darf ich Sie anrufen?". Es ist ein gravierender Unterschied, ob der Verkäufer sich einen Anruf wünscht oder lediglich erlaubt.

Halten Sie sich eine Hintertüre offen

Sie wollen auf keinen Fall Ihr Gesicht verlieren? Sie glauben, bereits die harte Mauer erreicht zu haben? Dann nutzen Sie diese Variante! Sie halten sich in Ihrer Formulierung eine geplante Hintertür zum Abschluss mit dem Lieferanten offen:

> **Verkäufer:** „80 Euro – das ist mein letzter Preis. Weniger geht nicht."
> **Einkäufer:** „80 Euro? Damit liegen Sie gerade mal auf Höhe des unverhandelten Wettbewerbs. Ich werde mit den Wettbewerbern jetzt noch sprechen. Vermutlich werden die im Preis weiter runtergehen. Das würde für Sie bedeuten, Sie wären raus! Wie wichtig ist Ihnen denn der Auftrag?"

Und wieder kommt es darauf an, wie der Verkäufer darauf reagiert.

Analyse der Reaktion nach der „Unverhandelt"-Frage

Reaktion des Verkäufers	Analyse	Fortsetzung der Verhandlung durch Sie
Ein unsicheres „Hm, der Auftrag wäre mir schon wichtig …" wird gedehnt in den Raum gestellt.	**Keine Mauer!** Der Verkäufer ist kooperationswillig auf dem Weg zu weiteren Zugeständnissen.	Sie steigen wieder mit der Fragephase ein (Schleife nach oben im Ablaufplan!). Und zwar wieder in unterschiedlichen Tonlagen: „Was wäre denn dann noch möglich?" Oder: „Unter welchen Umständen könnten Sie denn noch einen weiteren Schritt machen?"
Ein sicheres Bedauern: „Also wenn die (Wettbewerber) unter meinen Preis gehen, dann kann ich auch nicht mehr helfen! Dann müssen Sie eben dort kaufen." Oft noch mit einer Killerphrase gekrönt: „Schließlich bin ich ja nicht zum Geldwechseln hier!"	**Echte Mauer!** Wenn der Verkäufer selbstsicher und ohne nachzudenken reagiert, scheint das Limit erreicht.	„Gut, dann schreibe ich mir 80 Euro als Ihr finales Angebot auf. In zwei Stunden (bei Telefonverhandlung, um mal eine Alternative zu zeigen) kann ich Ihnen sagen, ob es gereicht hat." 90 Minuten später: „Hallo, Frau Verkäuferin! Ich habe jetzt mit allen Lieferanten gesprochen. Tatsächlich sind die noch runtergegangen, aber nur einen unerwartet kleinen Schritt. Insofern liegt es in meinem Entscheidungsspielraum, auch Ihnen den Auftrag zu geben." Und dann: „Lassen Sie uns gemeinsam starten!" Oder:

		„Ich schicke Ihnen gleich den Auftrag durch. Bitte achten Sie auf …“

Mit Ihrer Stimme und Ihrer Körpersprache inszenieren Sie die Formulierungen – von zart bis hart!.

Sie haben nun verschiedene Möglichkeiten kennengelernt, die Beschaffenheit der Mauer zu analysieren und zu durchbrechen.

Mein **Praxistipp**: Bleiben Sie in der Inszenierung beweglich! Und nutzen Sie die Vorlagen in Ihrer eigenen, authentischen Art. Dabei hilft Ihnen eine kleine Übung.

Übung: Inszenieren Sie den Text des Einkäufers auf unterschiedliche Art und Weise

1. Einmal stellen Sie sich einen harten, schlecht gelaunten Einkäufer vor. Der ist wegen der 80 Euro schon richtig sauer und droht dabei mit dem Zeigefinger. „Dann werden Sie schon sehen, was Sie davon haben! Dann sind Sie nämlich RAUS!“
2. Das zweite Mal stellen Sie sich einen sanften Einkäufer vor. Der ist traurig, dass der Lieferant nicht besser anbieten kann, und befürchtet, ihn daher nicht mit dem Auftrag beglücken zu können. Er spricht unterwürfig. Das Bedauern steht ihm ins Gesicht geschrieben. Er zuckt ohnmächtig mit den Schultern: „Tut mir leid, aber ich muss dann noch mit dem Wettbewerb sprechen, und dann wird es passieren, dass Sie leider, leider (bewusst doppelt!) rausfallen.“ Und wieder warm, besorgt und wie ein Anwalt, der für den Verkäufer argumen-

tiert: „Wie wichtig ist der Auftrag denn für Sie? Würden Sie arg leiden, wenn er nicht käme?“

Je nachdem, wie Sie die Tonlage wählen, ergibt sich eine ganz andere Druck- und Beziehungsatmosphäre. Mein Praxistipp für den Einsatz in der konkreten Verhandlung: Bleiben Sie sich selbst treu. Wählen Sie den für Sie authentischen Stil. Sie sind eher der Hardliner, der direkt auf sein Ziel zumarschiert? Dann formulieren Sie die Mauerbrecher-Frage und Ihre Reaktionen klar und ohne Umschweife. Ist es Ihnen eher unangenehm, unverblümt Ihre Meinung kundzutun? Dann nutzen Sie die weichere Variante. Seien Sie sich bewusst, dass damit die Funktion abgeschwächt wird. Das kann zu einem undeutlichen Ergebnis „Mauer hart oder weich?“ führen.

Beseitigen Sie Zweifel durch mehrfache Mauerbrecher

Sie haben aus dem Mund des Verkäufers gehört: „Ja, daran scheitert es“, und meinen, ein kurzes Nachdenken gesehen zu haben. Falls das Ergebnis Ihres ersten Mauerbrechers folglich nicht eindeutig ist, sollten Sie mehrere Mauerbrecher hintereinanderschalten. Vermeiden Sie dabei wortgleiche Wiederholungen, die leicht als Trick entlarvt werden. Im folgenden Beispiel setzt der Einkäufer drei unterschiedliche Methoden nacheinander ein. Das Gespräch könnte dann wie folgt ablaufen:

Einkäufer: „Mit dem jetzigen Preis befinden Sie sich gerade mal auf der Höhe des unverhandelten Wettbewerbs, die werden sich also noch nach unten bewegen. Und dann wären Sie draußen. Wie wichtig ist Ihnen denn der Auftrag?“

Verkäufer: (verstärkt die Mauer) „Der Auftrag an sich ist mir schon wichtig. Aber am Preis kann ich nichts machen."
Einkäufer: (hat immer noch Zweifel und fragt weiter) „Mit 80 Euro kommen wir nicht klar. Wollen SIE es jetzt wirklich daran scheitern lassen?" Verkäufer (verstärkt weiter die Mauer): „Ja, daran würde es scheitern! Der Auftrag wäre dann einfach nicht lukrativ für uns."
Einkäufer: (treibt es noch mal auf die Spitze) „Das heißt, selbst wenn es nur um einen Cent ginge, selbst dann würden Sie auf den Auftrag verzichten?"
Verkäufer: (bestätigt dies ohne Zweifel) „Ja, selbst bei einem Cent!"
Einkäufer: (schließt ab) „Gut, dann schreibe ich mir 80 Euro als Ihr letztes Angebot auf. Am kommenden Dienstag kann ich Ihnen sagen, ob es ausgereicht hat. Ich bin selbst sehr gespannt."

Der Verkäufer ist tatsächlich bereit, den Auftrag an dieser Stelle zu verlieren. Durch den mehrfachen Test dürfen wir einen Bluff ausschließen. Sollte es dennoch ein Bluff sein, „kippt" es aber an dieser Stelle in die Realität: Denn der Verkäufer ist ja bereit, die Konsequenzen zu tragen, den Auftrag zu verlieren. 80 Euro – das ist die Grenze, darunter schließt er nicht ab, aber oberhalb schließt er ab.

Wenn Bluff und tatsächliches Verhalten übereinstimmen, handelt es sich um keinen Bluff mehr. Wenn Ihr Gegenüber selbst bei einem Cent Unterschied bereit ist, auf den Auftrag zu verzichten, steht die Mauer.

Vorbestimmte Lieferanten testen Sie mit Phantomprojekten

Bestimmt ist Ihnen während der Lektüre dieses Buches das eine oder andere Mal der Gedanke gekommen: „Jenen Trick kann ich gar nicht anwenden, weil ich unbedingt mit einem vorbestimmten Lieferanten abschließen muss. Die Gefahr des Scheiterns wäre mir viel zu groß." Mit diesem Gedanken stehen Sie nicht allein: Rund 80 Prozent aller Verhandlungen im Einkauf sind bereits entschieden, bevor sie begonnen werden. Bei also weit mehr als der Hälfte aller Verhandlungen steht der Lieferant bereits fest, bevor der Einkauf in die Verhandlung eingreifen kann. Wenn Sie auch davon betroffen sind, könnte die Methode des Phantomprojekts an der einen oder anderen Stelle wirken. Aber Vorsicht: Phantomprojekte leben davon, dass sie nicht aufgedeckt werden.

Supply Managerin Stark betreut die kaufmännische Seite beim Bau eines zusätzlichen Gebäudekomplexes. In rund 18 Monaten wird der Rohbau so weit fortgeschritten sein, dass die vorgeschriebene Brandmeldeanlage installiert werden kann. Zeitgleich wird ins Auge gefasst, in den bestehenden Gebäudeteilen ebenfalls auf die neueste Generation der Brandmeldeanlagen aufzurüsten. Erfahrungsgemäß wird es lange dauern, bis die Freigabe durch die Geschäftsführung erfolgt ist. Ab dem Zeitpunkt ist es dann aber plötzlich brandeilig. So eilig, dass der Einkäuferin kaum Zeit bleibt, um notwendige Verhandlungen zu führen. Aus diesem Grund fängt Einkäuferin Stark schon 18 Monate früher mit der Verhandlung für das bestehende Gebäude an. Dabei nutzt sie folgenden Joker, um den wahren Preis zu lokalisieren:
„Das Angebot ist zu teuer! Wenn Sie nicht weiter im Preis runtergehen, werden wir die Brandmeldeanlage für das be-

stehende Gebäude nicht tauschen, oder zumindest nicht kurzfristig."
Supply Managerin Stark nutzt die Gegebenheit, dass die Brandmeldeanlage noch nicht ausgetauscht werden muss, um die Reaktion des Verkäufers zu testen. Der Verkäufer seinerseits ist darauf aus, den Auftrag möglichst schnell in seinen Büchern zu finden. Daher geht er Zug um Zug mit dem Preis bis an seine situative Schmerzgrenze heran. Wo früher bereits nach zwölf Prozent Schluss war, stehen nun schon 28 Prozent an.
Aber selbst bei diesem Preis beharrt Einkäuferin Stark auf ihrer Aussage: „Nein, auch das ist zu teuer. Wir werden aktuell den Auftrag nicht vergeben. Vielleicht sieht es in einem Jahr anders aus. Auf Wiedersehen!"
Der Verkäufer ist verzweifelt und bietet sogar 30 Prozent an. Doch die Reaktion bleibt gleich: „Nein, auch das ist zu teuer. Wir werden aktuell den Auftrag nicht vergeben. Wie gesagt: Vielleicht sieht es in einem Jahr anders aus."

Das heißt: Üblicherweise hätte Einkäuferin Stark zu zwölf Prozent einkaufen müssen. Der Druck interner Stellen und der Geschäftsführung, einen bestimmten Gebäudekomplex mit Brandmeldeanlage auszustatten, wäre zu groß gewesen. Der Schachzug, den Preis bereits zu verhandeln, wenn die Brandmeldeanlage noch nicht nötig ist, hat der Supply Managerin Luft zum Neinsagen gegeben. Somit konnte sie die Reaktion des Verkäufers besser testen. Die gewonnene Erkenntnis – nämlich: der Verkäufer ist bereit, bis 30 Prozent anzubieten – kann sie in der später anstehenden Verhandlung verwenden.

Nochmals sei betont: Phantomprojekte funktionieren dann, wenn der Verkäufer keinen Wind davon bekommt! Agieren Sie darum vorsichtig und umsichtig. **Mein Tipp:** Weihen Sie

Ihre Umgebung ein. Sonst platzt noch jemand dazwischen und wirft ein: „Aber ich brauche die Anlage doch noch gar nicht!"

8.3 So nutzen Sie das Verhandlungsende wiederum gewinnbringend

Auch das Verhandlungsende sollte von Ihnen geplant werden. Schließlich haben vermutlich beide Gesprächsparteien strikt darauf hingearbeitet. Grundsätzlich können Sie das Gespräch offen oder geschlossen beenden.

Falls Sie das Gefühl haben, der Verkäufer habe noch weitere Zugeständnisse für Sie (verborgen) in der Tasche, empfehle ich das offene Ende. Denken Sie auch daran, welche Aussagen Sie in Ihrer Startrampe getroffen haben: Wenn Sie dabei von weiteren Gesprächen mit Wettbewerbern in der kommenden Woche sprachen, passt es nicht, wenn Sie jetzt sofort zuschlagen.

Stehen dagegen ein schneller Vertragsabschluss und der Übergang in die Umsetzungsphase im Vordergrund, ist das geschlossene Ende vorzuziehen.

Das offene Verhandlungsende effektiv gestalten

Vielleicht hatten Sie nicht genügend Zeit, um alle Methoden aus den vorangegangenen Kapiteln einzusetzen. Oder der Wert der Verhandlung rechtfertigte den Zeitaufwand nicht. Sie haben auf jeden Fall das Gefühl: „Es geht noch was!", wollen jedoch nicht weitere Zeit dafür aufwenden, dies in letzter Konsequenz im Gespräch zu klären. In diesem Fall nutzen Sie das offene Gesprächsende.

Hier eine Beispiellösung:

Einkäufer: „Nun, dann werde ich den finalen Wert von 76,83 Euro in die Entscheidungsfindung einloggen. Weil Sie mir sympathisch sind, lege ich Ihnen jedoch nahe, noch einmal spitz zu kalkulieren. Wenn Sie bis Dienstag noch einen besseren Wert hereinreichen, würde ich dies ausnahmsweise noch berücksichtigen."

Teilen Sie dem Verkäufer mit, dass Sie mit dem jetzigen Angebot für ihn nur eingeschränkte Chancen auf den Auftrag sehen. Gleichzeitig jedoch eröffnen Sie ihm so die Möglichkeit, mit einem besseren Angebot seine Chancen doch noch zu verbessern. Eine alternative Formulierung ist:

Einkäufer: „Mit dem jetzigen Wert sehe ich Ihre Chance auf den Auftrag allerhöchstens bei 20 bis 30 Prozent. Ausnahmsweise bin ich daher bereit ...!"

Da habe ich einen Einwand, Herr Altmannsberger!

Wenn ich einer bestimmten Verkäuferin oder einem bestimmten Verkäufer jedes Mal diese Tür öffne, wird sie oder er das für die Zukunft lernen und mir innerhalb der Verhandlung niemals den finalen Preis nennen!

Urs Altmannsberger: Ganz richtig! Setzen Sie das offene Verhandlungsende darum auch nur punktuell und klar erkennbar als Ausnahme ein. Der sonst zu erwartende Lerneffekt hätte tatsächlich dramatische Auswirkungen auf das Verhalten der Vertriebsperson. Einen ähnlichen Lerneffekt beobachten wir bei großen Unternehmen, die gerne mehrere Verhandlungsrunden schalten, bis eine oberste Hierarchieebene in der finalen Verhandlung die tatsächliche Entscheidung trifft: Die

Effektivität der vorherigen Verhandlungen durch hierarchisch tiefer gestellte Verhandler nimmt dann permanent ab.

Was schlagen Sie also vor?

Urs Altmannsberger: Ideal ist es, wenn die Verkäuferin oder der Verkäufer nicht in der Lage ist, vorher genau zu sagen, wann es wirklich ums Ganze geht. Er oder sie muss schon in der ersten Verhandlung das Gefühl haben: „Wenn ich hier nicht den richtigen Preis nenne, laufe ich Gefahr, den Auftrag zu verlieren."

Geschlossenes Ende mit Zusage oder Absage

Sie beenden die Verhandlung, indem Sie das Ergebnis an den Verkäufer kommunizieren. Also wird es entweder eine Zusage oder eine Absage geben. Bei einer Zusage beachten Sie:

- Fassen Sie die einzelnen Vereinbarungen zusammen.
- Drücken Sie sich so aus, dass alle Beteiligten den gesamten Inhalt umfassend verstehen.
- Sorgen Sie für komplette Übereinstimmung.
- Klären Sie Unklarheiten direkt, und vermeiden Sie es, dass es bei Aussagen wie „Das können wir ja später noch mal im Detail besprechen" bleibt.
- Treffen Sie alternative Vereinbarungen für alle vorstellbaren Situationen: „Wenn x passiert, gilt dies; wenn y passiert, gilt das."
- Solange nicht in allen Punkten Einigkeit besteht, gelten alle Vereinbarungen nur unverbindlich.
- Lassen Sie nicht zu, dass einzelne Punkte zurückgedreht

werden: Eine Aussage des Verkäufers wie „Das mit dem Skonto muss ich dann aber doch noch intern abstimmen" dürfen Sie so nicht stehen lassen.

Wenn es zu einer Absage kommt, sollten Sie einige elementare Punkte beachten. Zunächst einmal: Trennen Sie den Menschen vom Problem. Der Verkäufer hat womöglich viel Zeit und Hirnschmalz für Ihre Anfrage und Sie aufgewendet. Kommt es zu einer Absage, handelt es sich aus seiner Sicht um eine verlorene Investition. Wertschätzen Sie daher seinen Einsatz. Das ist professionell und angemessen.

Ein Formulierungsvorschlag dazu: „Vielen Dank, dass Sie sich an der Ausschreibung/Anfrage beteiligt haben. Auch wenn es jetzt final nicht zu einer Zusammenarbeit geführt hat, so haben wir doch einen guten Eindruck von Ihnen und Ihrem Unternehmen gewonnen. Sie sind uns auch künftig immer willkommen. Und vielleicht passt es ja beim nächsten Mal zusammen."

Praxistipp: Man sieht sich fast immer zweimal im Leben. Zielführend für die nächste Ausschreibung oder Anfrage ist es, wenn Sie Ihr primäres Verhandlungsziel – in der Regel den Preis – als Absagegrund nennen. Damit schaffen Sie für die nächste Runde bessere Startvoraussetzungen.

In einer mittelgroßen Stadt im Bayerischen verhandelt ein Einkäufer mit den Verkäufern von zwei Premium-Autohäusern – nennen wir sie Autohaus A und B. Längst steht fest, welches Fabrikat er wählen wird (B). Beiden erzählt er wechselseitig, der jeweils andere Verkäufer würde deutlich günstigere Preise anbieten. Beide antworten interessanterweise mit identischem Wortlaut: „Ja, das ist mir bekannt, das andere Autohaus hat momentan starken Druck. Die müssen Autos dringend verkaufen. Deswegen machen die Kampfpreise!" Verkäufer A und B gehen immer weiter im Preis herunter, bis nichts mehr geht. Der Einkäufer bestellt daraufhin das Fabrikat B (wie ja vorher bereits feststand) und sagt A aufgrund des Preises ab. Zwei Jahre später wird er bei A erneut vorstellig. Dieser hat die Situation zwei Jahre zuvor noch präsent und steigt gleich mit einem unfassbar günstigen Preis ein.

Verraten Sie niemals Ihre Geheimnisse

Zauberer folgen einem Ehrenkodex: Alle Zaubergeheimnisse bleiben gegenüber Außenstehenden gewahrt. Diesen Ehrenkodex verfolgen Sie bitte auch bei Ihren und den hier beschriebenen Methoden. Lassen Sie sich auch bei vermeintlich privaten Einladungen der Gegenseite nicht zum Aufdecken Ihrer Methoden, Strategien und Taktiken hinreißen. Berauben Sie den Verkäufer nicht der Illusion, dass er stets teurer ist als sein Wettbewerb.

Praxistipp: Manchmal greifen Verkäufer in diesem Zusammenhang zu einem Trick und fragen: „Jetzt, da wir ja eh verloren haben, sagen Sie doch bitte, wie weit wir vom Wettbewerb weg waren!“ Dann antworten Sie am besten: „Ich kann Ihnen sagen, dass Ihr Angebot zu hoch war. Was ich Ihnen verspreche: Wenn SIE das nächste Mal der Gewinner sind, werde ich Ihren Wettbewerbern auch nicht verraten, wie weit sie danebenlagen. Wir sind immer fair und behandeln alle Gespräche und Verhandlungsergebnisse vertraulich.“

Es empfiehlt sich überdies, direkt wieder eine Frage anzuschließen, nämlich: „Was wird dann nächstes Mal Ihr Limit sein?“

Dies ändert zwar nichts mehr an der aktuellen Situation, gibt Ihnen aber vielleicht Hinweise für die nächste Verhandlung mit diesem Verkäufer.

Fazit:

- Sie müssen herausfinden, ob es sich bei der Äußerung des Verkäufers „Da geht nichts mehr!“ um einen Bluff handelt oder nicht. Ansonsten laufen Sie Gefahr, zu früh abzuschließen, obwohl weitere Zugeständnisse möglich sind.
- Die Mauerbrecher-Frage umfasst vier Bausteine, deren Einsatz Sie konsequent üben sollten. Stimmen Sie die Vorgehensweise auf Ihre Verhandlungsmentalität und die konkrete Situation ab.
- Wir unterscheiden: Es gibt „keine Mauer“, die Gummimauer (der Verkäufer sagt „Es geht nichts“, reagiert aber wie „Es geht doch noch etwas“) und die feste Mauer (Es geht tatsächlich nichts).
- Grundsätzlich gilt: Wegen eines Euros wird niemand die Verhandlung scheitern lassen.
- Mit dem Mikrowert-Test, der „Soll ich Sie noch mal anrufen?“-Schleife und der Vorgehensweise, mehrere Mauerbrecher hintereinanderzuschalten, stehen Ihnen weitere Methoden zur Verfügung, die Mauer zu durchbrechen.
- Setzen Sie das offene Verhandlungsende ein, wenn Sie noch weiteren Spielraum spüren.
- Decken Sie niemals auf, ob Sie selbst geblufft haben. Das könnte unsympathisch wirken – nicht jeder Vertriebler ist ein ausgebuffter „Kämpfer“ – und schwächt in jedem Fall Ihre Position in zukünftigen Verhandlungen.

Weitergedacht – ein Nachwort: Digital Procurement – wird künftig die KI die Verhandlungen führen?

Was Ihnen dieses Kapitel konkret bringt:

- Sie verschaffen sich einen Überblick über die Technologien unter dem Sammelbegriff Digital Procurement
- Sie hinterfragen, inwieweit Digital Procurement – oder E-Procurement – sich jeweils auf den produktiven Einkauf und den strategischen Einkauf auswirken
- Sie erhalten ein tieferes Verständnis von End-to-End-Digitalisierung im Beschaffungsprozess
- Sie erfahren, wo sich der Kreis schließt und Sie als Profi-Einkäufer immer unverzichtbar bleiben werden

9.1 How to: mehr als nur Technologie

In der letzten Zeit werden immer mehr KI-Anwendungen in allen Business-Bereichen eingesetzt, natürlich auch im Profi-Einkauf. Stichworte sind hier Bots für die Erst-Kommunikation sowie Service-Kommunikation mit Kunden und Digital Procurement, also der Einsatz digitaler Technologien zur Optimierung von Beschaffungsprozessen. Die fortschreitende Digitalisierung ermöglicht eine zunehmende Automatisierung und Standardisierung von Prozessen, was im Wesentlichen zu einer höheren Effizienz und Kosteneinsparungen führt, und nebenbei eine Anzahl von Jobs überflüssig machen oder stark verändern wird. Natürlich geht dieser schnell wachsende Trend nicht an uns im Procurement/Supply Chain Management vorbei, daher habe ich mir Gedanken gemacht, was das für Sie und uns im Profi-Einkauf bedeuten kann und inwiefern er sich auf die Verhandlungen, die Strategien und Taktiken, wie wir sie in diesem Buch intensiv besprochen haben, auswirkt. In die fernere Zukunft kann dabei meines Erachtens niemand einigermaßen belastbar schauen: Zu stark häufen sich dafür unvorhersehbare Ereignisse wie Pandemien, Kriege mit Sanktionsfolgen, De-Globalisierung, Klimafolgenprobleme etc. mit ihren – wie wir allein in den letzten paar Jahren intensiv erlebt haben – massiven Auswirkungen auf Lieferketten, und zu schnell werden neue Technologien entwickelt und skaliert, die überraschend ganze Branchen und Jobprofiles disruptiv, extrem verändernd, auf den Kopf stellen. Meiner Praxiseinschätzung nach wird sich die technologische Entwicklung jedoch unterschiedlich schnell und stark auf die beiden großen Bereiche des strategischen Einkaufs und des operativen Einkaufs auswirken: Während der *strategische Einkauf* im Wesentlichen *digitale Systeme* nur zur Unterstützung der Verhandler, der Menschen, die die Leitlinien entwickeln und den Prozess führen, nutzt, werden sie den *operativen Einkauf* in der Materialwirtschaft über kurz oder lang selbst führen und ausführen.

Die Bedeutung von Digital Procurement im Beschaffungsprozess

Die wichtigsten Technologien, die im Bereich Digital Procurement oder E-Procurement genutzt werden, sind Cloud Computing, Big-Data-Sammlung, -aufbereitung und -analysen, Künstliche Intelligenz in ihren verschiedenen „technologischen Tiefen" und Blockchain. Das hat im Wesentlichen einige Vorteile auch für den Profi-Einkauf, so unter anderem:

- Mit Cloud-basierten Lösungen können Unternehmen ihre Prozesse verbessern und flexibler gestalten – so kann beispielsweise jeder Procurement-Mitarbeitende weltweit im Konzern oder dem international aufgestellten Mittelstand auf dieselbe Datenlage zugreifen und ebenso diese mit den eigenen Arbeitsdaten vergrößern.
- Mithilfe von Big Data und Data Mining/Data Analytics können sehr große Mengen relevanter Informationen über Lieferanten, Wettbewerber und Kunden, über Märkte und Preisentwicklungen, über weltweite Nachfragemengen etc. gesammelt und analysiert werden, um fundierte(re) Entscheidungen zu treffen.
- Künstliche Intelligenz/KI (Artificial Intelligence/AI) ermöglicht eine automatisierte Beschaffung und Analyse von Informationen, was Zeit und Ressourcen sparen kann. Hier ist an alle Schritte im Source-to-Pay-Prozess,

also „End to End“ von der Anbietersuche über die Auswahl- und Vertragsstufen bis zum Bezahlprozess zu denken: beispielsweise

- Lieferantenmanagement,
- strategische Auswahl/Listing,
- Aufruf zur Information/Qualifizierungsabgabe (Request for Information/RFI)
- Aufruf zur Angebotsabgabe (Request for Proposal/RFP),
- Angebotsvergleich,
- Vertragsgestaltung (Rahmenverträge/Lieferverträge),
- Bestellungen (innerhalb des Vertragswerks/Purchase Order Management),
- gegebenenfalls Lieferprozessüberwachung (Supply Chain Management) in Echtzeit
- Rechnungs- und Zahlungsverwaltung (Payment) resp.
- Schnittstellen in (eventuell schon vorhandene) Finanz- und ERP-Systeme
- gegebenenfalls Übergabe/Schnittstelle zum Lagermanagement-System.

Dabei ist die Entwicklung eigener KI-Systeme für Unternehmen nicht der einzige resp. zwingende Weg: Immer mehr Software- und Plattform-Anbieter setzen im Bereich Supply Chain bereits eigene KI-Systeme ein, die mitausgeliefert werden, um die Anwendung zu erleichtern und die Nutzer zu unterstützen. Nur ein (zum Zeitpunkt der Drucklegung dieses Buches) aktuelles Beispiel von mehreren: SAP hat mit dem Bot Joule (nach dem gescheiterten Leonardo) einen digitalen Assistenten auf Basis von Generative AI angekündigt, der die vielen Anwender der Cloud-Services weltweit sprachgestützt unterstützen soll (Quelle: www.sap.com/products/artificial-intelligence/ai-assistant.html).

- Die Blockchain-Technologie verspricht zumindest eine sichere und transparente Grundlage für die Verwaltung von Verträgen (Contracts) und Zahlungen.
- Branchen-Plattformen spielen eine zunehmend wichtige Rolle im Bereich Digital Procurement: Sie verstehen sich (wie z. B. das den Meisten nur als Consumer-Plattform bekannte Alibaba.com) als „Industrial Hub", fördern – oft auch bereits AI-unterstützt – die Zusammenarbeit zwischen Kunden, also dem Einkauf, und Lieferanten, bieten gegebenenfalls erhöhte Transparenz und versprechen, den Einkaufsprozess zu optimieren. Ausgewiesenes Primärziel der Plattformen (ich weise hier allerdings auch auf die Datenschutz- und Datensicherheitsthemen hin) ist, Unternehmen weltweit zu verbinden und den Handel von Produkten und Dienstleistungen zu erleichtern.

Einkaufsmitarbeitende werden von vielen wiederkehrenden administrativen Arbeiten und eher stupidem Sammeln von Daten entlastet – Letzteres ein Aufgabenbereich, der bisher nach meiner Erfahrung im Schnitt 80 Prozent der Zeit gefressen hatte. Damit bleibt mehr Zeit für strategische Auswertungen und Ausrichtung des Procurements.

Aktuelle technische Plattformen

- „SAP Ariba" für die Angebote von Anbietern, RFP, Bestellung. In Europa sind Plattformen wie SAP Ariba und Coupa (das „Spend360" aufgekauft hat) am weitesten verbreitet, aber es gibt auch andere regionale Plattformen, die von Unternehmen genutzt werden.

- E-Sourcing-Plattformen wie „Sourcing Force“, „Procurement AI“ oder „Scoutbee“ für die automatisierte Anbieter-Auswahl.
- Echtzeitüberwachung der Logistikketten: z.B. SAP SCM oder JDA Real-Time Visibility.
- Lagerverwaltung: beispielsweise SAP EWM oder Infor WMS.

Hinweis: Bei dieser Aufstellung handelt es sich um eine reine Serviceleistung für die Leserinnen und Leser, ohne werbliche Absicht und ohne Anspruch auf Vollständigkeit oder Aktualität. Urs Altmannsberger ist von allen Garantien und ähnlichen Rechtspflichten bzgl. der obigen auszugsweisen Übersicht frei; insbes. wird keine Gewähr für Inhalte Dritter unter den genannten Links oder den Gebrauch übernommen. Zum Zeitpunkt der Drucklegung dieses Buches waren alle Plattformen online aktiv und gut beleumundet, dies kann sich aber im Laufe der Zeit auch ändern.

Digitalisierung End to End – operativ ein Gamechanger

Dass der Einsatz digitaler Technologien insgesamt im gesamten Beschaffungsprozess stark zunimmt, zeigen aktuelle Statistiken und Analysen: So nutzen laut einer Umfrage von Deloitte (Studie „Chief Procurement Officer (CPO) Survey“, 2021 und 2023; siehe Literaturverzeichnis) bereits 65 Prozent der Unternehmen digitale Technologien im Einkaufsprozess – wobei wir wohl getrost davon ausgehen können, dass darunter so ziemlich alles gezählt wird, was sich in Bits und Bytes zerlegen lässt, gibt doch kein Unternehmen gerne zu, wichtige Trends zu verschlafen. Bis 2025 wird erwartet, dass der Markt für Digital Procurement auf 32 Milliarden US-Dollar anwachsen wird. Auch die Beraterkollegen von PWC wissen in ihrer Studie (Studie „Digital Procurement Survey", PWC, 4. Ausgabe, 2022, siehe Literaturverzeichnis) Interessantes über den aktuellen Stand im E-Procurement zu berichten, u.a., dass die Digitalisierung von Source to Pay in der Supply Chain schon weit fortgeschritten sei: Demnach würden 90 Prozent der Befragten Source-to-Contract- (S2C) oder Procure-to-Pay-Lösungen (P2P) nutzen, 77 Prozent der Befragten sogar beides (was also den ganzen End-to-End-Prozess von Source bis Payment abdecken würde). Auch in Sachen Nachverfolgung und Kontrolle der ESG-Kriterien (Ecological – Social – Governance), z. B. gemäß des deutschen sogenannten Lieferkettensorgfaltspflichtengesetzes („Lieferkettengesetz") und insbesondere der CO_2-Emissionen von Lieferanten bringe das für den Einkauf entscheidende Vorteile mit sich.

Sustainable Sourcing: E2E erleichtert Kontrollen und Berichtspflichten

Sustainable Sourcing ist ein Stichwort, das immer mehr Bedeutung gewinnen wird. Es hat viele Aspekte: Die Berücksichtigung der ESG-Kriterien des Green Deals, die Vorgaben des Lieferkettengesetzes und jetzt auch die Anfang Oktober 2023 EU-weit in Kraft getretene (erste Stufe) des CO_2-Grenzausgleichsmechanismus' (CBAM), nach dem Waren aus Ländern mit geringeren Klimaschutzvorgaben als die Europäischen deutlich verteuert werden sollen. CBAM wird sich zunächst (u. a. in Form von CO_2-Zertifikaten) auf Lieferungen/Importe besonders energieintensiver Vor-/Produkte und Rohstoffe und damit auf die Preisgestaltung auswirken. Kurz: In jedem Fall wird es Unternehmen im End-to-End-Digital-Procurement-Prozess einfacher, die erforderlichen Kontrollen (CO_2-Tracking) und das Berichtswesen zu führen.

Kernthema Versorgungssicherheit

Kommen wir noch einmal auf die obige Studie zurück: Über 80 Prozent der Unternehmen mit hohem Prozessdigitalisierungsgrad gaben überdies an, Mehrwert aus ihren Einkaufsdaten zu generieren. Kein Wunder, dass laut der Umfrage der Mittelstand plane, in absehbarer Zeit seine Investition in die digitale Transformation des Einkaufs stark zu erhöhen, und Konzerne weiterhin investieren werden. Und so steht die digitale Transformation auch weit oben auf der Liste der befragten Chief Procurement Officer (CPO), wobei – so die Studie – „Kostensenkung und strategischer Einkauf immer noch als wichtiger eingeschätzt werden". Andere Quellen – und auch meine eigene Erfahrung in der Beratung von Konzernen – weisen daraufhin, dass nach den massiven Lieferkettenproblemen während und nach CORONA die Themen Versorgungssicherheit innerhalb der großen Leitlinien und strategische Verhandlungen noch etwas mehr an Bedeutung gewonnen haben. Und da liegt für mich natürlich auch die Klarheit und die Sicherheit, dass das, was wir hier in „Profitabler Einkauf aktuell" besprechen und einüben auch auf die längere Frist noch massiven Impakt haben wird!

Und auch E-Procurement ist für mich eine andere Spielart des Profi-Einkaufs, denn der operative Einkauf ist ebenso wesentlich für die Materialwirtschaft, auch hier können Savings (auch bzgl. Zeit, Fristen, Lagerkosten, Logistik etc.) erzielt werden, und vor allem wird für zum richtigen Zeitpunkt gefüllte Lager, für klaglos laufende Prozesse und eine reibungslose Produktion gesorgt. Zudem werden im großen Umfang wertvolle Daten erhoben und prozessiert, die auch für die künftige Verbesserung der Steuerung eingesetzt werden können. Dafür diesen benötigen Profi-Einkäuferinnen und -Einkäufer andere, neue (Digital-)Kompetenzen. Und sie müssen in der Lage sein, unvorhergesehene Probleme wie Lieferverzögerungen oder Qualitätsprobleme verantwortlich zu lösen. E-Procurement-Systeme unterstützen sie dabei, Prozesse bedeutend schneller und effizienter zu gestalten, Ausfallzeiten zu minimieren und letztlich Kosten zu reduzieren – eine der vornehmsten Aufgaben des Einkaufs.

Daher will ich dies hier auch nicht unerwähnt lassen und eine Schleife zurück zum Einstieg dieses Buches ziehen: Mit diesen neuen Kompetenzen qualifiziert sich der Einkauf weiter stärker als Key Player im Unternehmen, macht sich offensichtlich zukunftsfähig. Und selbstverständlich muss sich (künftig) jeder Profi im strategischen Einkauf, jede und jeder Verhandler auch mit den technologischen Grundlagen und Prozessen des Digital Procurements mindestens seines Unternehmens in der Tiefe auskennen! Deloitte weist aber auch noch auf einen weiteren interessanten Zusammenhang hin: KI-gestützte Prozesse im Beschaffungsmanagement organisieren ‚agil' den oft volatilen Workload und ermöglichen, sich wiederum stärker auf den strategischen Einkauf, auf den Aufbau von Vertrauensebenen zu Lieferanten, auf taktisches Verhandeln zu fokussieren.

9.2 Wo Licht ist, ist auch Schatten

Natürlich haben wir uns jetzt quasi zwei perfekte Welten angeschaut: Perfekte menschliche Verhandlungskünste auf Augenhöhe und ein perfekter E-Procurement-Prozess. So wird das in den meisten Unternehmen noch Zukunftsmusik sein, und natürlich gibt es kritische Punkte am Konzept „Digital Procurement", die wir der Vollständigkeit halber auch noch anreißen wollen. Im Wesentlichen gelten sie natürlich bei jeder Einführung umfassender Technologien in Unternehmen, beispielsweise

- Wachsende Abhängigkeit von Technologie, Business Continuity (Management) ist ein Thema: Digital Procurement setzt auf die Nutzung von Technologie und IT-Systemen. Wenn diese ausfallen oder fehlerhaft sind, kann dies zu Problemen in der Beschaffungskette führen.
- Risk Management, Datenschutz, Datensicherheit etc.: Je digitaler ein Unternehmen, je größer die Cybersecurity-Risiken. Durch die digitale Verarbeitung von Daten müssen Datenschutz und Datensicherheit gewährleistet sein, um Cyberangriffe und Datenlecks zu verhindern.
- Schulung und Anpassung: Mitarbeitende, die nicht mit der neuen Technologie vertraut sind, müssen geschult werden. Auch müssen bestehende Prozesse möglicherweise angepasst werden, um die Implementierung des Digital Procurement reibungslos zu gestalten.
- Koordination und Zusammenarbeit: Digital Procurement kann natürlich durch die weltweit möglichen Anwendungen resp. digitalen Zugriffe zu einer dezentraleren Beschaffung von Waren und Dienstleistungen fühen. Dadurch müssen alle Abteilungen und Mitarbeiter in der Beschaffungskette gut koordiniert und eng zusammenarbeiten, um Versand und Lieferung zu planen und zu überwachen.
- Künstliche Intelligenz und Automatisierung: Mit Digital Procurement können AI und Automatisierung eingesetzt werden, um Prozesse zu optimieren und Kosten

zu senken. Allerdings besteht die Gefahr, dass dadurch menschliche Arbeit ersetzt wird und Arbeitsplätze wegfallen können. Zudem können Fehlentscheidungen entstehen, wenn die Algorithmen nicht richtig trainiert oder veraltet sind.

Entgegen vieler Ängste wird das Konzept des Digital Procurements nicht zwingend zum Abbau von Jobs in den Einkaufsabteilungen führen. Zu Nachqualifizierungen: ja. Aber damit auch zum (qualitativen) Aufstieg. Und mit den neuen Digitalkompetenz-Erfordernissen werden diese Positionen auch für junge Fach- und Führungskräfte interessanter. Gleichzeitig kommen die Aspekte verbesserte Effizienz, höhere Resilienz, Ausfallsicherheit, Versorgungssicherheit, verbessertes Kontroll- und Berichtswesen insbesondere beim CO_2-Tracking und der Einhaltung der ESG-Kritieren, sowie der Corporate Social Responsibility – siehe auch Sozialkriterien des Lieferkettengesetzes – dazu: Das führt zu einer gestiegenen Wahrnehmung des Einkaufsbereich als zentraler Wertpartner im Unternehmen.

9.3 Das MI-Primat: Strategische Entscheidungen werden immer zwischen Menschen verhandelt werden

Wir können wohl festhalten, dass im Einkauf der Mensch immer das Primat über die Technologie behalten wird; die MI, die *Menschliche Intelligenz*, wird hier in wesentlichen Bereichen die KI/AI, die *Künstliche Intelligenz*, schlagen. Weil nach jetzigem Stand zumindest nur Menschen in der Lage sind, die wesentlichen Aufgaben des strategischen Einkaufs zu entscheiden und die Prozesse zu festgelegten Zielen zu führen resp. diese auszudefinieren. Wenn es um Versorgungssicherheit, Compliance, Nachhaltigkeit, Qualitätsfestlegungen, Generierung von Innovation und vor allem die Aushandlung der großen Leitlinien, Festlegung der Zukunftsziele und Verhandlungen der von überlebenswichtigen oder High-Invest-Investitionen geht, werden wir Profi-Einkäufer immer führen. Unbenommen, die Umsetzung der strategischen Ziele und Vorgaben in Daten, Prozesse, Kontrollen und Verbesserungen, die Prozessgestaltung, die Beschaffung End to End wird zunehmend komplett Domäne des Digital Procurements und der *digitalkompetenten operativen Einkaufsprofis* sein – aber auch diese „E-Profis" steuern letztlich die digitalen Technologien und Prozesse. Damit bleibt es beim Primat der Menschlichen Intelligenz im Einkauf.

Es bleibt beim Primat des Menschen.

Es bleibt beim Primat der Verhandler im Einkauf, die die strategischen Leitlinien ziehen und die High Volume-Aufträge durchziehen.

Diese Art Verhandlungen wird immer von Mensch zu Mensch sein. Auf Augenhöhe.

Und da fängt das Buch gewissermaßen von vorne an. Nutzen Sie es!

9.4 Wie es weitergeht

Es gibt unendlich viele Verhandlungssituationen und -variationen. Die meisten werden Sie zukünftig mit den von mir beschriebenen Methoden leichter und schneller zum Erfolg führen. Und auch wenn Sie auf Ausnahmen und Sondersituationen treffen, hilft Ihnen das Buch weiter.

Fachblog

Und wenn Sie mögen: Viele aktuelle Strategien, Einschätzungen und Ideen liefere ich Ihnen auch regelmäßig kostenlos in meinem Fachblog „Verhandlungs-Blog – Wissen von Urs Altmannsberger" unter www.altmannsberger-verhandlungstraining.de/blog

Podcast

Auch mein Podcast „Profitabler Einkauf – der Podcast" erfreut sich ständig wachsender Downloadzahlen und begeisterter Hörerinnen und Hörer. Seien Sie eine oder einer davon: www.altmannsberger-verhandlungstraining.de/profitabler-einkauf-podcast

Verhandler-Coachingtelefonat

Der Super-Bonus: Als registrierte Leserin resp. als registrierter Leser haben Sie quasi einen Joker: Sie können je einen kostenlosen Termin für ein 20-minütiges Verhandler-Coachingtelefonat während der gratis Mittwochs-Hotline mit mir nutzen – einfach unter „Gratis-Hotline" auf www.altmannsberger-verhandlungstraining.de/training-buchen anmelden. Es gelten die Hinweise auf der folgenden Registerkarte. Also: Kommen Sie auf mich zu – und kommen wir ins Gespräch!

Anhang

Lesen – Trainieren – Können

Kein Meister und keine Meisterin ist bisher vom Himmel gefallen. Auch nicht in Sachen Verhandlungsführung. Sie haben mit diesem Buch genau das richtige Werk in Händen, um sich zum Vollprofi zu entwickeln. Darüber hinaus sollten Sie sich ein Training – oder sogar mehrere! – gönnen, um die Umsetzung in Ihre Praxis zu sichern. Qualifiziertes Feedback ist sinnvoll in Ihrem Wachstumsprozess.

Im Dialog erstellen wir Ihren persönlich passenden Entwicklungsplan. Ob durch Training, Coaching oder die Teilnahme an den vertraulichen Strategiekreisen für Verhandler – Ihr Weg nach vorne ist sicher.

Ihr eigenes Verhandlungskonzept

Aktive Leser haben während der Lektüre ihren eigenen Musterdialog aus den angebotenen Bausteinen erstellt. Lesen Sie zum Abschluss noch einmal meinen Musterdialog aus der Einleitung.

Sicher standen Ihnen anfangs noch Fragezeichen vor Augen: „Was meint der Autor hiermit eigentlich?" Nachdem Sie das Buch durchgearbeitet haben, haben Sie anstatt der Fragezeichen nun zahlreiche Anregungen für Ihr persönliches Verhandlungskonzept vor Augen. Ich wünsche Ihnen viel Erfolg und viel Freude bei der Umsetzung.

Dazu habe ich hier noch eine Überraschung für Sie: Lernen Sie mich persönlich kennen – ganz ohne Hemmschwellen, ohne Kosten, ohne Zeitdruck – einfach per Klick oder den QR-Code auf altmannsberger-verhandlungstraining.de/hallo

Mein **Tipp** dazu: Feilen Sie täglich weiter an Ihrem Konzept. Ergänzen Sie Ideen, sammeln Sie treffende Formulierungen. Sie werden sehen: Es geht immer noch ein Stückchen besser und leichter! Bis Sie irgendwann die Verhandlungen locker aus dem Ärmel schütteln. Und dann würde ich mich freuen, wenn Sie meinem Motto zustimmen: „Mindestens ein Prozent geht immer! Auch partnerschaftlich!"

www.altmannsberger-verhandlungstraining.de

Verzeichnis der verwendeten und weiterführenden Literatur

Besondere Buchempfehlungen – verwendete Literatur

Dauth, Georg: Führen mit dem DISG®-Persönlichkeitsprofil. Gabal Verlag, 2012

Fisher, Roger; Ury, William; Patton, Bruce: Das Harvard-Konzept. Sachgerecht verhandeln – erfolgreich verhandeln. Campus Verlag, 21. Aufl. 2000

Taxis, Tim: Heiß auf Kaltakquise. So vervielfachen Sie Ihre Erfolgsquote am Telefon. Haufe Verlag, 4., vollst. überarb. Aufl. 2018

Ury, William: Schwierige Verhandlungen. Wie Sie sich mit unangenehmen Kontrahenten vorteilhaft einigen. Campus Verlag, 1995

Weiterführende Literatur

Altmannsberger, Urs: Lieferkette gerissen – Alles besch*ssen?!: Wie Einkaufsprofis im Unternehmen die Versorgung mit Gütern und Leistungen in Krisenzeiten sicherstellen und auf Augenhöhe mit dem Vertrieb verhandeln. Edition Sales & Purchasing, 2023

Altmannsberger, Urs: Profitable Purchasing: How to Negotiate the Best Offer as a Buyer. Guaranteed! Edition Sales & Purchasing, 2020

Altmannsberger, Urs: Verhandeln mit Monopolisten: Bessere Ergebnisse erreichen – für Profi-Einkäufer in Unternehmen. Edition Sales & Purchasing, 2019

Buhr, Andreas: Business geht heute anders. Gabal, 2. Aufl. 2021

Cialdini, Robert B.: Die Psychologie des Überzeugens. Ein Lehrbuch für alle, die ihren Mitmenschen und sich selbst auf die Schliche kommen wollen. Verlag Hans Huber, 7. Aufl. 2013

Cicero, Antonia; Kuderna, Julia: Clevere Antworten auf dumme Sprüche. Killerphrasen kunstvoll kontern. Junfermannsche Verlagsbuchhandlung, 3. Aufl. 2001

Kerkhoff, Gerd: Milliardengrab Einkauf. Einkauf – die Top-Verantwortung des Unternehmens nicht nur in schwierigen Zeiten. Wiley-VCH, 2. Aufl. 2011

Macioszek, H.-Georg: Chruschtschows dritter Schuh. Anregungen für geschäftliche Verhandlungen. Ulysses Verlag, 2003 (Nachdruck)

Nasher, Jack: Deal! Du gibst mir, was ich will. Campus Verlag, 2013, und www.youtube.com/watch?v=zMo7scdgoHU

Scheelen, Frank M.: Unternehmen Exzellenz: It's a Match! Bildungsverlag by Scheelen, 2. Aufl. 2023

Schranner, Matthias: Der Verhandlungsführer. Taktiken, die zum Erfolg führen. Ecowin Verlag, 4. Aufl. 2013

Taxis, Tim: Die perfekte Preisverhandlung. Tim Taxis Trainings, 2. Aufl. 2019

Fachbeiträge, Studien

Altmannsberger, Urs: Gewinnerstrategie im Einkauf: Auch bei Lieferengpässen gut verhandeln; in: Technik + Einkauf, Nr. 3/2023

Altmannsberger, Urs: Lieferkettenprobleme souverän meistern – Wie Sie die Verhandlungsmacht zurückerobern; in: Beschaffung aktuell, Nr. 6/2023

Altmannsberger, Urs: Vom „Ich bin geliefert" wieder zum „Ich werde beliefert"; in: Beschaffung aktuell, Nr. 5/2023

Deloitte GmbH Wirtschaftsprüfungsgesellschaft: Global Chief Procurement Officer Survey 2023. Die Zukunft des Einkaufs: Orchestrators of Value; dokumentiert: www2.deloitte.com/de/de/pages/enterprise-performance/articles/global-chief-procure ment-officer-survey.html

Deloitte GmbH Wirtschaftsprüfungsgesellschaft: Global Chief Procurement Officer Survey 2021. Einkäufer und Zulieferer stehen unter erheblichem Druck; dokumentiert: www2.deloitte.com/de/de/pages/presse/contents/cpo-survey-2021.html

PWC: Digital Procurement Survey 2022; dokumentiert: www.pwc.de/de/strategie-organisation-prozesse-systeme/operations/digital-procurement-survey.html

Stichwortverzeichnis

Über den Autor

URS ALTMANNSBERGER – Seine BERUFung: Verhandeln

Urs Altmannsberger war über viele Jahre selbst Einkaufsleiter in mittelständischen und großen Unternehmen. In dieser Zeit hat er ein weltweites Lieferantennetz auf- und ausgebaut – und konnte so seine Begabung als Top-Verhandler einsetzen und immer wieder beweisen.

Er war damit für seine Firmen so erfolgreich, dass er sich 2001 als Trainer und Verhandlungsexperte selbstständig gemacht hat, um sein Wissen und sein Können an mehr Menschen zu vermitteln.

Seither ist er als Verhandlungsberater in Unternehmen tätig, um dort den Einkauf strategisch voranzubringen, zu strukturieren und gleichzeitig gezielt zu trainieren. Er kann es sich aufgrund seines Könnens leisten, dort nach Erfolg bezahlt zu werden – denn den hat er! Außerdem begleitet er Unternehmen als Coach, berät und unterstützt sie dabei, anstehende Verhandlungen ergebnisorientiert zu verbessern, Konditionstitel zu entwickeln und die Beteiligten dafür fit zu machen.

Die Unternehmen stammen aus allen Branchen und Industrien wie IT, Produzierendes Gewerbe, Pharma, Chemie, Maschinenbau, Automotive, Handel, Lebensmitteleinzelhandel, Kfz-Hersteller und -zulieferer, Bau und Immobilien, Versicherungen und Finance, Energie, Elektronik, Reise, Banken, Dienstleistungen, Telekommunikation, Marktforschung, Gesundheit, Werbung, TV.

„Mindestens ein Prozent geht immer!", so das bekannte Motto von Urs Altmannsberger – und damit ist auch eingeschlossen: „immer noch". Selbst dann, wenn andere schon längst aufgehört haben zu verhandeln. Dabei wahrt er immer einen wertschätzenden Ansatz, denn Urs Altmannsberger kennt eben auch die andere Seite: den Vertrieb. Eine seiner Kernkompetenzen liegt darin, Einkäufer und Verkäufer zu beiderseitig optimalen Verhandlungsergebnissen zu führen.

Dem Wunsch seiner Kunden nach einem Buch, in dem Altmannsberger seinen einzigartigen Methodenschatz klar und direkt in der Praxis nutzbar zusammenfasst, ist laut geworden. Und diesen erfüllte er mit dem Longseller „Profitabler Einkauf" (Gabal Verlag) und jetzt mit neuen Strategien und Tipps mit „Profitabler Einkauf aktuell".

Weitere Informationen sowie die Termine der nächsten Verhandlungstechnik-Seminare unter:

www.altmannsberger-verhandlungstraining.de

Gutschein für ein kostenloses Verhandler-Telefoncoaching mit Verhandlungstrainer Urs Altmannsberger

Dieser Gutschein ist eine freiwillige Sonderleistung des Autors Urs Altmannsberger für Sie als Käufer seines Buches „Profitabler Einkauf". Er kann für ein kostenloses Telefoncoaching durch den Autor in der Länge von bis zu 20 Minuten eingelöst werden. Das Telefoncoaching kann auch als Webcast durchgeführt werden.

Die Terminangebote hängen von den Buchungszeiten des Autors ab – er wird Ihnen nach Möglichkeit zeitnah zur Einreichung einen Termin anbieten.

Pro Leser kann nur ein Gutschein eingelöst werden, dieser ist nur für den Käufer persönlich nutzbar. Gutscheine können nicht kombiniert oder kumuliert werden.

Kein Weiterverkauf, keine Barauszahlung, der Rechtsweg ist ausgeschlossen.

Zur Inanspruchnahme ist eine Registrierung notwendig. Dafür den Gutschein entweder

- aus diesem Buch kopieren, ausfüllen und zusammen mit einer Kopie des Kaufbelegs ausreichend frankiert senden an: Urs Altmannsberger, Emminghausstr. 50, 61250 Usingen

- oder einfach ausfüllen, einscannen und per Mail mit dem ebenfalls eingescannten Buch-Kaufbeleg senden an: leserservice@altmannsberger.eu

Gutschein für ein kostenloses Verhandler-Telefoncoaching mit Verhandlungstrainer Urs Altmannsberger

– Bitte in Druckbuchstaben ausfüllen –

____

Herr/Frau/Div., Vorname, Nachname

____

Unternehmen und Position

____

E-Mail-Adresse

____

Telefonnummer für das Coaching

☐ Bitte informieren Sie mich über aktuelle Tipps und Termine rund um die Verhandlungsführung im Einkauf (rund 6 x jährlich Verhandler-Tipp, Termine für Webcast etc.).

Diese Services erhalte ich kostenlos per Mail; sie können jederzeit abbestellt werden.

Lieferkette gerissen - Alles besch*ssen?!
Wie Einkaufsprofis im Unternehmen die Versorgung mit Gütern und Leistungen in Krisenzeiten sicherstellen und auf Augenhöhe mit dem Vertrieb verhandeln

ISBN 978-3-9821143-6-1

Auch als E-Book!

Verhandeln mit Monopolisten
Bessere Ergebnisse erreichen –
für Profi-Einkäufer in Unternehmen

ISBN 978-3-0006005-0-0

Auch als E-Book!

Profitable Purchasing
How to Negotiate the Best Offer as a Buyer
Guaranteed!

ISBN 978-3-9821143-1-6

Auch als E-Book!

Alles wieder auf Kette.
Wie Vertriebsprofis Lieferkettenprobleme im Verkauf zu Gold machen und die eigene Lieferfähigkeit sicherstellen

ISBN 978-3-9821143-8-5

Auch als E-Book!

MIX
Papier aus verantwortungsvollen Quellen
Paper from responsible sources
FSC® C105338